上海市水利论文集

（下）

主　编　刘晓涛

副主编　魏梓兴　胡传廉

黄河水利出版社

·郑州·

内 容 提 要

本书是对近年来上海市水利工作新思路、新概念、新技术的总结。全书分为六个部分。第一部分为水利规划，介绍了水利规划工作中采用的新方法、新理念；第二部分为水利建设，介绍了农田水利建设、河道整治等方面的新技术、新成果；第三部分为水利长效管理，介绍了近年来在水利管理实践中总结的经验；第四部分为防汛及应急管理，介绍了防汛及应急工作方面的工作思路和经验教训；第五部分为水资源，介绍了节水灌溉、水面率控制等方面的研究成果；第六部分为水利科技，介绍了自动化、信息化技术等在水利建设管理中的运用。

本书可供从事水环境整治、农田水利建设与管理、水利设施长效管理等方面工作的相关人员参阅。

图书在版编目(CIP)数据

上海市水利论文集. 下/刘晓涛主编. 郑州:—黄河水利出版社,2015. 7

ISBN 978-7-5509-1175-8

Ⅰ. ①上… Ⅱ. ①刘… Ⅲ. ①水利建设-上海市-文集 Ⅳ. ①F426. 9-53

中国版本图书馆 CIP 数据核字(2015)第 172899 号

出 版 社:黄河水利出版社

地址:河南省郑州市顺河路黄委会综合楼 14 层　　邮政编码:450003

发行单位:黄河水利出版社

发行部电话:0371-66026940、66020550、66028024、66022620(传真)

E-mail:hhslcbs@126. com

承印单位:河南省瑞光印务股份有限公司

开本:787 mm×1 092 mm　1/16

印张:14. 75

字数:341 千字　　印数:1—1 000

版次:2015 年 7 月第 1 版　　印次:2015 年 7 月第 1 次印刷

定价:35. 00 元

序

水是生命之源、生产之要、生态之基。上海因水而生，因水而兴。水不仅滋润了这片美丽富饶的土地，更孕育了海纳百川、追求卓越、开明睿智、大气谦和的城市精神。

2011 年中央一号文件《中共中央国务院关于加快水利改革发展的决定》，站在党和国家事业发展的战略高度，着眼于全面建设小康社会和国家现代化建设的全局，深刻阐述了水利的战略地位，以前所未有的认识高度、前所未有的政策力度，对我国水利改革发展作出了系统全面的战略部署。

为贯彻落实中央一号文件，本市出台了《中共上海市委、上海市人民政府关于贯彻〈中共中央国务院关于加快水利改革发展的决定〉的实施意见》，提出把水利作为上海基础设施建设的优先领域，把农田水利作为农村基础设施建设的重点任务，把严格水资源管理作为加快转变经济发展方式的战略举措，力争通过 5 到 10 年的努力，基本建成与上海“四个中心”和社会主义现代化国际大都市建设目标相匹配的现代水利保障体系。“十二五”以来，本市在完善农田水利体系、防汛保安体系、供水公共服务保障体系、水环境治理保护体系和水资源管理体系等方面均取得了卓有成效的成绩。

本书收录了 46 篇论文，内容涵盖水安全、水资源、水环境等各个方面。论文作者中既有多年从事本市水利工作的领导、专家，也有很多青年学者与工程技术人员，他们从不同角度、不同层面总结了近年来水利建设和管理工作中的经验与不足，分析和探讨了现代水利的建设思路和发展方向。尽管有些认识还有待探讨和商榷，但此次论文集的出版，无疑将为今后上海加快水利改革发展提供有益的借鉴和指导。

上海市水务局副局长
上海市水利学会理事长

2015 年 6 月

序

目　录

水利规划

水利建设

水利长效管理

防汛及应急管理

水资源

水利科技

水利规划

南桥新城水系及水景观规划研究

吴莉莉
（上海市奉贤区水资源管理所）

摘　要：近几年，我们将南桥新城水系整治作为奉贤区水利建设的重点内容。结合目前发展过程中存在的问题，提出了一些设想，着力研究，做好"水文章"。

关键词：南桥新城　水系及水景观规划

1　研究背景

作为"十二五"期间上海市重点发展的新城之一，南桥新城建设将围绕"健康南桥，科学发展"的战略核心，实现生产、生活、生态三者的融合，着力建设低碳之城，营造生态之城，创造智慧之城，构筑宜居之城。南桥新城的建设离不开优良的环境支撑。为了重塑蓝绿，更好地利用新城地区的生态水系，将人文、社会环境与自然环境有机地结合，打造宜人的生态环境，拟在统一规划的指导下，进行布局合理、特色鲜明、循序推进的水体景观系统工程的建设。

奉贤区地处太湖流域尾闾、黄浦江下游，属平原感潮地区。黄浦江直通长江口，长江口是中等强度潮汐河口，属非正规浅海半日潮，一日两涨两落，其潮位兼受长江口潮位和太湖流域上游来水影响，越靠近长江口最高潮位越高、潮差越大。杭州湾又是强潮海湾，具有风大、浪高、潮差大的特点。规划区域东侧的金汇港北通黄浦江，南达杭州湾，南北两端采用节制闸控制，故黄浦江、杭州湾有规律的潮汐运行为本区域的引排水和水资源调度提供了优越条件。黄浦江、杭州湾主要站点的实测潮位特征见表1。

表1　黄浦江、杭州湾潮位特征表　（单位：m）

站名	历史最高潮位	历史最低潮位	多年平均高潮位	多年平均低潮位	多年平均潮位
吴淞	5.99	-0.25	3.26	1.03	2.15
黄浦公园	5.72	0.24	3.14	1.29	2.22
吴泾	4.82	0.60	2.85	1.58	2.22
米市渡	4.38	0.64	2.75	1.72	2.24
芦潮港	5.86	-1.25	3.46	0.23	1.85
金山嘴	6.57	-1.78	3.75	-0.22	1.99

新城规划区域所在的南桥镇地处亚热带季风滨海地带，属海洋性气候，四季分明，降水充沛，光照充足，温和湿润。冬夏时间长，春秋时间短，5～9月为汛期，常年6月18日入梅，夏秋季常有台风侵袭，集中在7～9月，最大台风风力10级。年平均日照时间为1 941.9 h，年平均气温为15.5 ℃，年极端最高气温37.9 ℃，年极端最低气温－10.1 ℃。根据1959～2003年的降水量资料，南桥镇年平均降水量1 110.6 mm，年最多降水量为1 817.3 mm，年最少降水量为652.6 mm，日最大降水量为196.6 mm。南桥新城处于浦东水利大控制片范围，地区内河道基本呈纵横网格水系。地区河道最高控制水位约3.70 m，常年控制水位为2.5～2.7 m。

2 发展现状

南桥新城北至大叶公路，南至S30高速，东至浦星公路，西至南沙港—沪杭公路，规划控制面积约为84 km^2，人口规模预计75万～100万人。

南桥新城区域内现状河网水系众多，主要有市级河道金汇港贯穿南北，区级河道浦南运河、南竹港、新横泾、贝港、南沙港等5条区级河道及镇村级河道约463条段、249 km^2。但受诸多因素影响，区域内存在很多河道断头浜、河上筑坝建管涵的现象，影响了河道的流动。因此，南桥新城规划区域内的水系及水景观目前主要有以下几个特点：①河网水面率太低。现状用地表中，现状水域面积为398.13 hm^2，水面率5.58%。根据《奉贤区水利规划》，要求南桥新城的规划控制水面率须不低于11.45%。②新城水系缺乏活力，形态呆板，与周边用地的互动很少。③新城区域排涝以自排为主，局部地块无法满足自排要求，容易造成排水不畅。④S4对新城地区河网水系有一定的制约作用。

3 目前存在的问题

近年来，地块内发展较快，土地开发活跃，已建项目、在建项目、已批租地块较多。在开发建设中，由于缺乏规划以及对现状河道保护不够，水面积有所萎缩。南桥新城的规划地块内存在以下几个问题：

(1)河道普遍淤积，严重影响输水及调蓄能力。

河道淤积严重，致使河道调蓄库容减少，河道输水能力减弱，严重影响了区域除涝能力。

(2)规划骨干河道未能实施，骨干河道沟通不畅。

区域内镇管河道尚未按规划实施，河道基本处于自然状态。由于地块的开发建设，原规划排水干河（庙泾港、界沟港）已成为断头浜，其排水功能大大削弱，原有的雨水排水规划应做出相应调整才能满足区域雨水排水安全。另外，地块内的骨干道路（如解放东路、金海公路、望园路）修建时没有为该地块内的骨干河道（如庙泾港、界沟港）预留通道，造成了地块内水系沟通不畅。

(3)小河道分布零乱、断头浜较多，水环境质量较差。

区域内的村管河道分布零乱且大多已成为断头浜，未能形成连、通、畅、活的河网水系，影响了水系综合功能的发挥和水环境质量的改善，同时也不利于地块的布局，亟待梳理。

综上所述，为满足南桥新城区东部新区的开发建设需要，提高土地的使用效率，满足水资源、水安全、水环境协调发展的要求，因地制宜进行该地区水系调整，优化配置水资源，科学合理进行河网布局，非常紧迫和必要。

4 南桥新城提升水系及水景观规划的设想

奉贤南桥新城区东部新区的水系不是独立的，它和周边河道水系共同承担引、排、蓄、生态、景观等综合功能，是地区水安全保障、水资源配置和水环境保护的重要基础设施。因此，奉贤南桥新城区东部新区水系调整首先应从整个南桥新城，整体、系统地考虑水系的布置，然后根据已有的单元控制性详细规划，使东部新区的水系与周边主要河网相连通，减少对周边排水的影响，确保东部新区及周边地区排水安全。

平原感潮地区的除涝方式是“以蓄为主，蓄排结合”，河面率是确保平原河网地区防汛除涝安全的一个重要保障，同时，一定的水面率有利于地区环境的改善与生态的修复，便于水景观的营造。因此，应充分重视因地制宜的布置调蓄水面。同时，考虑到奉贤南桥新城区东部新区规划为奉贤区的政治、经济、文化中心，城市化程度较高，新城规划应遵从调蓄水面积不减少，不对周边排水产生较大影响为原则。需要突出注意的有以下几个方面。

4.1 金海湖的水系与外界水系沟通情况控制

金海湖是新城建设中的重点与亮点，与周边水系的沟通情况是全封闭、半封闭还是全沟通目前尚未明确，这将影响整体水安全、水景观的标准设置。

4.2 河道水面率的控制

新城水系突出江南水乡人文特色，兼顾地区排涝以自排为主的特点，严格控制区域河道水面率，并合理布局河道空间分布。

为确保河道水系沟通畅活，加强保护出水口门。在设置跨河构筑物时要求采用桥梁方案，严禁设置管涵与坝基阻隔水系。

4.3 关于河道蓝线控制

在规划中严格控制河道蓝线，确保蓝线落地。区域内根据土地利用性质，对镇村级河道的陆域控制宽度全线不小于 10 ~ 20 m，居住区、商务区不小于 20 ~ 50 m，金汇港、浦南运河陆域控制宽度不小于 100 m，并结合绿化控制予以落地，为今后河道水系的整治保护及水乡生态环境的建设提供基础。

在地块开发建设中，涉及河道水系的，应在项目立项前征询水务部门意见，获得通过后再行立项开发。

4.4 关于排涝标准控制

新城区域排涝以自排为主，结合气候变暖、短时强降雨频率增加的影响，区域排水能力按照 20 年一遇，日暴雨 200.42 mm 24 h 排出进行设计，同时小时降雨强度 36 mm 已不能满足实际需要，建议要求小时降雨强度按照 60 mm 的标准设置雨水管网，并对局部地区有较大集水面积的地块进一步调高标准，防止内涝。

对局部地块无法满足自排要求的，应设置雨水强排设施。

结合市政道路人行道布置，在人行道下设置大明沟，以应对强降雨时的蓄水与排水能力，并可结合管线布置通道。

4.5 关于地面高程控制

按照新城自排为主的原则，地面高程从高到低控制按照以下原则执行：商业区、居民区 > 主干道 > 次干道；远离河道的地块 > 靠近河道的地块。

4.6 关键节点建设

关键节点的建设如新横泾、奉浦河等区域性骨干河道的沟通拓宽应先行控制，并纳入近期实施范畴。白庙港—柘沥港作为 S4 与金汇港之间的新城区域重要的引水通道与水质改善净化载体，需进行进一步梳理拓宽，并建议加快实施白庙港—柘沥港建设。

5 结论

今后几年，我们将南桥新城水系整治作为奉贤区水利建设的重点内容。根据南桥新城战略提升规划将凸显生态水系的环境景观功能的要求，奉贤区水务局将着力研究，做好“水文章”：从水清、面洁、岸绿向提升水质、提升景观、提升生态发展。

青浦区实施“海绵城市”建设的思考

金　超[1]　黄　成[2]

(1.上海市青浦区水文勘测队;2.上海市青浦区水利管理所)

摘　要:本文以全国开展“海绵城市”建设试点为背景,以上海市青浦区为例,根据青浦区的实际情况,结合“海绵城市”建设的特点,论述青浦区实施“海绵城市”建设的必要性。

关键词:青浦　海绵城市

1　引言

党的十八大报告明确提出“面对资源约束趋紧、环境污染严重、生态系统退化的严峻形势,必须树立尊重自然、顺应自然、保护自然的生态文明理念,把生态文明建设放在突出地位”。建设具有自然积存、自然渗透、自然净化功能的海绵城市是生态文明建设的重要内容,是实现城镇化和环境资源协调发展的重要体现,也是今后我国城市建设的重大任务。

2014 年 11 月住房和城乡建设部印发《海绵城市建设技术指南》。2015 年 1 月,财政部、住房和城乡建设部和水利部联合发布《财政部、住房和城乡建设部、水利部关于开展中央财政支持海绵城市建设试点工作的通知》(财建〔2014〕838 号),并正式启动 2015 年中央财政支持海绵城市建设试点城市申报工作。这些都意味着我国城镇排水防涝系统的建设将不再以“修大管子”为主,建设理念将发生彻底转变。

上海市青浦区,是上海乃至长三角最具水乡特色的区域之一。“百河绕村镇、千桥卧碧波”,这是青浦特色鲜明的真实写照。然而,近年来频发的台风暴雨天气,给青浦区带来了严重的洪涝灾害,造成了不可挽回的经济损失。为此,在青浦区实施“海绵城市”建设将是一种全新的思路。本文将从青浦实际出发,结合“海绵城市”建设的特点,论述青浦区实施“海绵城市”建设的必要性。

2　青浦自然条件

2.1　自然地理条件

青浦区地处上海市西南,东与闵行区毗邻,西与江苏吴江、昆山两市交界,南与松江、金山区及浙江省嘉善县接壤,北与嘉定区为邻。

2.2　地形地貌

青浦区地处长江三角洲冲积平原,位于太湖流域下游,黄浦江上游。境内地势平坦、河网密布、土地肥沃。境内除淀山湖东畔有残丘状、高程 20 m(上海吴淞高程,下同)的淀山外,其余均系平原。地面高程一般为 2.8 ~3.5 m,北部吴淞江沿线及西部淀山湖以西地势略高,一般在 4.0 m 左右,最高 5.1 m。青浦中、南部腹地偏低,一般为 2.2 ~3.0 m,

属太湖流域碟形洼地的底部，是太湖流域地势最低处之一。

2.3 气象条件

青浦地处中纬度，属北亚热带南缘，季节明显，日光充足，气候温和，雨量充沛，多年平均降雨量1 104 mm，雨日134 d。由于每年季风的强弱和来去时间的差异，形成降雨量年内分配的不均匀性，4月底5月初为春雨阶段，汛期(6～9月)雨量有两次高峰，第一次为6～7月的梅雨，第二次为7～9月的气旋雨和台风雨。

3 海绵城市

3.1 海绵城市的概念

海绵城市是指城市能够像海绵一样，在适应环境变化和应对自然灾害等方面具有良好的"弹性"，下雨时吸水、蓄水、渗水、净水，需要时将蓄存的水"释放"并加以利用。海绵城市建设应遵循生态优先等原则，将自然途径与人工措施相结合，在确保城市排水防涝安全的前提下，最大限度地实现雨水在城市区域的积存、渗透和净化，促进雨水资源的利用和生态环境保护。在海绵城市建设过程中，应统筹自然降水、地表水和地下水的系统性，协调给水、排水等水循环利用各环节，并考虑其复杂性和长期性。

3.2 海绵城市的建设途径

海绵城市的建设途径主要有以下几方面：一是对城市原有生态系统的保护。最大限度地保护原有的河流、湖泊、湿地、坑塘、沟渠等水生态敏感区，留有足够涵养水源和应对较大强度降雨的林地、草地、湖泊、湿地，维持城市开发前的自然水文特征，这是海绵城市建设的基本要求。二是生态恢复和修复。对传统粗放式城市建设模式下，已经受到破坏的水体和其他自然环境，运用生态的手段进行恢复和修复，并维持一定比例的生态空间。三是低影响开发。按照对城市生态环境影响最低的开发建设理念，合理控制开发强度，在城市中保留足够的生态用地，控制城市不透水面积比例，最大限度地减少对城市原有水生态环境的破坏，同时，根据需求适当开挖河湖沟渠、增加水域面积，促进雨水的积存、渗透和净化。

3.3 海绵城市统筹系统

海绵城市建设应统筹低影响开发雨水系统、城市雨水管渠系统及超标雨水径流排放系统。低影响开发雨水系统可以通过对雨水的渗透、储存、调节、转输与截污净化等功能，有效控制径流总量、径流峰值和径流污染；城市雨水管渠系统即传统排水系统，应与低影响开发雨水系统共同组织径流雨水的收集、转输与排放。超标雨水径流排放系统，用来应对超过雨水管渠系统设计标准的雨水径流，一般通过综合选择自然水体、多功能调蓄水体、行泄通道、调蓄池、深层隧道等自然途径或人工设施构建。以上三个系统并不是孤立的，也没有严格的界限，三者相互补充、相互依存，是海绵城市建设的重要基础元素。

4 青浦区实施"海绵城市"建设的必要性

4.1 从青浦区的水文条件看

青浦处于太湖流域下游，黄浦江上游。太湖流域东排洪水，包括杭嘉湖地区和苏州淀泖地区涝水，需经黄浦江东排归海，因此青浦成为太湖流域东排水的过水通道。青浦为平原感潮河网地区，境内河港多受潮汐影响，东海潮通过黄浦江影响青浦，潮流直达淀山湖。上游洪水下泄，下游潮水顶托，决定了青浦区的水文情势。每年的汛期都是台风、暴雨、天文大潮的多发期，风、暴、潮、洪交替影响或组合作用时有发生，造成了青浦区洪涝灾害频发。

近年来，随着极端天气的频繁出现，给青浦区的防洪造成不小的压力。1949 年以后，青浦区遭遇了 1954 年、1991 年、1999 年三次特大洪水灾害，其中 1999 年尤以为甚。

1999 年，青浦区遭受百年未遇的大梅雨，自 6 月 7 日入梅至 7 月 20 日出梅，青浦地区 43 天梅雨量达 764.5 mm，是常年的 4.3 倍，最大梅雨量（商榻）高达 812.3 mm。在洪、暴、潮共同影响下，外河水位剧涨且持续时间长，青浦站水位高达 3.77 m，泖甸站水位高达4.04 m，金泽站水位高达 4.09 m，直接造成经济损失 2 亿多元。

2013 年，受第 23 号强台风“菲特”残留云系和南下冷空气共同影响，青浦区普降大暴雨到特大暴雨。据青浦水情地理信息系统 50 个监测站数据统计，有 44 个站点过程雨量超过 200 mm，其中 22 个站点超过 250 mm，4 个站点超过 300 mm。受天文大潮顶托、上游太湖洪水下泄和本地大暴雨共同影响，流域外河红旗塘东团水位站最高潮位达 4.18 m，超过历史最高（1999 年 3.98 m）20 cm，太浦河金泽站、拦路港泖甸站、吴淞江赵屯站最高潮位分别达 4.07 m、4.03 m、3.91 m，接近历史最高 1999 年潮位水平，青松片青浦南门水位站最高水位达 3.78 m，创历史新高，估算经济损失近 3 亿元。

4.2 从青浦区河道承载能力上看

根据青浦水位站资料，1978 ~ 1992 年多年平均水位为 2.39 m，1993 ~ 2012 年多年平均水位为 2.58 m，增幅达到 0.19 m。由此可见，青浦区河道的可调库容呈现明显下降的趋势。

4.3 从青浦区城市化建设特点来看

与大多数城市一样，青浦区城市化建设呈现以下特点：一是土壤成为城市的稀有资源，大量道路路面采用水泥、混凝土、沥青等材料，土壤被压实，结构遭到破坏，渗水能力丧失。这就导致本应成为地下水水源的大量降雨，反而成为城市排水的巨大负担。二是城市绿地特性被遗忘，为突出城市景观，几乎所有的绿地都高出周围。下雨时，城市的雨水不是往绿地里流，而是往路上流，绿地起不到有效缓解城市排水压力的作用。

5 青浦区如何实施“海绵城市”建设

5.1 规划

传统城市建设模式，处处是硬化路面。每逢大雨，主要依靠管渠、泵站等“灰色”设施来排水，以“快速排除”和“末端集中”控制为主要规划设计理念，往往造成逢雨必涝，旱涝急转。根据《海绵城市建设技术指南》，今后城市建设将强调优先利用植草沟、雨水花园、下沉式绿地等“绿色”措施来组织排水，以“慢排缓释”和“源头分散”控制为主要规划设计理念。

统筹协调规划、国土、排水、道路、交通、园林、水文等职能部门，充分发挥城市总体规划的引领作用，因地制宜确定海绵城市控制目标，在控制性详细规划中分解和明确各地块主要控制指标，并通过相关专业或专项规划编制及实施，具体落实建设任务。

5.2 建设

在建设项目的设计、施工过程中,相关人员要严格落实各层级相关规划中确定的低影响开发控制目标、指标和技术要求,统筹建设。低影响开发设施应与建设项目的主体工程同时规划设计、同时施工、同时投入使用。

(1)建海绵城市就要有“海绵体”。城市“海绵体”既包括河、湖、池塘等水系,也包括绿地、花园、可渗透路面这样的城市配套设施。雨水通过这些“海绵体”下渗、滞蓄、净化、回用,最后剩余部分径流通过管网、泵站外排,从而可有效提高城市排水系统的标准,减缓城市内涝的压力。建设海绵城市,关键在于不断提高“海绵体”的规模和质量。

(2)原有的“海绵体”要有效保护。过去,城市建设追求用地一马平川,往往会填湖平塹。根据《海绵城市建设技术指南》,各地应最大限度地保护原有的河湖、湿地、坑塘、沟渠等“海绵体”不受开发活动的影响;受到破坏的“海绵体”也应通过综合运用物理、生物和生态等手段逐步修复,并维持一定比例的生态空间。

(3)有条件的还应新建一定规模的“海绵体”。根据《海绵城市建设技术指南》,海绵城市建设要以城市建筑、小区、道路、绿地与广场等建设为载体。比如让城市屋顶“绿”起来,“绿色”屋顶在滞留雨水的同时还起到节能减排、缓解“热岛效应”的功效。道路、广场可以采用透水铺装,特别是城市中的绿地应充分“沉下去”。

5.3 管理

要做好低影响开发设施的检修和维护管理,保障设施正常、安全运行。要配备相应的监测手段对设施的效果进行监测和评估,确保设施的功能得以正常发挥。

参考文献

[1]仇保兴. 海绵城市(LID)的内涵、途径与展望[J]. 建设科技,2015(1):11-18.
[2]王文亮,李俊奇,王二松,等. 海绵城市建设要点简析[J]. 建设科技,2015(1):19-21.
[3]车伍,张鶠,赵杨. 我国排水防涝及海绵城市建设中若干问题分析[J]. 建设科技,2015(1):22-25.

共同沟的规划与设计

沙定定[1]　龚　碧[2]

(1. 上海崇明水务建设管理有限公司;2. 上海惠中建设发展有限公司)

摘　要:共同沟的规划和设计对于城市道路地下空间的合理开发利用起着十分重要的作用。本文简要介绍了城市道路地下空间的开发与利用、共同沟的发展与现状,并对共同沟规划方法与原则、共同沟及其附属设施的设计进行了总结。

关键词:地下空间　共同沟　规划　设计

1　城市道路地下空间的开发与利用

1.1　城市道路功能分析

作为城市道路,主要肩负交通和空间两大功能。交通功能是首要功能,但是其空间功能在城市现代化发展过程中的作用日益突出。道路空间功能主要包括:①生活、环境空间功能。城市道路网络在城市规划、城市形象等方面无形中构成了城市的骨架,构成了城市通风、采光、绿化、美化、游览、社交的空间。②防灾空间功能。在遇到火灾、地震等灾害的时候,城市道路可发挥其防火隔离带及紧急疏散避难场所的作用。③城市基础设施收容空间功能。城市道路往往是电力、通信、燃气、给水、排水、供暖供热等各种城市生命线的架设、埋设的场所。因此,我们要在保证城市道路交通功能的基础上,合理有效的开发其空间功能。

1.2　城市道路地下空间的合理有效利用

随着城市建设的高密度化、空间利用日趋紧凑,地下空间的利用呈明显增长趋势,各种架空线都要求进入地下。但是,当前各种市政管线的埋设、维护、管理都各自为政,导致对城市道路地下空间的利用无法进行统一的规划和布置,而只能对道路进行“此起彼伏”的“拉链式”开挖。在许多老城区,施工场地狭小、施工条件复杂、施工工期长,给道路交通功能的正常发挥带来了极大的负面影响,影响了城市景观及居民生活。为减少这种负面影响,尽可能不影响或少影响道路的交通功能,进而充分发挥道路的综合空间功能,在现代城市规划中往往将道路的附属设施(如电力、通信、燃气、给水、排水、供暖供热)集中起来,共同设置于一种地下构筑物空间——共同沟内进行管理。

许多发达国家城市现代化发展经验表明,共同沟的建设是城市道路地下空间综合有效利用的一种重要途径。

2　共同沟的发展与现状

2.1　共同沟简介

2.1.1　共同沟

共同沟,也称“总管道”、“市政管廊”、“综合管沟”或“综合管廊”,是指将两种或两种以上的地下管线集中埋设置于同一人工空间中所形成的一种现代化、集约化城市基础设施。其内部具有完备的排水、通风、照明、通信、电力和安全监测、监视等设施。

2.1.2　共同沟的分类

共同沟根据其特性和功能可分为干管共同沟、支管共同沟、混合式共同沟。

(1)干管共同沟:收容通过性,不直接服务沿线用户的主要管线,一般设置在道路中央下方。

(2)支管共同沟:从干管共同沟引出来与沿线用户连结的支线,收容直接服务于沿线用户的管线,大都设置在道路人行道下方。

(3)混合式共同沟:包括部分干管并具有支管功能的共同沟,断面比干管共同沟小,一般亦设置在人行道下方。

图1为共同沟断面图。

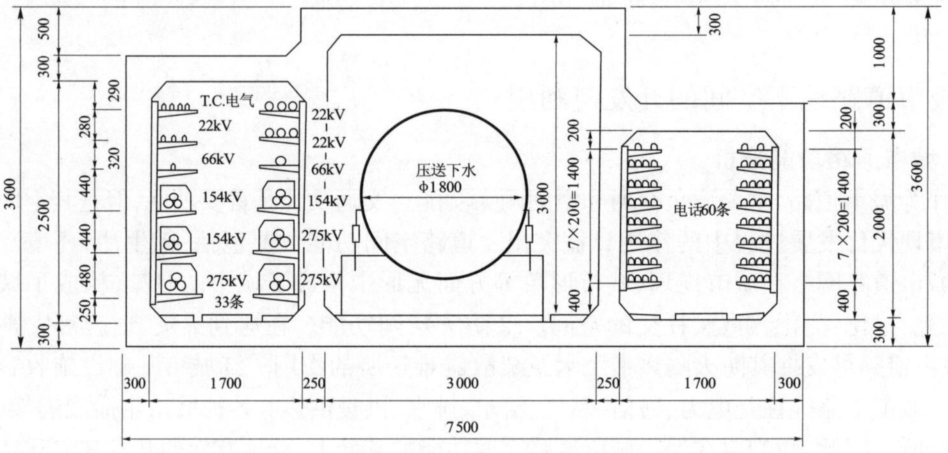

图1　共同沟断面图(尺寸单位:mm)

根据其内部收容管线的类型可以分为混合式共同沟和缆线类共同沟。

(1)混合式共同沟:共同沟内收容了包括电力电缆、通信、燃气、给水、排水、供暖供热等多种市政管线的共同沟。

(2)缆线类共同沟:收容各类缆线的一种较简单的设施,其断面规模大小视其内部收容缆线的规模和数量决定,如我国已建的多条电力电缆隧道即属此类。

2.2　国内外共同沟的发展与现状

共同沟最早起源于法国。大约在1883年巴黎在市区主要道路下敷设下水道的过程中,将给水管线、通信及交通信号电缆等管线布设其中,形成了共同沟最早的雏形(见图2)。随后,英、美、德、日、西班牙等发达国家都先后开始了共同沟的研究与建设。日本地少人多,且属地震多发区,在关东大地震后的东京复兴建设过程中实验性的建设了“九段坂”共同沟,随后在1963年颁布的“共同沟法”,大大推进了日本共同沟建设,使日本成为共同沟建设最先

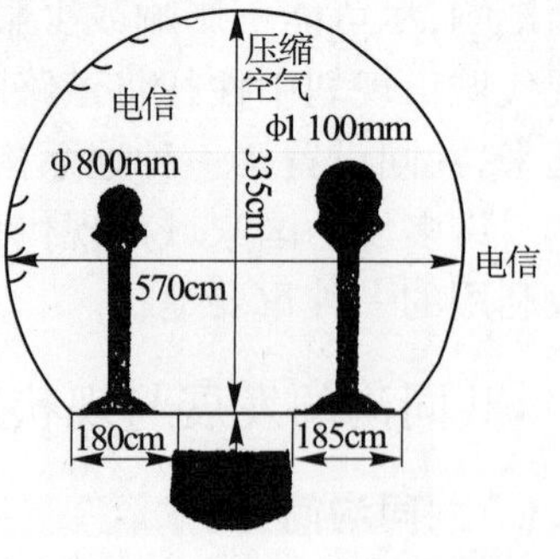

图2　1883年法国共同沟

进的国家。

在我国，台湾地区在短短的十多年间建设了150多km的共同沟。大陆地区第一条共同沟于1958年在天安门广场下建成。在其后的几十年间，又先后在北京、上海、广州等经济发达城市的一些高科技工业园区和大学城、汽车城等地建立了一些颇具规模的共同沟。

3 共同沟规划

3.1 共同沟规划建设是城市发展的必然趋势

3.1.1 城市防灾的客观要求

作为城市的生命线工程中的各种管线，采用共同沟敷设管线时，在本质上是对管线加了一层钢筋混凝土的保护层，因此其抗灾防毁能力得到了极大的提高，而且有效地减少了邻近地区施工及管线施工、维修对管线的破坏，不仅对维护城市平时功能的正常运行有着十分重要的作用，而且对城市防灾救灾能力的提高有着更为重大的意义。

3.1.2 改善城市环境的客观要求

随着经济的发展，人们对环境的要求越来越高，而城市中的各种架空线是城市中的黑色污染，严重影响城市环境。我国很多城市都颁布了架空线入地要求，但是架空线入地如采用直埋方式极易引起道路的反复开挖，严重影响和破坏城市的环境；只有采取共同沟形式，敷设各种城市管线，才能形成高品质的城市环境。

3.1.3 开发利用城市道路地下空间的客观要求

根据资料调查，上海地区有道路管线重叠多达8层，并排敷设管线达50种，道路地下空间的容量几乎达到饱和，直接影响今后管线的更新和新管线的敷设；只有采用共同沟形式，才能使城市道路地下空间的开发利用有序化，并降低道路的开挖以及由此引起的对其他地下空间设施的干扰。

3.2 共同沟规划内容

共同沟的规划必须以城市总体规划为依据，对现状资料进行充分调查，在此基础上预测规划年限内共同沟的目标需求量。规划共同沟的目标需求量必须与城市规划相一致，与社会经济发展相协调。

3.2.1 共同沟规划前的调查与预测

规划共同沟必须收集以下资料：

(1)路网资料：调查研究范围内规划年限的路网规划资料以及道路实施计划进度；调查现有道路交通量饱和情况，预测将来施工时对道路交通影响，并拟订相应的解决方案。

(2)地形地质资料：调查规划研究范围内地块现状及规划年限内规划用地性质，规划研究范围内地质状况，以确定整个系统方案的设计。

(3)构筑物调查：调查规划研究范围内现状道路地上及地下建(构)筑物，规划或拟建的重大地下工程及其建设计划进度。

(4)地下管线：调查现有地下埋设管线设施的种类及数量；新建及原有管线维修改造计划。

在调查的基础上，预测规划年限内共同沟目标需求量。

3.2.2 网络系统规划

共同沟网络系统规划必须根据城市总体规划发展需要，结合整个城市地下空间的开发利用，确定其建设规模。同时，根据城市建设近期与远期规划及规划时间内的具体实施方案确定共同沟系统的规划方案，使其能够满足各时期城市发展的需要，又具有很好的可拓展性。

网络系统的规划必须和道路系统规划紧密结合，针对每一条道路进行可行性评估，明确设置的目的、条件。根据道路级别确定是否纳入规划网络，以及选取合适类型的共同沟。参照管线单位提出的预估需求量确定规划原则而进行网络系统规划。一般而言，城市快速路宜优先规划建设干线共同沟，以减少对交通动脉的反复开挖，并形成共同沟网络系统的主体框架，以利于网络的延伸与拓展。

3.2.3 管线收容规划

共同沟内收容的管线因管理、维护及防灾上的不同需求，应以同一种管线收容在同一管道空间为原则，但因碍于断面等客观因素的限制必须采取同室收容时，必须征得各管线单位同意后进行规划，并采取妥善的防范措施。各类管线收容原则具体如下：

(1)电力及通信：电力与通信管线基本上是可兼容于同一室，但需注意电磁感应干扰的问题。

(2)燃气：对于燃气管线是否收容于共同沟内，近年来颇受争议，20余年来，日本及台湾地区共同沟均收容燃气管线，欧洲则没有收容。如规划考虑收容在共同沟内，应以独立于一室为原则，必须特别设置防灾安全设施。

(3)给水：给水管线可收容于共同沟内，但必须考虑到施工、维修管理、管线材料换装等问题，尤其是因压力管线水流冲击所产生的管压不均衡问题。

(4)排水：在共同沟内通常不收容雨污水管线，除非雨污水管线纵坡与共同沟纵坡相同；但可收容压力排水管线，压力排水管线可与给水管线收容于同一室，上方为给水管线，下方为排水管线。

(5)警讯与军事通信：关于警讯与军事通信，因涉及机密问题是否收于共同沟内的，需与相关单位磋商后决定单独或共室收容。

(6)路灯及交通标志(含有线电视)：根据断面容量，可一并考虑共室于电力、电信洞道内，如果电力、电信容量大，无适当空间，可收容共室处理。

(7)其他：输油管或输气管，原则上输油管是不允许收容于共同沟内的。其他输气管若非民用维生管线，亦不收容，但若经主管单位允许，则可单独洞道收容，比照燃气管线收容原则规划。

3.2.4 投资运营管理规划

共同沟建设投资大，运营和维护成本高，合理的投资与运营管理模式对推动共同沟建设并发挥其作用至关重要。由于受到财政能力的限制，完全由政府承担共同沟的建设费用势必难以迅速推动共同沟的建设，因此寻求多元化的投资模式、引入市场化的操作手段，成为推动共同沟建设的关键。根据市政设施投资经营的一般经验，结合国内外共同沟的成功运作模式，共同沟的建设及运营应进行公司化运作。成立由政府控股的建设运营公司进行运作，有利于拓宽融资渠道，引入市场规则。

4 共同沟设计

4.1 平面线形设计

干管平面线形规划，原则上设置在道路中心车道下方，其中心线平面线形应与道路中心线一致，干管和邻近建筑物的间隔距离一般应维持 2 m 以上。干管断面因受收容管线的多寡或特殊部位变化的影响，一般需设渐变段加以衔接，其变化率为 1∶3(横向 1，纵向 3)。干管做平面曲线规划，还应充分了解收容管线的曲率特性及曲率限制。

支管各结构体上方若以回填土方式来收容燃气管时，回填土沟盖板原则上应设置在人行道上，但因特别原因在不影响道路行车安全及舒适时，亦可设置在慢车道上。

缆线类共同沟原则上仍设置在人行道上，其人行道的宽度至少要有 4 m，其平面线形应配合人行道线形。缆线类共同沟因沿线需拉出电缆接户，故其位置应靠近建筑线，外壁离建筑物应有至少 30 cm 距离，以利于电缆布设。

4.2 纵断设计

共同沟干(支)管纵断线形应视其覆土深度而定，一般标准段应保持 2.5 m 以上，以利于其他横向穿越管线或构造物通过，特殊段的覆土深度不得小于 1 m。而纵向坡度应维持 0.2% 以上，以利于管道内排水。规划时应尽量将开挖深度减到最小，干管与其他地下埋设物相交时，其纵断线形常有很大的变化，为维持所收容各类管线的弯曲限制，必须设缓坡作为缓冲区间，其纵向坡度不得小于 1∶3(垂直与水平长度比)。

缆线类共同沟纵向坡度应以配合人行道纵向坡度为原则，纵向曲线必须满足收容缆线铺设作业要求，特殊段(暗渠段)覆土厚度至少应大于路面(人行道)的铺面砖厚度。

4.3 结构设计

4.3.1 软弱地盘的长期沉降

由于共同沟为一线形(网状)结构，沉降可能造成线形坡度变化，对于重力流的管线(如污水管)产生影响。此外，结构接头或伸缩缝处亦可能因差异沉降产生错位，导致渗水甚或管道内的管线挫屈，对于可能产生较大沉降的软弱地盘区域应特别注意。

4.3.2 地下水位引起的上浮力

共同沟为一箱型(管状)中空结构体，在地下水位较高、覆土较浅的区域需进行浮力检核，尤其在地下水位变化较大处，应特别注意。

4.3.3 地震

由 1995 年日本阪神地震的经验可知，共同沟在有地震威胁的区域，其耐震设计为不可或缺的重要因素。进行耐震设计时除需考虑当地的耐震设计规范外，由于管道为一较大区域的线形(网状)结构且深度较接近地表，其破坏原因较一般结构物不同之处，一为强烈地震波引起的力学破坏，一为因地表破坏(变形)，如地表断裂、滑动、不均匀沉降及液化等。从力学破坏来分析，一为垂直地表方向传递的剪力波所造成管道横断面的剪力变形，一为与管道轴向成 45°夹角传递的水平剪力波所造成的结构体的挠曲及轴向变形。在设计中可以根据可挠性接头设计降低地表变形对管道结构产生的影响。

4.3.4 液化

由于共同沟的埋深一般而言皆位于液化可能发生的深度内(地表下 20 m)，在经过疏松砂层且地下水位较高时,应对地层的液化潜能进行评估。根据当地耐震设计规范所规定的液化评估方式,对于具有液化可能的地层,进行地盘改良,避免因液化造成管道的破坏,如结构体上浮、地盘承载力降低或地表变位等现象。

4.3.5 伸缩缝与防水

共同沟的线形结构应在规范的长度内设置伸缩缝,以适应管道结构因温度变化、混凝土收缩及不均匀沉降等因素可能导致的变形。此外,对于特殊段、断面变化及弯折处,皆须设置伸缩缝。对于预计变形量可能较大处,应考虑设置可挠性伸缩缝,如软弱地盘、地质变化复杂及破碎带、潜在液化区等。

伸缩缝的构造即在管道的侧墙、中墙、顶板及底板处设置伸缩钢棒,并在该处管道外围设置钢筋混凝土框条,以利于剪力的传递及防水,并设置止水带止水。管道结构应采用水密性混凝土并控制裂缝发生,外表使用防水膜或防水材料保护,伸缩缝的止水带设计及施工应特别注意。

4.3.6 特殊断面

特殊断面的设置为方便管线的布设与运作,包括管道分岔或交汇部分、材料搬运口及通风口、电缆或管线接头、管类伸缩装置室、阀制装置室、集水井等处需设置此类比标准断面较大的特殊断面。应注意设置的目的及功能需求,如结构体的转角应符合管线的最小曲率半径,材料搬运口处应设置斜角以避免损伤电缆,逃生口基于安全考虑,开口部位应设在设计洪水位之上并设防止入侵与破坏设施,人孔盖的设计必须防水。必须外露于地表设施亦须注意美观效果。

4.4 附属设施设计

4.4.1 出入口、材料搬运口及通风口

为管道内所收纳管线的维修、检查或施工,需在共同沟适当间隔与地区设置人员进出与机具料件出入所需的出入口及材料搬运口。此外,为排出共同沟内有害气体,补充新鲜空气及降温,共同沟内需交互设置自然通风口及强制通风口。开口的设置高程需满足设计规范内对于洪水高程的规定,以避免洪水进入损害管线。

4.4.2 排水

为排出共同沟内壁面渗漏水,与由通风口及人员进出口进入的雨水及消防用水,需在共同沟内设置排水设施,以避免造成管线损害及人员作业时的危险。在管道内划分排水区段,选择最低点设置集水井并安装潜水式泵排水。

4.4.3 防灾及安全

为预防或降低管道内设备发生火灾或其他灾害的可能性,以保护工作人员的安全,防止人为蓄意的破坏,需在管道内设置防火、防爆及防破坏设施。一般项目包括自动火警警报设备、瓦斯检知设备、异常进水警报设备、人员入侵监视设备、CO 及 CO_2浓度检知设备、消防设备、紧急电话及广播设备、紧急避难指示设备、其他设施如防火门、防火壁等。

4.4.4 通风、照明、给水及受配电设备

管线如电力或电信设备运转时将产生热量,污水管内的生化反应亦可能使周围温度升高及产生有害气体,或因其他原因产生的有害气体,须经通风设备排除及降温。此外,为管道内人员作业需要及供应清扫及消防用水需设置照明与给水设备,照度一般而言需

15 lx 以上,给水接入点一般设置在人员出入口附近。受配电设备则为供应管道内的泵房、风机、照明及插座等电力负载而设,可采用网络方式配电,分电盘设置在人员进出口,并设置柴油发电机或不断电系统,供紧急照明、排水泵房、风机及监控设备使用。

4.4.5 警报设备、标志及监控管理中心

为防灾及安全所设的警报设备侦测到异常,需立即通知管道内作业人员与监控管理中心,立即采取相应措施。监控管理中心藉由计算机及远程遥控来监控共同沟内各项设备运转情形,达到环境品质维护及管理功能,一般设施包括广播系统紧急电话系统、闭路电视系统、安全门禁系统及环境监控系统。标志设施则为使管道内工作人员迅速明了所在位置及各项设备用途,以提高效率并减低灾害发生的概率而设置,一般项目包括导引标志、设备标志、管线单位标志与注意标志。

4.4.6 电磁电力干扰防护

共同沟内电力电缆(干扰者)及电信电缆(被干扰者)的长距离平行可能发生电磁电力干扰问题。电力电缆(高压电缆)所产生的电磁场对于电信系统将造成噪声,干扰电信系统的服务品质。干扰防范措施可以三种方式进行:①加强吸收配电系统的中性电流措施;②加强平衡电力电缆及线路配置;③加强遮蔽及接地设施。

4.5 施工方法

共同沟的施工方法一般有明挖法与暗挖法。明挖法,首先要确定必要的开挖范围并打入钢板桩等挡土设施,在整个施工过程中需占用较多路面宽度,对交通影响较大(见图 3)。当共同沟需要横穿铁道、河流或一些老城区时,明挖法不可行或者不经济,此时应采用暗挖法。近年来城市地下工程施工条件越来越严峻,例如,为确保路面交通安全,禁止噪声等公害,确保密集地下埋设物的安全等,明挖法受到了很大的限制。因此,盾构法、顶管法等特殊方法已成为城市共同沟的主要施工方法。只需在较小范围内找到盾构(顶管)工作井位置,区间段的施工对道路和交通均无影响。

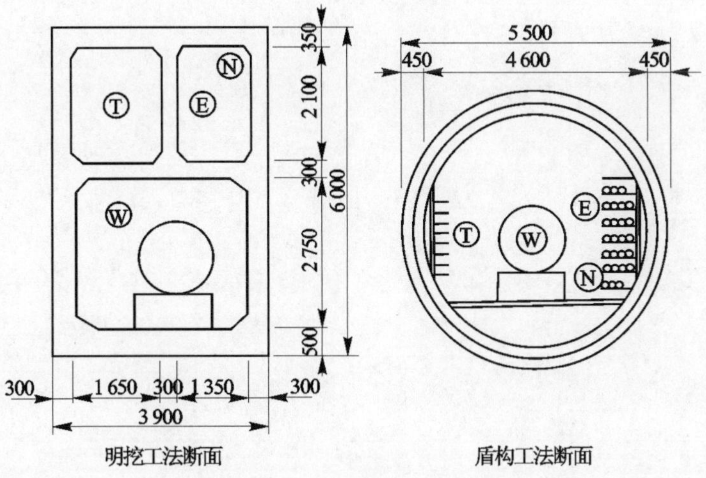

图 3 施工断面示意图

5 结论

随着社会的进步与发展,人们普遍开始重视生活质量的提高,因此社会基础设施仅仅发挥其基本功能已经不能满足人们的要求。城市道路在满足交通功能的同时,还应充分发挥其空间功能作用,使得道路空间真正的成为城市社会的共享空间。目前我国的共同沟建设还处于起步阶段,大多数城市管线、线缆往往自成体系,分散布置,缺乏有机配合,而且绝大部分仍直接埋于地下。这种现象不仅使地下埋设物由于防腐等问题影响其使用期限,同时由于频繁地维护检修,改建扩建旧系统,增加新系统要反复挖填道路,根本不能适应城市日益聚集化、社会化、现代化、信息化的发展潮流。因此,我国城市建设开发应借鉴国外的成功经验,改善城市公共基础设施的布局,使之向综合化、网络化方向发展。城市地下管线的规划建设应逐步考虑采用集约化、综合化的地下共同沟形式进行敷设。

对崇明县河道蓝线规划工作的思考

宋　昊

（崇明县农村水利管理所）

摘　要：河道规划在城市规划中占有至关重要的位置，它不仅可以为水务部行政提供依据，更事关工程用地的界定。河道蓝线可以使水面积不被违法填堵，确保防汛安全。崇明县四面环海，在上海河道蓝线规划里占有极为特殊的位置，理清崇明县河道蓝线规划思路，不仅对上海，乃至对河道蓝线建设这一事业都颇具意义。

关键词：河道蓝线　崇明县　建议

1　引言

在城市化急剧发展中，河道污染和违规用地使河道的水质和总量都大幅度锐降。许多城市河水水面都有不同程度的下降，随之而来的就是水体自净能力的降低，这无疑加剧了河道污染的恶劣程度，水内生态环境急剧恶化，生态环境、水体环境恶性发展，给人们生活造成极大的困扰。

蓝线意为保护线，控制某一范围不受侵害，河道蓝线就是控制河道工程的保护线。河道蓝线不仅包括沙洲堤岸等河道自身工程，还包括河道周边即外侧拓展的配套工程，如绿化、观景平台等。河道蓝线一般包括5条线，即规划河中心线、规划河口线及河道两侧的陆域控制线。

2　河道蓝线及崇明县河道基本情况

在长江下游河口三角洲冲积下，上海被河水包围，河网密布。全市共有大小河道两万余条，占据总面积的8.4%。在上海建设现代化国际大都市的进程中，崇明三岛以其独特的海岛格局备受关注，无论在城市景观还是生活实用方面处处都和水相关。水和崇明岛的经济、社会、文化紧密联系。

崇明三岛共有河道17 278条，计10 390.72 km。其中，市级河道2条，即崇明环岛河、团旺河，179.60 km；县级河道28条，380.54 km；乡（镇）级河道679条，1 749.99 km；村级河道6 855条，3 466.67 km，村级泯沟9 714条，4 613.92 km。

中国是传统农业国，水对农业的重要性不言而喻，同样，对于城市以及国民经济发展，水也拥有着不可取代的重要位置。人们已经行动起来，珍惜水资源，保护水环境。上海市河道蓝线的制定就体现了这一点。上海城市规划中，河道蓝线成为不可或缺的一部分。崇明县以独特的水利优势得到市规划局的一致认可和全力支持。

3 崇明县河道蓝线规划的分工和技术要素分析

针对以往建设项目行政许可阶段河道蓝线划示工作中，双方对划示蓝线依据认定不同而产生的蓝线无法划示落图问题，经崇明县水务局与崇明县规划和土地管理局（以下简称县归土局）充分讨论后，就建设项目行政许可阶段蓝线划示确定了各方的分工：

(1)已编制控制性详细规划和水利专业规划区域（主要为全县县级河道，以及陈家镇，城桥镇，崇明工业园区，新河镇，富盛经济开发区一期，堡镇），项目涉及河道蓝线由崇明县水务局划示。县水务局在划示河道蓝线时，应比对控制性详细规划。水利专业规划确定的河口宽度与控制性详细规划一致或相差较小，不影响水利规划实施和水环境安全的，应按控制性详细规划确定的河道位置划示河道蓝线；水利专业规划与控制性详细规划差异较大的，由崇明县水务局与县规土局另行协商确定河道蓝线位置。

(2)已编制控制性详细规划，但未编制水利专业规划区域，由县规土局根据控制性详细规划划示河道蓝线，待编制水利专业规划后，再由崇明县水务局划示。

(3)控制性详细规划与水利专业规划均未编制区域，由县规土局提出河道宽度控制方案（主要针对农村地区公共服务设施项目），征询县水务局意见。经两局商定后，县规土局按照商定的方案控制河道宽度。

(4)关于湖泊蓝线划示的问题，由县规土局进行控制。

河道蓝线传统定义为河道的上口宽控制线和河道两侧的防汛抢险通道控制线。笔者认为，崇明县河道蓝线不能只考虑这些，还应该囊括河道管理和安全运营，以及相关配套工程的实施，这样才能更好地实现统筹规划。

下面，笔者将从平面、立面控制要素两方面阐述崇明县河道蓝线的技术要素。

平面控制要素包括河道中心线、河道两侧河口控制线、河口控制线外侧的河道安全防护控制线。其中河道中心线是一条虚拟线，不存在在具体实施中，但是对河道规划的作用十分重要。河口控制线和陆域控制线是对称的两条线，对称轴是河道中心。顾名思义，河口控制线是根据河道的规模和走向来确定的最小河口控制范围，而陆域控制线是依据河道生态景观、建筑安全等要素制定而来的，对河道周边生态意义重大。

立面控制要素主要是河道断面控制，由河底高程、河底宽度、河道边坡和河口高程等主要要素组成。它的制定取决于水利局确定的河道过水能力。对于满足过水能力要求的河段，可以进行优化断面形式，结合陆上规划进行局部放大断面。由于崇明生态岛的定位，较为提倡亲水边坡和生态护岸。

4 河道蓝线未落地衍生出的管理矛盾

(1)由于崇明的河道堤岸以土质结构为主，有些区域河岸塌失严重，导致河道岸线不明，有与河岸边居民争地的情况发生。一旦河边居民沿河设置构筑物，势必发生分辨不清、难于执法的现象。

(2)由于崇明属于农业大县，现阶段农民对河道的保护意识不强，非城区地段庄稼与河岸绿化抢地皮的现象时有发生，河平台、河坡上可谓“寸土不荒”。正是河道蓝线未落地，导致管理部门无法据理力争，使得此类现象禁而不止。

(3)河道蓝线未落地,导致河道确权工作无法进行。河道确权是河道管理工作的一大抓手和一个重要依据。

5 崇明县河道蓝线制定建议

河道建设是一项功在当代、利在千秋的事业,而河道蓝线设计和规划建设更是一个全面、复杂的工程,需要统筹全局,也需要实地考察、实事求是。根据崇明县河道现状,笔者特给出以下几点建议。

(1)按照上海市水务局与上海市规土局联合下发的《关于加快本市骨干河道蓝线专项规划编制的通知》(沪水务〔2013〕1175 号)文件精神,按照市管河道的蓝线市级负责,非市管河道的蓝线区县负责的原则,加快编制骨干河道蓝线的进程,并以此为契机,同时深化、细化、优化支级河道蓝线编制的脚步,进一步加强河道蓝线的规划。

(2)按照《上海市河道管理条例》和上海市人民政府 17 号令文件精神,既要严格实行按照湖水系统统一管理,又要结合分级管理制度,各方负起相关责任。充分发挥各级部门的积极性和创造力,同时联合执法部门严格依法办事。

(3)蓝线制定建设和区域控制要有机融合在一起,形成科学实用的税务规划,使之更早、更快进入上海市城市规划中,从而得到更规范的管理。

河道蓝线是城市规划的控制要素之一,崇明县河道蓝线规划对上海市城市总体规划,对水资源优化配置和保护具有重要意义。河道蓝线的编制应该做到以人为本、环境优先,保持与水务发展总体思路相一致,实现环境友好和城市建设优化、人们生活美化的最优结合。

参考文献

陈邱云. 有关上海市河道蓝线与规划设计结合的思考[J]. 中国水运月刊, 2011(11):160-161.

水利建设

上海市菜田涝灾成因分析及其对策措施研究

陈　艳

（上海市水利管理处）

摘　要：针对本市近年菜田受淹的现状，分析了菜田受涝的主要原因是田间积水难排、河道排水不畅、菜田灌排设施管理不善等几方面原因，并有针对性地提出了防止菜田受涝的措施。

关键词：菜田　受涝　排水　管理

1　概述

上海是一个特大型城市，常住人口2 000多万，农业是上海经济组成部分中不可或缺的一部分，发展都市高效生态农业是上海的重点工作。2014年本市常年菜田面积约56万亩（1亩=1/15 hm^2），地产蔬菜总产量395万t，其中地产绿叶菜241万t，占全市绿叶菜供应总量的90%左右，对居民生活和社会稳定发挥了重要作用。

近年来，由于极端性天气增多，尤其是2012年、2013年受持续台风和大暴雨影响，本市大面积的菜田受淹，影响了地产蔬菜特别是绿叶菜的市场供应，农业生产直接经济损失严重。

2　菜田受涝成因分析

本市属于平原感潮河网地区，排涝能力与河网及泵闸的蓄、排能力，调蓄能力与河道水面率、河道常水位、预降水位等有关，外排能力与口门布局和规模、河道输水能力、泵站排水动力、调度方案、供电保障、外潮位变化等因素有关。本市菜田在汛期受淹的原因主要有以下几个方面的原因。

2.1　田间积水难排

2.1.1　地势低洼

随着本市城市化进程的发展，近郊地区大面积的耕地土地利用类型改变，成为建设用地，为了保证本市的粮食生产和蔬菜供应，维护人民生活和社会稳定，本市的设施粮田、菜田基地向松江、金山、青浦、崇明等远郊地区迁移。

本市地区平均地面高程3.93 m，郊区地面高程低于3.20 m的低洼地共有102.3万亩,主要分布在松江、青浦、金山及嘉定西南部、奉贤西北部，其中松江、青浦部分低洼地区高程低至2.6~3.2 m。远郊地区原为粮食生产基地,基本种植水稻,田面较路面低,部分地区田面与路面高差达50 cm及以上,周边的雨水易向菜地汇聚,加重了菜田的排水压力;同时由于菜田高程低,排水河道的外水位比菜田排水的内水位略高,甚至某些河道的常水位要高于菜田内水位,导致菜田涝水难以自排入河流。同时,某些河道水位高的菜田,由于入河排水口敞开,导致降雨时河水倒灌,加重了菜田的涝情。

同时,改为蔬菜基地种植后,原有的水稻灌排设施难以适应蔬菜种植的需求。对露地蔬菜基地,原有灌溉渠道多数为灌排结合,沟道积水多,地下水位高,雨水难排,难以满足蔬菜短时排水的需求。

2.1.2　排水系统设计、布置不合理

本市设施菜田建设由于成本、建设程序等原因,偏重大棚、道路的投资和建设,排水系统的投入少、建设标准低,缺少科学的规划设计和布置。

一是沟道、涵洞设计断面过小。农沟、斗沟等缺少科学的断面尺寸计算,沟道断面过小导致过水断面不足;斗沟与农沟未分级别设计,强降雨汇流时斗沟段雨水壅出沟顶;露地菜田田间排水口数量不够,距离过长,田间雨水难以及时排入排水沟;过路涵洞尺寸过小,形成阻水效应;露地菜田的田间排水毛沟沟深、间距没有达到排水标准。

二是泵站设计流量不足。排涝泵站缺少科学的设计,未按照菜田的排水标准进行排涝泵站的流量计算和泵型选择,导致泵站流量小、与排水沟道不配套,同时由于建设标准偏低,导致泵站老化、破旧现象普遍,运行效率低。

三是灌排结合的沟道设计不利于排水。上海地区由于耕地紧缺,多年来灌排结合的沟渠占总数的比重较大,灌排沟渠虽然在一定程度上可节省耕地,但多数由于缺少科学设计,沟过深、顶过低,灌溉时浪费水资源;同时沟里常年蓄积大量灌溉水,降雨时降低了沟道的蓄洪能力,易造成沟道阻塞;进水口(排水口)排水时位置偏高,不利于田间排水。

四是规划布局不合理。设施菜田建设中对田块的设计要求不高,在建设初期缺少土地平整,同时排水沟道没有优化布局,两级排水、三级排水、四级排水交叉在同一个灌区,排水系统凌乱;部分菜田总体形状狭长,配套的排水沟距离过长,并且由于本市沟道基本没有纵坡坡度,自流排水时,过长的排水沟导致排水速度慢,排水不及时;排涝泵站位置选择不科学,部分泵站甚至地势高于附近沟道,导致排涝效率低下。

2.2　河道排水不畅

本市属河网地区,水系发达,西部地区高程较低,属易涝地区,为保证西部地区安全,本市多年来推进西部圩区达标工程,建设多个圩区,进行统一的水量调度,确保防洪安全。圩区内有大量的设施菜田,菜田能否及时排水与是否和圩区河道沟通和外围水系能否及时排水关系密切。

2.2.1　未与外围圩区河道有效沟通

部分菜田建设时,排水入圩区内河,不与外围水系联通,强雨水时难以通过圩区调度,实现预降水位、及时排水的目标,导致菜田受淹。

2.2.2　部分圩区尚未达到20年一遇的排涝标准

要实现菜田不受涝的目标,圩区基本要达到20年一遇的排涝标准,但本市目前达到

20 年一遇圩区的数量仅占总数的 38.5%，与现状菜田的排水要求尚有一定差距。

2.2.3 部分河道缺少疏通，影响水系流通

圩区及圩内河道虽然经过万河整治和沟通水系等工程的疏浚、整治，但是仍有部分河浜存在着底泥淤积，河床过高，河道过水断面小的问题，导致强降雨时过水能力弱，排涝不及时，影响了菜田的排水。

2.2.4 圩区管理未跟上

本市属平原河网地区，要做好汛期圩区调度，保证及时排水，应做好雨前水位预降。但是现状部分圩区管理不到位，常水位控制较高，且水位预降不足，使得有效调蓄库容骤减，难以满足汛期排水的要求。

2.3 菜田灌排设施管理不善

设施菜田内的水利设施建设完成后，日常的运行维护基本依靠合作社等经营者，泵站、沟道等设施缺乏系统、必要的管理，尤其部分由散户承包经营的菜田，水利设施基本处于无人管理状态。

(1)泵站无人管理。灌溉、排涝泵站基本无人管理，多处泵站基本用来堆放杂物，部分泵站租给外来人口居住，运行管理区与生活区不分，存在安全隐患，水泵等设施无人进行维护保养，放水基本处于无序状态。

(2)沟系无人清理。沟道普遍缺乏清理，部分菜田的排水沟淤积严重，露地菜田毛沟在耕作中缺少维护，破坏了毛沟与农沟的有效连接，部分毛沟被土覆盖，深度达不到排水要求，影响了田间排水；保护地菜田大棚间的毛沟杂草丛生，毛沟与农沟连接口淤泥拥堵普遍。某些菜田灌区沟道内淤泥深达 0.5 m，沟道的过水断面减小，严重降低了沟道的排水能力。

(3)汛期排水认识不足。部分高程低的菜田，排水沟日常已蓄水 0.2 ~0.3 m，在降雨前菜田管理人员未及时清空沟道积水，影响了沟道的蓄水能力。

3 对策措施

针对本市设施菜田尤其是保护地大棚蔬菜建设后道路和渠道基本硬化，灌区地面的蓄涝能力减弱，排水沟的排水压力增大，以及绿叶蔬菜耐淹性差的特性，对排水时间和排水强度有较高的要求的现状，为了保障蔬菜供应，保证与人民生活密切相关的“菜篮子”有效供给，针对本市菜田受淹现状，建议从以下几个方面着手解决。

3.1 加强新建设施菜田的位置选择和规划设计，提高建设标准

3.1.1 加强水利设施的规划设计，合理布置沟渠和泵站

对新建设施菜田的水利设施配套，要加强水利设施的规划设计，进行必要的土地平整，严格按照水务部门要求的排涝标准和设计规范进行排水沟道和排涝泵站的设计和布置，做到灌排分开，确保沟道和泵站、涵洞等水利设施符合菜田排水标准，强降雨时田间不积水，形成以自排为主、抽排为辅、自排优先的排水系统。

3.1.2 加强土地平整，合理选择地块

针对上海灌区小，沟道长度短，基本没有纵坡坡度的现状，为了保证沟道排水不受地形的限制，要对不平整的菜地实行土地平整，保证水系的流通。同时新建菜田要对高程进

行把关,避免在低洼易涝地上种植蔬菜,减少水利设施的投资和菜田受淹的风险。

3.1.3 注重与外围水系的沟通,保证排水通畅

新建菜田要注意与外围水系的沟通,确保排水河道与外围水系能沟通,可通过区域调度实现汛期排水。

3.1.4 加大生态排水沟等设施建设

加强生态排水沟建设,增加菜地的蓄水能力,降低菜田地下水位。

3.2 加强现有受涝菜地水利设施改造,提高排涝标准

3.2.1 改造沟道、涵洞,增加过水能力

对设计不合理导致受淹的菜田,为保证田间积水顺利排出,对沟道过水断面不足的,根据沟道的级别,拓宽现有沟道、涵洞,增强过水能力;对沟系紊乱的,要连通各级沟道,改造现有排水系统;对田间毛沟排水不足的,要加深毛沟排水深度,增加田间排水口数量。

3.2.2 增强排水沟、田间毛沟的疏通

要对拥堵的排水沟、田间毛沟加强疏通,加强毛沟排水口与农沟的衔接,清理沟间泥土和杂草,保证沟道畅通。

3.2.3 加强水系沟通,保证河道排水通畅

对于外围水系不通的,应疏拓排水河道,保证排水河道与外围水系的有效沟通。

3.3 推进圩区达标建设,确保排水安全

针对绿叶蔬菜耐淹能力差的特性,本市应加大圩区达标能力建设,提高圩区排涝标准,提高菜田的抗涝能力,保证在汛期通过圩区的合理调度,确保圩区内菜田农业生产的安全。

3.4 加强农村地区河道管理,提高农村地区水面率

增强农村地区河道整治,疏拓河道断面,增加过水能力,加强农村地区河道管理,保障农村地区水面率,提高整个农村地区的防汛除涝能力。

3.5 加强菜田管理者水利知识指导和培训

加强菜田管理人员的水利设施管护和汛期排水的知识培训,重点对田间排水沟的清理、过路涵洞的疏通、内外排水沟的疏通、排涝泵闸的管理维护进行指导,指导管理人员在汛期及时清空排水沟,有效运行排涝泵站等。

3.6 加强设施的长效管理,提高使用效率

制定排水沟道和泵站的定期维修和养护制度,落实长效管理的人员和经费,保证在汛期之前,对各级排水沟道进行清淤,对毛沟内的杂草进行清除,排涝泵站良好运行,确保汛期生产安全。同时,在汛期加强日常巡查,及时解决突发问题,确保菜田排涝设施日常管理工作不缺位。

3.7 健全菜田防汛气象信息发布系统建设

完善水位站、雨量站等站网建设,准确预警预报,提高防汛减灾能力,提高预警预报的及时性、准确性、针对性,健全完善防汛工作预案体系,及时发布雨情信息,提高防汛减灾能力。

浅谈上海市美丽乡村建设中河道治理存在的问题与对策

钱 诚

（上海市水利管理处）

摘 要:河道治理是美丽乡村建设的重要组成部分,上海市水务部门高度重视,2013 年以来陆续开展相关河道整治,取得了一定的成果,但也存在一些问题。本文主要对必要性、存在的问题以及相关对策进行了分析探讨。

关键词:美丽乡村　河道治理　问题　对策

1　前言

党的十八大报告中第一次提出了“美丽中国”的全新概念,强调必须树立尊重自然、顺应自然、保护自然的生态文明理念,明确提出了包括生态文明建设在内的“五位一体”社会主义建设总布局。然而,要实现美丽中国的目标,美丽乡村建设是不可或缺的重要部分。

自 2013 年中央一号文件中提出要建设“美丽乡村”的奋斗目标以来,上海青浦、嘉定、崇明等区县积极响应,进一步加强农村生态建设、环境保护和综合整治工作,加快农村地区基础设施建设,加大环境治理和保护力度,营造良好的生态环境。其中,河道治理作为农村环境治理及生态建设的重要部分,发挥着重要作用,但是在项目实施过程中仍存在规划不健全、前期工作难度大等一系列问题,这些问题或多或少地降低了相关河道治理的效率和质量。因此,为提高在美丽乡村建设中河道治理的水平,还必须加大对相关问题的分析研究力度。本文从美丽乡村建设中河道治理的必要性和存在问题出发,对相关项目建设进行研究及分析并提出对策。但愿能起到抛砖引玉的效果,为美丽乡村建设中的河道治理工作提供参考。

2　上海市美丽乡村建设中进行河道治理的必要性

2.1　美丽乡村建设的需要

河道治理是美丽乡村建设的配套工程,是美丽乡村建设的重要环节,作为地区环境面貌的主要载体,河道健康与否,直接影响地区环境的整体质量,水清、岸绿、景美也正是美丽乡村改造的目标之一。配合美丽乡村整体建设,打造独具江南水乡风味的美丽乡村。

2.2　提升景观面貌的需要

沿河居民有休闲观水的需求,通过河道治理,建设水桥、亲水平台、休闲步道等亲水设施,能进一步完善河道功能,满足人们用水、亲水、观水的需求,体现人与自然和谐相处的理念。

2.3 地区防汛除涝的需求

部分镇、村级河道河床淤浅、底宽不足、岸线不规则,且河道断头、水系不畅,已远远不能满足防汛除涝的要求。因此,对河道进行整治,可明显增大河道过水断面,沟通水系,防止河道边坡的冲蚀坍塌,增加调蓄容量,更好地发挥镇、村级河道在地区防汛除涝中的重要作用。

2.4 改善周边居民生活环境的需要

部分乡村现状一方面存在河道环境脏、乱、差的现象,另一方面取用水、安全防护等配套设施不健全,通过河道整治,进一步加强配套附属设施、完善河道功能,将为周边居民创造一个设施齐全、安全亲水的河道水环境,能在很大程度上改善周边居民的生活环境。

3 上海市美丽乡村建设中河道治理存在的主要问题

3.1 部分镇、村级河道缺乏全面系统的水系规划

根据《上海市骨干河湖布局规划》,涉及美丽乡村建设的河道分为骨干河道和其他支河,目前相关水利规划都对区域内骨干河道进行了全面而又系统的规划,但是对于面广量大的镇、村级河道,尤其是村沟宅河,仍存在部分空缺,导致对相应河道进行治理时,设计上缺乏统一和科学的依据,难以做到统筹兼顾,往往只能按河道现状进行整治,在当前镇、村级河道不断萎缩的局面下,不利于增加水面率及河道调蓄容量。

3.2 项目前期动、拆迁等工作难度大

项目建设前期工作包括工程范围内的建筑物、树木、文物等动、拆迁及保护,岸后土地临时占用,堆土区域决定等一系列问题,涉及面广,工作量大,但都是完成河道治理中必不可少的工作,是工程能够顺利建设的保障。其中大部分工作都需要同周边居民及相关部门进行妥善沟通协调,由于涉及利益问题,往往会出现互相推诿或产生矛盾,工作开展的难度比较大,协调周期漫长,牵扯大量人力物力,反复沟通才能落实解决问题。

3.3 河道配套设施不健全

部分镇、村级河道周边缺乏垃圾收集处理设施,存在垃圾杂乱堆放和直接入河的现象,同时河道周边截污纳管不够彻底,部分生活及工农业污水直排河道,河道治理后,水质仍持续恶化,新建成的水生动植物栖息环境遭到破坏,影响区域水环境面貌。

3.4 河道建设生搬硬套,缺乏特色

目前美丽乡村建设配套进行的河道治理中,建设内容通常包括护岸结构、河道疏浚、防汛通道、绿化、桥梁等。虽然已经引起重视,但河道景观设计仍较为薄弱,现仅局限于栈桥、亲水平台等常规设计,缺乏具有乡村特色的景观设计,作为美丽乡村建设的重要组成部分,河道建设为美丽乡村建设提供的亮点不多。

3.5 周边居民环境保护意识有待加强

乡村地区河道周边民众受教育程度普遍不高,加上近几年外来流动人口不断增加,人口整体素质良莠不齐,环保意识不强,导致河道周边存在垃圾随意丢弃,私自占用岸坡绿

化种植农作物，甚至蓄意破坏河道配套设施的现象。

4 上海市美丽乡村建设中河道治理的解决对策

4.1 加强对镇、村级河道的全局规划

以相关上位规划作为基础，结合美丽乡村建设规划，坚持因地制宜，编制相关镇、村级河道水系规划，为河道治理提供科学依据。在编制规划时，要明确治理目标、标准、内容及措施，妥善处理河道的上下游之间的治理关系，对于不断被侵占的河道进行重新规划设计，还地与河，为水让路，增加区域水面率，确保河道防汛安全。同时，要突出重点，着重考虑人口密集、群众生产和生活设施区域的河道建设，按照轻重缓急的原则，分期分批，长期建设。

4.2 提前谋划前期及动、拆迁工作，加强部门联动

项目前期工作是河道治理建设的基础和前提，要顺利推进河道治理，就必须把项目前期工作放到突出位置。尤其对建筑物动、拆迁、违章建筑拆除等难点工作，要落实责任，细化工作方案，明确时间节点，结合美丽乡村建设整体进度，做好相关部门的协调沟通工作，形成合力，为后续河道治理扫除障碍。

4.3 详细摸排现状污染源，做好截污纳管

要营造符合美丽乡村建设要求的水环境面貌，改善水质是关键，而消灭入河污染源是改善水质的根本。在河道治理中要对周边管网建设、沿河污染源进行全面调查，着重进行截污纳管设计，科学布局，妥善处理管线布置与沿河建筑物的关系，大幅降低入河生活及生产污水。

4.4 科学布置景观节点，打造河道特色景观

对河道进行设计时不可生搬硬套常规治理模式，要强化河道景观设计，结合相关“美丽乡村”建设规划，明确景观设计主题，合理布置湿地、栈桥、小岛等节点，科学配置植物种类，从水体景观、沿岸景观、远景景观等方面，融合地域文化符号，运用景观小品，传递当地文化特色和人文精神，构成和谐、美观的乡村河道景观画面。

4.5 加强宣传发动，做好长效管理工作

结合建设美丽乡村工作契机，利用宣传栏、倡议书等载体广泛宣传开展河道长效管理工作的目的和意义，进一步提高居民群众对水环境保护的自觉性，营造人人关心、支持、参与保护河道环境的良好氛围。同时，全面落实河道保洁责任制，安排专人不定期开展河道巡查，如发现乱扔垃圾、随意排放污水等现象，立即安排保洁人员进行打捞清理，切实保证河道持续干净、整洁。进一步建立健全考核制度和激励机制，切实保障相关河道长效管理有章可循，规范运作。

5 结语

在美丽乡村环境建设中，河道治理不仅能增强区域防汛能力，还能进一步提升水环境面貌。就目前相关河道治理的情况而言，仍存在一定的不足与问题，通过上文的分析，希望能对今后相关河道治理工作的开展提供提供一定的参考。总而言之，水环境整治并非一蹴而就的工程，我们要正视不足，重视规划，细化设计，突出重点，妥善处理河道治理与

相关资源开发的关系，这样才能打造符合美丽乡村建设要求的水环境面貌。

参 考 文 献

[1]李明，董丽荣，王念忠，等．加强中小河流管理　确保防洪安全[J]．水利建设与管理，2000(1)：5-7.
[2]陈鸿飞．中小型河流综合治理措施探讨[J]．中国水利，2009(6)：66，72.

横沥河整治技术方案研究

杨　帅
（上海市嘉定区水利管理署）

摘　要：根据众多城市河道成果的实施案例，河道治理工程要想达到理想的效果，必须要有好的规划，景观规划方案做好了，才能有理有据地依据规划成果进行科学的施工建设，同时，在建设过程中要统筹考虑近期与远期建设，以此取得更高的经济效益、环境效益和社会效益。本文以横沥河为例，探讨其整治的措施，并给出了整治后的效果分析。

关键词：河道整治　环境保护　生态发展

很多城市河道被生活在城市中的人们亲切地称呼为母亲河，因此这些城市的形成与发展均离不开这些河流，早期正是因为河道的河水通过对农田的灌溉而哺育了两岸的人们。后来，随着社会经济的发展与进步，城市河道的功能也得到了进一步的延伸与拓展，它不仅用它源源不断的河水来满足两岸居民洗衣、做饭等日常生活需求，还为城市的商贸往来及货物运输提供了便利的渠道。明清时期，随着商贸及航运的繁荣发展，许多沿河城市都发展成为当时的大都市，成为那一时期的城市中心及商贸中心。因此，针对城市河道整治方面的研究具有重大的社会、经济及生态效益。近年来，虽然这城区日新月异的发生变化，横沥河作为市内最大的一条城市水系，却遭受着严重的破坏。河道全段全年水流较少，两岸杂草丛生，局部河道污染严重。河道下游两岸住宅及其他建筑设施较多，拆迁难度较大，河道中游河床被硬化，上游河道两岸全是急需改造的旧村，房屋质量较差，拆迁工作可以顺利开展，同时该段河道由于长期排入生活污水及工业废水，河道污染严重，水质发黑发臭，藻类丛生，因此对其进行有效整治就急不可待。

1　项目改造前的基本情况

长期以来，横沥河周边雨污水杂乱汇入，两岸工业及生活污水直接排入河中，河水水质污染严重。随着城中村改造项目的快速推进，上游河道自然环境与周边区域形成强烈反差，格格不入，周边居民强烈要求尽快启动上游河道整治，为了更好地贯彻“环湾保护、拥湾发展”战略，彻底根治严重污染现状，河道综合治理势在必行。

1.1　污水排入河道、水体污染

横沥河上游排入河道主要为生活及工业污水，河道周边虽已经建成少数几条截污干管，但由于种种原因，现状管道没有发挥作用，沿线污水直接排入河道，致使水体污染严重。

1.2　河道垃圾堆积、河床抬高

上游河道两岸社区众多，居民居住密度较高，除日常生活污水排入河道中外，诸如塑料带、果皮、纸屑等日常生活废弃物也直接被扔在河道水面及岸边上，致使河道水质发黑、两岸垃圾堆积，还有很多固体废弃物沉入河底，致使河床抬高，严重降低了河道的防洪能力。

1.3 河岸杂草丛生、环境管理混乱

横沥河上游河道及周边范围由于缺少科学的管理，两岸坡地杂草丛生，生态环境恶化，严重影响城市景观形象以及周边居民的日常生活质量。

2 横沥河整治的原则分析

为尽快完善片区的市政基础设施配套、改善河道两岸及周边区域居民的居住条件，城市以建设环境优美、功能及配套设施相对完善、建筑及环境品质优良的和谐社区为目标，坚持科学合理的规划设计，专业的技术施工，启动实施了综合整治工程，以达到切实改善周边区域环境，人们生活水平不断提高的整治目标。

2.1 高起点规划原则

河道整治的规划设计工作要坚持科学合理、充分论证、立足长远，同时还要确保河道整治工作与周边地块的开发改造相互融合，保证片区地块的使用功能和河道的景观环境的统一协调。因此，在进行横沥河上游河道综合治理的过程中，坚持“生态恢复”和“以人为本”的设计思路，恢复河道生态环境，恢复河道的自然特征和水生动植物的多样性，建设仿自然型的河流，还要处理好人与自然之间的相互关系。同时，针对李村河上游存在的水质污染严重等问题，着重加强截污、治污的治理工作。

2.2 河道整治与周边区域产业定位相结合原则

按照片区产业规划的发展要求，在整治河道过程中将设计及施工统筹考虑，使河道整治功能进一步延伸，使整治后的河道能够为片区产业的发展起到一定推动和促进作用。同时要充分利用自然资源及有利条件进行河道综合整治工作时，恢复河道景观生态系统，改善周边区域生态环境。在河道整治的具体设计工程中，避免单一乏味的设计手法，强调景观塑造的多样性，使河道景观具有自己的特色，能给人留下深刻的印象。

2.3 全方位改造原则

在进行河道整治工作时，要充分结合和考虑周边的综合管网及防洪设施的规划与建设，同时要与周边市政道路的管网相互协调，避免污水通过管网排入到河道之中来。

3 横沥河整治的项目实施过程

横沥河上游综合治理工程的实施建设坚持长远发展的眼光，采用多种新工艺、新材料，破解诸多施工难题，最终建成了优秀的河道景观风光带。在项目实施过程中主要有“设计理念新、施工要求严、景观环境优”三大特色。

3.1 设计理念新，突显与时俱进

横沥河属于“季节性”过洪河道，整治范围内地形高差达 9 m，所在城市在每年 7 ~ 9 月为洪水期，通常雨量较大，水势非常急；其余月份主要为枯水期，为保证该河道景观效果，在枯水期补水问题就变得特别重要。该河道管理和建设者们广泛听取相关水利及规划等专家意见，认真考察调研先进河道治理经验及成功案例，确定采取“无不渗透”的生

态理念,坚持"以人为本、布局合理、基础设施完善"的河道治理原则,充分注重河道自然生态环境和亲水性的特色。另外,综合考虑泄洪景观的科学规划布置,采用河道蓄水与河道湿地景观规划设计相结合的建设理念,通过建设5座河道现体,形成3处蓄水段和2处湿地景观段。这种创新的河道治理模式和工艺方法在省内尚属首例。在园林景观中,充分利用河道水体自然过滤的原理,创新河道设计理念,提出了利用河滩"可临时过水"的概念,建立了在我国较为领先的河水水质过滤植物修复系统,并建设了两段具有一定先进性、良好示范作用的景观湿地。

3.2 施工要求严,保证优质高效

横沥河上游区域地质地形条件较为复杂,河道河床泥沙堆积、老化抬起,对河道整治工程技术含量要求较高,为使河道的蓄水清澈,排除污染,实施了清淤工程,平均清淤深度可达1. 0 m左右,最大清淤深度约2. 2 m。另外,废弃河床中堵塞的原有排水管道,在河道两侧重新铺设截污干道,截住两侧向河道排放的污水,解决了220多处临时违法市政管线直接将雨污水排入横沥河的多年难题。横沥河上游综合治理拦蓄水工程为保证生态环境与河道景观系统的和谐统一,通过采用将景观性蓄水和生态性蓄水相结合的新方法,同时根据自然河岸的"可渗透性",采取生态护岸与刚性护岸相结合的护坡方式,使河道的泄洪能力从20年一遇提高到50年一遇。同时,在工程建设之中坚持低碳环保的建设原则,因此膨润土防渗毯工艺、清水混凝土桥梁工艺等新技术在河道治理工程中得到广泛运用。此外,适度超前规划道路及桥梁,包括综合管线的建设,需保证在10年内满足规划容量要求。

3.3 景观环境优,实现生态价值

横沥河上游综合治理工程的最大亮点是恢复和保护了河道的生态湿地,采用深潭、浅滩以及混合的可渗透性河底基面等方法措施,使得自然河道特征重新显现,成功打造了河道生态景观湿地、生态景观步道等。李村河上游生态湿地景观地段在充分保留原有植物群落的基础上,通过人工栽植培育大量水生植物,同时搭配耐湿耐水的乔灌木,科学合理地进行河道整体空间环境配置,不但在视觉上形成错落有致的环境效果,也实现了生态系统的自我循环,取得了良好的生态效益。另外,该河道在植物配置方面充分结合当地的气候条件,因地制宜,通过对适宜现实条件的常绿水生植物以及湿地植物等进行合理的规划布置,而且每个季节都会营造出独特的景观效果,河道及两岸的植被绿化面积达到50多万m^2,为水生动植物提供了一个良好的生存环境。另外,通过河道中水生植物的自然修复功能,每天可以产生大量的再生水,这在一定程度上起到了美化河道环境和优化水质的作用。

4 河道整治后的成果及经验推广

4.1 以生态环境恢复与保护打造舒适宜人的河道景观环境

在进行该河道的综合整治过程中,突出生态、环保、绿色、低碳的规划设计理念,强调"以人为本",将横沥河作为景观枢纽,将河道两岸及周边区域的居住区、居民相互联系起来,把横沥河上游片区打造成以生态居住、旅游、文化休闲等功能于一体的生态示范区。

4.2 以生态环境提升推进旧村改造项目实施

该河道片区原村庄较多，而且这些村庄房屋质量较差，存在较大安全隐患，周边环境卫生状况也不容乐观，急需进行村庄的整治与改造。横沥河上游综合治理工程实施，大大改善了周边区域的生态环境，为旧村改造的实施打下了坚实的基础。同时，横沥河上游整治工程的启动实施彻底改变了该河道周边区域原来环境卫生恶劣、公共设施匮乏的状况，成为河道整治与旧村改造相互结合促进的优秀示范。

4.3 推进区域经济社会的和谐发展

横沥河上游综合整治工程的实施，有效改善了河道两岸及周边区域土地的投资开发环境，良好的投资环境吸引了众多国内知名房地产企业前来开发投资，为片区旧村改造的实施以及经济的健康可持续发展提供了有力的保障。结合横沥河上游独有的自然环境资源及良好的人工景观环境，两岸地块可以用来大力发展房地产、休闲旅游、婚纱摄影等多种业态，并带动了周边区域的其他产业业态的进一步发展，同时还为周边居民创造出了大量的就业机会，推动了区域经济的整体向前发展。

参考文献

[1]秦柯. 国内外生态城市研究进展[J]. 现代农业科技,2013(9):9-11.

[2]王巍,魏兰海,闫茂华. 城市河道的生态恢复[J]. 环境科学与管理,2014(11):43-45.

[3]王建国. 现代城市设计理论与方法[M]. 南京:东南大学出版社,2014.

[4]朱晨东. 当代多自然型城市河道的设计与实践[J]. 水利规划与设计,2015(2):12-14.

[5]许士国. 现代河道规划设计与治理[M]. 北京:中国水利水电出版社,2006.

农村水利工程建设与管理综述

戴晓雯
(上海市宝山区水务局顾村水务管理所)

摘　要:随着社会的发展,我国的城市化进程已迈向成熟,但农村仍然占据我国大片土地,农村水利的建设至关重要。按照市水务局《上海市水务和海洋发展"十三五"规划编制工作方案》的任务分工和统一部署,结合市局关于上海市水务"十三五"规划基本思路,市水务局提出了未来5年的主要工作指标、农田水利建设和管理的基本方向。本文通过解读《工作方案》、结合农村水利存在的问题对农村水利工程建设与管理进行评估,并分析其未来发展。

关键词:水利工程　农村　"十三五"规划

1　农村水利工程

1.1　水利工程简述

水利工程是用于控制和调配自然界的地表水和地下水,需要修建坝、堤、溢洪道、水闸、进水口、渠道、渡漕、筏道、鱼道等不同类型的水工建筑物,从而达到除害兴利的工程。水自然存在的状态并不完全符合人类的需要,只有修建水利工程,才能控制水流,防止洪涝灾害,并进行水量的调节和分配,以满足人民生活和生产对水资源的需要。

1.2　农村水利工程内容

农村水利发展的主要内容为灌溉排水和农村供水[1]。基本任务是通过水利工程技术措施,包括灌溉、排水、除涝和防治盐、渍灾害等,改变不利于农业生产发展和农村居民生活、生产供水的自然条件,为农村提供水务的保障。

2　小型农田水利工程

2.1　小型农田水利简述

小型农田水利是农村水利最重要的一部分,简称小农水,主要是指为解决耕地灌溉和农村人畜饮水而修建的田间灌排工程、小型灌区、灌区抗旱水源工程、小型水库、塘坝、蓄水池、水窖、水井、引水工程和中小型泵站等规划。

2.2　小型农田水利内容

基本任务是通过兴修各项农田水利工程设施和采取其他各种措施,调节和改良农田水分状况和地区水利条件,使之满足农业生产发展的需要,促进农业的稳产、高产。

2.3　小型农田水利工程实例

上海土地面积有限,灌溉单元较小,农田水利工程中以小型工程为主。为适应郊区农业结构和粮食、蔬菜生产布局的调整,近年来引进了当今国内外先进的技术和新机制,建设了一批生态景观型河道及自动化监控系统。现代水利园区项目应用电脑技术、信息技术改造传统水利,根据田间作物的生长需要,实现定时定量自动化灌溉;利用雨水收集系统和人工湿地系统,并以推广农业节水灌溉、雨水集蓄利用、人工湿地水质净化和自动化监控技术为重点,不断提高农田水利科技含量,使灌溉水的水分生产率得以逐年提高。比如,松江五库、叶榭等地区应用大棚集雨系统和人工湿地技术,提高了雨水利用率和农业灌溉水质,保证了农产品品质,增强了农产品出口的竞争力,起到了很好的示范作用。

作为宝山区农田水利建设重点乡镇的罗泾镇农田属中小型农田,宝山区的高水平水利设施粮田项目位于罗泾镇花红村,该项目于 2012 年被上海市水务局等部门批准为小型农田水利建设计划,历经 1 年多的时间治理打造,目前形成了区域既能灌溉又能排涝的 1 030亩稳产、连片和生态高效粮田。计划实施后,罗泾镇花红村区域内新建灌溉泵站 2 座、河道土方挖填 11.575 8 万 m^3、新建桥梁 5 座、衬砌明沟 11.793 km、地下渠道 8.562 km、水泥道路 0.703 95 万 m^2、沥青道路 1.272 95 万 m^2。该高水平水利设施粮田项目的完成满足了管理科学化、产业集聚化、农业集约化的要求,落实了上海市委、市政府提出的发展集约优质高效现代化农业的要求。

根据 2014 年上海市水务局、上海市财政局印发的《上海市小型农田水利工程项目和资金管理办法》,对旧的机制进行了完善的修订,更好地贯彻落实了小型农田水利工程的新机制。我所所处城乡结合的顾村地段,覆盖几个农村的农田水利工程建设,但宝山区农田面积普遍不大,以种植油料、西甜瓜、蔬菜等经济作物为主,同时生产自给性粮食,因此没有投入大量的资金在高科技水利建设上,有待在未来引进相关技术,达到高效率的工程成效。

2.4 小型农田水利工程存在的问题及对策

制约我国小型农田水利工程建设的关键因素是资金投入不足。我国当前的小型农村水利工程建设大多实行分级管理的模式,由于农民群众并不是建设的管理者,而只是工程的受益者,在资金投资和劳动投资方面存在诸多顾虑,因而使得水利工程建设规模小、效率低,无法适应当前农村经济的发展。

对此,小型农村水利工程建设应该在争取国家资金投入的同时,地方人民政府应设立相关的专项补助资金,鼓励并引导广大农民群众积极增加农村水利工程建设的投入,将农民群众的积极性充分调动起来,吸纳更多的社会资金来建设水利工程,从而为水利工程建设的健康可持续发展提供有力的保障。

3 农村水利工程建设与管理中存在的问题

3.1 农村水利工程缺乏现代化理念与新的体制

有些农村水利工程运营方式单一,没有很好开展多种经营项目,致使许多水利工程荒废;一些水利机构管理单位既不像企业单位,也不像事业单位,致使水库安全管理人员的工资增长、医疗保险、养老保险等无法落实,严重打击了管理人员的工作积极性;地方部分小水库、塘坝、自流、提水及小灌区、小流域工程、机电井和河道防洪工程处于无人管理状态,从而影响水利机构正常效益和职能的发挥[2]。

自从改革开放以来,农村发生了天翻地覆的变化,随着产业结构的调整,粮食生产与蔬菜基地、果木花卉与传统旱作物对灌溉、排涝降渍和抗旱的要求及标准与原来有的设施大不一致,传统的灌溉模式与现代农业理念发生冲突,小农经济与农业的集成市场化相矛盾给农村水利工程的建设带来了相当大的困难。虽然政府已采取相关举措克服上述困难,但社会是在不断进步的,一旦旧的农村水利工程的理念与体制与现阶段的管理成效不匹配,那么将会给水利工程的实施带来极大的阻碍。

3.2 圩区泵闸建设和河面率不匹配,农田劳资问题突出

由于上海市水面分布不均,地水面率区域河网蓄排能力不足,与排涝泵闸建设不匹配,因此圩区除涝能力与20年一遇规划标准还有很大差距,有待加强。

3.3 田块碎片化、种植零散化制约农田水利现代化

据统计,全上海市500亩以下的灌区占70.8%,同一个灌区的田块也较为分散,田块碎片化严重,种植结构调整频繁。

3.4 农村水利工程目前普遍存在"重建设、轻管理"的现象

管护机制不健全、管护经费不到位,致使水利工程完好率低、使用寿命短,加之人为破坏严重,影响了农村水利工程的经济、生态和社会效益的发挥。农村的水利工程建设需要因地制宜的管理方案,往往需要当地农村居民的参与,而农村教育普遍低于城市教育的问题也给农村水利工程的管理带来困难。若不能科学地设置一个农村水利工程项目建设和管理的比重,不能合理地进行水利工程项目资源配置,那么将会导致我国农村水利工程项目管理水平不高。

此外,目前全上海市部分的水泥明沟、地下渠道破损漏水,部分灌排泵站年久失修,由于农民管理意识不强,设施存在只用不管、被盗窃的现象,因此农田设施的管理维护不到位。

4 农村水利工程建设与管理的新机制

为了解决上述问题,结合"十三五"规划的要求,农村水利工程需要新的机制来弥补当前的建设与管理的缺陷。

4.1 "十三五"规划新机制

4.1.1 主要目标

(1)圩区区域除涝:设施达标率为90%。

(2)农田灌溉:基本农田灌溉设施实现全覆盖,灌溉率达95%;节水灌溉面积覆盖率大于78%;灌溉水利用系数达到0.738。

(3)农田灌溉水质:达到无公害用水标准。

(4)降渍:地下水位控制在地面以下0.6~0.8 m。

(5)农田水利设施管理:实现农田水利设施管理的科学化、常态化、规范化、制度化。

4.1.2 主要工作任务

(1)聚焦整建制创建国家现代农业示范区确定的重点建设区域,完善粮田水利设施的配套,加强面上和域外农场农田水利基础设施建设,提高农田的灌排能力。

(2)以新建设施菜田和高水平粮田为重点,实施泵站建设、沟渠配套、土地平整、机耕道路等工程,完善提升菜田和粮田的灌溉、排水和降渍能力。

(3)推广林果等经济作物的喷灌、滴灌等高效节水灌溉技术。

(4)全面提升圩区抵御洪涝灾害能力。

(5)全面提升中小河道防汛保障能力和河道水环境面貌。

(6)建立健全农田灌溉设施长效管理机制。

4.2 农村水利工程需要与新型科技相融合

农村水利工程要跟上时代的脚步,就需顺应现代科技化的理念,适应当前农村的经济社会发展阶段和农民总体素质现状,与新型科技的融合重点领域主要在:灌排泵站节能技术改造技术;经济适用、方便准确的量水设施或设备;基于遥感、GIS 技术的灌溉管理系统;农村水利信息化技术;生态用水需求研究;经济合理、操作方便的农村特殊水质处理技术与设备;节水灌溉效益监测与评价方法;农村水环境整治(农村排水工程、污水处理技术)、河湖水环境综合评价方法、富营养化及微污染水的资源化技术等,同时还应注意高科技在水利管理和水利测量中应用,使得水利工程管理更加的精准和现代化。

4.3 农村水利工程中的“建设”与“管理”需得到完善的权衡

建是基础,管是关键,工程管理的好坏,直接关系到管理单位的生存命运。

4.3.1 建设机制

在工程建设初期,要以长远、统一规整的思想进行设计,使得新建工程与原有工程配套,新、旧结合以发挥最大的效益。从工程开始规划,直至建成后的管理,各个时期都需严把质量关。在初期把关建设材料,选择符合标准的建设材料,做好保质保量中关键的一步;建设过程中,严格把持质量监督一关,监理工作做到位。

水利工程的建设确实是农村经济发展的基础设施,但是在建设工程中容易导致一系列生态环境问题的出现,比如修建水库或过量引提河流水资源导致河道下游缺水或断流、水生生物减少或水体自净能力下降、水体功能发生变化等。农村环境的生态问题已经到了不容忽视的地步,农村水利工程与环境工程设计相结合,生态水利工程与水污染控制工程相结合是生态水利工程的重要发展方向,也是农村水利适应新时期建设、保护环境的必经之路。农村水利工程应该结合农村环境的特殊性,建造的生态水利工程既简单又适用,如为减少旱田排水挟带泥沙或污染物直接进入输水沟渠,可在二者之间修建生态处理沟渠或者氧化塘,利用生物沉淀、分解的作用净化污染水体。

4.3.2 管理机制

管理工作的重点是大力提高整体素质水平,可通过培训将相关人员培养成专业技术过硬、管理经验知识丰富的全能性人才。此外,由于目前基层单位技术队伍中年轻力量薄弱,对我国发展农村水利工程管理相当不利,因此一定要把培养新一代年轻管理人才作为提高农村水利工程建设管理水平的重要指标,鼓励具有相关的水利工程业务技能的人才能够真正地走到水利工程基层之中去进行自身的学习以及锻炼[3]。

管理机制中,灌区的管理应成立“管理站点”,由专业机构、专职人员进行管理,提高灌区的管理水平;农田渠系的管理,应成立管理“中心户”,由用水大户统一管理,合理调配水资源,并收取少量水资源费用,用于水利工程维修;此外,应加强水利管理站的队伍建设,负责区域内水利工程的管理措施,例如防汛抗旱、灌溉排涝、水资源管理等方面,依靠科技进步提高农田水利建设和管理水平,科技性服务和指导性服务相协调,努力提高服务水平和服务质量。

5　农村水利工程建设与管理的未来发展方向

5.1　“十三五”规划要求

根据上海市整建制创建国家现代农业示范区以及建设美丽乡村的发展目标,结合“农林水三年行动计划”,发展农村水利必须整合资金、项目,打造重点乡镇、区域,配置齐全、灌排通畅、安全高效的农田水利体系,基本实现农田水利设施全覆盖、农业生产旱涝保丰收、水质达标无公害、管理维护规范化的农村水利。

5.2　党的十八大精神

要把学习贯彻党的十八大精神与贯彻落实中央加快水利改革发展决策部署紧密结合起来,进一步完善发展思路,明确发展目标,加大兴水惠民政策措施落实力度,加快建成防洪抗旱减灾体系、水资源合理配置和高效利用体系、水资源保护和河湖健康保障体系、有利于农村水利科学发展的制度体系,着力构建农村水利发展新格局。

参 考 文 献

[1]倪文进. 中国农村水利发展状况与科技需求[J]. 农业工程学报, 2010,26(3):1-8.
[2]刘淑媛. 浅析农村水利工程管理的现状及策略[J]. 农林论坛, 2009(25):768-769.
[3]卢秉武. 浅谈农村水利工程管理中存在的问题及改进方向[J]. 中国水运, 2012,12(3):97-98.

奉贤区水生态治理的实践与思考

陈　璟

（上海市奉贤区南桥水务管理所）

摘　要：根据党的十八大关于生态文明、美丽中国建设的总体要求，围绕创新驱动、转型发展、改善民生的全市大局，以科学发展为主题，立足奉贤区经济社会发展对水的需求作为出发点，抓住2011年中央一号文件的政策持续期，抓住契机，偿还欠账，适应发展，完善体系，提升跨越，围绕奉贤水生态治理，总结分析近些年建设实践的成效与困境，为"十三五"水生态治理探索破解途径。

关键词：水生态　治理

1　背景

党的十八大把生态文明建设摆在突出位置，融入经济建设、整治建设、文化建设、社会建设各方面和全过程，形成中国特色社会主义事业"五位一体"格局，开启生态文明新时代。水是生态环境的控制性要素，水生态文明是生态文明的核心组成部分。加快推进水生态文明建设是建设美丽中国的重要基础，也是当前水利中心工作之一。笔者就上海市奉贤区当前水生态建设中存在的一些问题作些探讨。

2　奉贤区水利现状

奉贤区位于上海市南部，北枕黄浦江，南临杭州湾，属平原感潮河网地区，整体地势低平，平均海拔4 m左右，总面积720.44 km^2，境内河网纵横交错，水量充足，全区有各级河道4 530条，长3 263 km，河湖水面积56.54 km^2，河面率8.23%等。

本区所处的地理环境决定了主要受到的自然灾害有台风（热带气旋）、暴雨、龙卷风、洪（潮）、涝、旱、盐、渍等八种。水灾主要为洪潮灾害和雨涝灾害。近年来，随着极端天气的多发态势，并容易形成台风、暴雨、高潮位的叠加，造成更大的安全隐患。如2005年"麦莎"台风导致全区直接经济损失达到2.49亿元，2009年"7·30"、"8·2"集中暴雨，造成3 000余户居民、180余户店面房、60余家企业、4 300余车库不同程度进水，3处房屋倒塌，受淹蔬菜面积14 340亩，果树10 205亩，水产损失1 620亩，损失较大。

3　奉贤区近期水生态治理实践情况

"十一五"、"十二五"期间，奉贤水务坚持"水安全、水生态、水资源、水环境、水文化"五位一体相互融合、协调发展的治水理念，着力保障防汛安全、改善人居水环境，经过各方共同努力，截至目前，累计投入达39亿元，基本形成了水务发展体系。

3.1 基本形成标准适宜、设施配套、联动协调的防汛保障体系

奉贤区属于上海市水利分片综合治理规划中的“浦东片”，目前水利片一线防洪挡潮工程已经基本建成，建成达到抗御100年一遇高潮位加11级风力正面袭击的标准的一线海塘全长41 km、防洪标准为1 000年一遇的黄浦江防汛墙奉贤段21.7 km、一线水闸13座，9个西部低洼圩区设施更新改造基本完成，形成防汛工程体系、组织指挥体系、预警预案体系、信息保障体系和抢险救援体系等五个管理体系，保障了城乡防汛除涝安全。

3.2 基本形成治污为本、截污为先、标本兼治的水环境保护体系

全区污水治理体系基本形成，污水处理能力从“十五”期末471万 m^3/d 提高到784万 m^3/d，城镇污水处理率从70.2%提高到86.6%，全区污水日处理能力提升到28万t/d。

3.3 基本形成规划引领、保障民生、建管并举的河道建设管理体系

三年来，建成市级生态示范河道三条，对城乡结合部和外来人口租住集中点建设农村小型生活污水集中处理设施305处，累计收集和处理生活污水5 300 t/d。加强河道长效管理，成立了三级河道保洁队伍14支，河道保洁员1 400余名，实现了河道保洁全覆盖。与“十一五”期间相比，我区河道水质多项指标浓度有所下降，达到了稳中有升的目标。

4 奉贤区“十三五”水生态治理的初步谋划

4.1 以一线口门建设为重点，增强水资源调度与防汛除涝能力

防汛安全事关城乡经济社会安全大局，进一步完善一线水闸、一线海塘、防汛墙等大控制防线，加快推进南门港病危水闸翻扩建工程、金汇港北闸除险加固工程、海塘防汛墙岁修工程建设，筹划航塘港出海闸建设等，提高设施完好率与达标率，增强水资源调度与防汛除涝能力，保障全区运行安全。

4.2 以骨干河道整治为重点，完善全区骨干河网架构

结合全区水生态网络建设，发挥河道的排水、生态、航运和景观等综合功能，加快推进中港、巨潮港、三团港、南门港(规划水闸—人民塘)等骨干河道整治工程建设，推进南桥新城三期、四期河道治理、金汇港新城段河道整治等骨干河道整治工程建设，完善全区骨干河网架构，持续改善河道水环境，进一步营造宜居水环境。

4.3 以沟通镇村水系为重点，持续改善河道水环境

全区达4 509条(段)2 990 km的镇村河道是水生态文明建设的重要载体，针对镇村河道坝基断头浜多、有桥无河、淤积严重的情况，按照“集中联片、滚动推进、统一规划、分步实施”的新政策导向，加快推进沟通水系工程、镇村河道轮疏等工作，逐步恢复河道通、连、畅、活，持续改善河道水环境，改善农村生产生活环境。

4.4 以河道长效管理为重点，营造生态宜居水环境

按照“管建并举、重在管理”和“两个全覆盖、两个常态化”的工作要求，充分发挥河道在建设“美丽奉贤”中的重要作用，进一步完善中小河道管理养护体系，试点引清调水模式，积极推进市场化养护工作，市、区管河道通过由委托乡镇管理转为区里直接管理的体制转变，于2015年底前分步实施市场化养护；镇管河道以差别化养护为抓手，提升重点区域管理实效；村级河道在水域保洁的基础上以“水岸同管”为要求，加强陆域养护管理，提

升行业服务水平，逐步提高区域水质，进一步营造生态宜居水环境。

5　当前水生态治理中的困境

全市水生态治理取得了很大成绩，但由于水生态治理的系统性、相关性、综合性很强，具有投入高、周期长、难度大的特点，在实践中如何巩固目前河道整治的成果，如何来进一步提高水体的质量，恢复江南水乡的风貌，还是遇到了一些困难和问题。

5.1　水质恶化趋势得到遏制，但未能获得根本性好转

黄浦江上游来水水质较差，河道面源污染尚未得到有效控制，水体自净能力不足，局部地区河道存在返黑返臭现象。根据全市布置水质监测的各级河湖 2 545 条(个)、3 446 个断面数据分析，水质优于Ⅲ类(含Ⅲ类)断面 117 个，占 3.4%；Ⅳ类断面 818 个，占 23.7%；Ⅴ类断面 689 个，占 20.0%；劣Ⅴ类断面 1 822 个，占 52.9%。

5.2　水生态治理中土地瓶颈突出

自 2012 年起，上海市级财政对市区管河道整治工程项目给予了最高 32 万元/亩的腾地补贴，对推进河道水生态治理项目建设起到了积极作用。但由于河道整治涉及大量农用地指标，而建设用地及占补平衡指标落实困难，导致部分项目“有资金、无指标”难以推进。我区常规每年实施区镇村级河道治理约 300 km，按照土地部门关于建设用地管理要求，需建设用地指标 1.3 万亩，而全区每年建设用地指标仅为 1 500 亩，矛盾十分突出。

5.3　水生态治理中资金瓶颈依然突出

水生态治理要体现成效，需要进行系统性设计、跨地区跨部门推进，减少入河污染源，提高水体自净能力，不断提高城镇污水处理率，加大畜禽养殖废水治理达标排放力度，改善农业种植模式，推进河湖整治和生态林建设等。面对具体水生态治理下，资金需求与可安排资金规模上缺口较大，项目安排周期较长，前期动拆迁、腾地清障工作推进缓慢，矛盾比较突出。

6　奉贤区水生态治理的建议

面对入河污染物排放居高不下、水环境恶化趋势尚未有效遏制的严峻形势，面对人民群众对良好生态环境的迫切期待，水生态文明建设要求仍有较大差距。如何在现有条件下推进水生态治理，笔者提出如下建议。

6.1　建立健全水生态治理协同推进机制

坚持规划引领、流域治理、重心下移、部门协同、形成合力。奉贤区需继续加快完善城镇污水收集处理系统，规模减少畜禽养殖规模，推进畜禽养殖废水达标排放，推进农业高效缓释肥料研究与使用，大力推进河湖整治，构建完善全区骨干河网，沟通畅活中小河流，加快推进生态河道整治与生态林建设，研究完善引清调水机制，巩固并提高水生态治理成效。

6.2　完善相关政策，突破土地瓶颈

根据河道水生态治理的公益性、生态性的特点，针对河道水生态治理遇到的土地瓶颈，建议：一是加强河道蓝线编制控制，将河道蓝线纳入规土部门的大基平台，加大对地块开发建设的涉水规划控制，调整河道水域为“未利用地”的土地属性，推进河道管理范围

内土地确权，突出还河于民、还绿于民，为今后河道的维修整治与综合开发预留空间；二是协调落实河湖治理中涉及土地只转不征或不改变原有土地属性，打通土地流转与村民镇保的政策瓶颈；三是建立水系调整、土地平整、地块开发等调整河道涉及土地指标的占补互换内部平衡机制，改变现行分开管理模式；四是全市每年统筹安排一定规模的土地指标优先用于全市骨干河网整治，推进全市骨干河网建设；五是在地块征收出让中，将未达到规划河宽标准的河道进行代征，将地块出让中的相应资金划入专项基金，以落实河道治理的土地指标与建设资金。

6.3 建立健全水生态治理投入增长机制

继续发挥政府在水生态治理中的主导作用，进一步提高水生态建设资金在固定资产投资中的比重，大幅度增加市和区（县）财政专项水利资金。充分利用2011年中央一号文件精神的政策红利，从全市土地出让收益中提取10%优先满足农田水利建设所需资金，并统筹兼顾农村水利建设。

参考文献

[1]上海市水利局. 上海水旱灾害[M]. 南京:河海大学出版社,1999.
[2]上海市水务局. 上海市第一次全国水利普查暨第二次水资源普查报告[R]. 2012.

浅谈金山区水利工程建设的方向

张海军

（上海市金山区水利管理所）

摘　要：随着近几年中央对水利工程建设力度的不断加大，我区的水利工程建设取得了傲人的成绩，特别是全国水利重点县、农村生活污水处理工程、高水平粮田等技术先进、改善环境、普惠民生的水利工程的建设在我区的水利建设史上写下了光辉的一笔。一系列民生水利工程的建设不仅为我区的人们生活带了巨大的方便，而且也给我区的水利建设积累了宝贵的经验，使我区的水利工程在管理上进一步地科学化、规范化以及现代化。虽然我区的水利建设取得了如此的成功，但在长期的发展中还是存在着一些问题，特别是在管理方面，需要得到我们的重视。

关键词：金山水利　管理　技术

1　我区水利工程管理的现状

新中国成立以来，在历届政府的关注下，金山区水利工程建设获得了较快的发展。经过60年代的农田灌排建设，70年代的水利基本设施建设，80年代的抗洪除涝建设，90年代的半低地改造、西部工程建设，2000年起实施的圩区达标工程，2012年起实施的重点县建设项目等，进一步提高了防洪排涝标准，基本形成防洪、除涝、灌溉三大工程体系。

水利事业的发展，不仅促进了农业生产，而且提高了通航能力，促进了航运事业的发展。电力灌溉的实现，普及了农村电网，为工副业的发展创造了机会。但随着太湖流域总体规划的实施，金山区的水利工程现状标准仍然不高，须不断提高和完善。

2　水利工程建设与管理中存在的主要问题

2.1　部分已建工程质量有待提高

一些已建工程所采用的设计标准偏低，质量不能达到现有标准的要求，在使用上存在着风险，不能满足防洪兴利的需要。随着我区经济的高速发展，政府在基础设施建设过程中越来越注重保障人民的生命和财产的安全，以人为本的社会建设要求进一步推动了水利工程建设标准的提高，因此一些已建的工程已不符合我国经济社会发展的现状。

金山区目前的防洪除涝现状仍然十分严峻：

（1）海塘工程现基本达到百年一遇高潮位加11级台风的防御能力。但结构大多为单塘结构，塘外滩地冲刷较为严重，因此金山区保滩工程的实施迫在眉睫。

（2）金山区通过多年来的低洼地带圩区建设，目前共建圩区37个，其中浦南东片17个，浦南西片20个，圩区总面积35.98万亩。但调查显示，金山区原有圩区水利工程标准偏低，基础水利设施老化率高，大部分圩堤还未达标，防洪能力还达不到防洪要求。

(3)金山区河网水系为黄浦江上游支流水系,目前共有河道1 624条,总长度2 225.7 km。河网水系不仅为防洪除涝的主要载体,而且兼具水环境治理与保护、水环境配置与调度、水景观及航运等多项功能。但目前我区水系整治未能与城镇建设同步发展,导致河道严重淤浅,水系水体不活,河道水质恶化,库容减少,河网调蓄能力差。

2.2 重建轻管

在水利工程建设管理运营的过程中,出现的一个比较常见的现象就是重建轻管现象,这一现象导致了管理方式落后,严重地阻碍了工程建设及其效益的发挥。大量水利工程年久失修,导致许多水利工程在有较大洪水到来时不能很好地发挥自己的作用。“重建轻管”现象是我区水利工程管理手段上的一大漏洞,就水利工程的安全监测方面而言,我区目前还没有一套达到工程安全和调度运行要求的国家级水利工程管理信息系统;就使用运营单位而言,在管理上的疏忽更是导致安全隐患的直接原因。所以,在水利工程管理方面,既需要政府在各个方面的支持与投入,也需要运营单位的高度重视,建立起专门的工程管理部门,特别要注重对于安全管理的要求,加大对“隐患工程”的加固安排和资金的投入。

工程建设不是目的,重要的是通过管理手段,使工程达到预期的效果,取得明显的效益,甚至通过管理挖掘规划工程的潜力,提高水利工程在防洪减灾、水环境建设、水资源的保护等方面多种水功能的综合开发和利用,我们应该从资源的开发与保护角度来提高水利工程的系统管理水平,寓除害于兴利之中。俗话说“三分建、七分管”,我们在一方面抓好水利规划,完善水利设施,进行合理水资源调度的同时,要进行水利工程管理制度的改革与创新。

因此,我们必须摸索出一套先进的管理方法,才能保证水利现代化建设的水利推广实施。水利工程是保障工程,体现的是社会效益,应该本着“谁建、谁有、谁用”的原则,在区水务局的指导下,工程管理权交由金山区水利管理所及乡镇水务站统一管理,建立相应的水利工程管理制度,落实专人总负责,并通过乡镇管理人员与工程使用者签订协议书,责任落实到个人、具体运营者,实行有偿使用,计划用水,走以水养水的道路,使水利事业得以健康、有序的发展。

2.3 水利工程建设与经济、社会、环境发展的需要不符

近年来,金山区大量工业产业高速发展,大量的污水、废水未处理直接排放,城乡居民生活污水及禽畜废水的排放,水体污染日益冲突,河道内、河岸边生活垃圾随处堆放和填没,造成河道堵塞,水体流动交换不畅、自净能力下降,水质普遍污染。也正是由于金山区水环境恶化给当地生产生活带来深刻影响,人们已经认识到水生态修复工程的重要性。

水利工程的建设不仅是对可用水、待用水的开发保护利用,还包括对废水的处理回收再利用,若生活生产废水处理的不当,不仅会造成水资源的浪费,严重的会造成对干净水资源的污染,而且对人民的身体健康还会产生不良的影响。

3 水利工程建设所需采用的关键技术

水利工程建设是经济生活的基础设施建设,施工量大、质量要求高、管理复杂,对于技术的要求就更加的严格,高科技的应用更能最大限度地提高工程建设的效率,提升工程的

质量,从而确保整个工程的投入产出比最大。下面就简要分析在水利工程建设中所用到的关键技术。

3.1 堤防崩岸预防处理技术

在崩岸预防处理技术中主要是进行三大分析和四项研究,要进行的三大分析分别是河流地质资料分析、崩岸变性破坏机理分析和崩岸稳定性分析,四项研究为崩岸监测评估研究、防治技术措施研究、崩岸预警抢险应急技术研究以及分析决策结果软件系统研究。

3.2 工程老化及病险问题分析

随着时间的推移,所见的水利工程项目在硬件设施上或多或少会出先构件的老化现象,这样工程在防洪排涝等方面的作用将大打折扣,因此加强对工程设施日常的维修保养工作也非常的重要。相关技术管理人员要对水利工程老化病害机理进行详细的分析研究,做好相关技术支持的准备,例如地方隐患探测技术、护岸堤防渗流控制和加固技术、长效减压技术等。与此同时,也要建立起与之配套的工程老化损坏评估机制,定期定点地对已建工程的各个构件进行深度探测,及时地发现问题、解决问题。

4 结语

水利建设是一项复杂而又艰巨的工程,涉及的范围极广,无论是从其管理方面来说还是从其关键技术方面来说,都需要广大水利建设者的辛勤劳作、团结奋斗。正是由于一代又一代的水利人对高品质高要求水利工程的不懈追求,才会诞生出一个又一个的中国里程碑式水利工程设施,才会缔造出水利建设史的光明未来。与此同时,经济社会人文的发展又对我们金山水务人提出了更高更新的期望和企盼,这是水务人继续走下去的压力,同时也是不断开拓创新的动力。总之,我们要想尽一切办法来缔造我们这一时代的水利建设。

城镇河道综合整治的几种措施

龚 碧[1] 沈美娟[2]
(1. 上海惠中建设发展有限公司;2. 崇明县农村水利管理所)

摘 要:河道综合整治是我国农村基础设施建设的重点内容之一。通过分析城镇河道现存问题及河道整治现状,在总结有关城镇河道整治经验的基础上,根据生态河道整治的原则,提出了我国城镇河道整治的生态护岸工程措施、水质修复治理措施和河道景观工程措施,力求为我国城镇河道的生态治理和修复提供借鉴。

关键词:城镇河道 生态治理 河道景观 生态水利

河流作为城镇形成发展的重要资源和环境载体,关系着城镇的生存,制约着城镇的发展。随着我国农村现代化和城镇化步伐的加快,人们对自身生存环境质量提出更高的要求,城镇水环境的整治已经成为新农村建设的重点内容之一。传统的河道整治一般采取浆砌石或混凝土固岸、裁弯取直、疏挖河道等措施,这些措施虽在一定时期内保障了河道水系安全,但也伴随着出现了一些生态环境问题:如采用大量的混凝土或浆砌石等材料使河道硬化严重,改变了河流的自然属性,侵占了生物栖息地, 割裂了水陆系统的联系,也减少了对地下水的补充;裸露硬化的护岸使得各种污染物未经过滤吸收直接随径流排入河道,导致水质恶化,河流生态系统严重受损;河道的裁弯取直增大了水流流速,从而加剧了水流对河床底部和河岸的冲刷。可见,传统的河道整治措施已经不能满足现代化城镇发展的需要。因此,我们必须寻找新的河道治理理念,在未来的河道整治中,不仅要继承传统整治技术的精髓,更要重视水质的提高、水环境的改善和水生态系统的保护,实现人与自然的和谐统一。

1 国内外河道整治现状

1.1 国外河道治理现状

自20世纪80年代开始,面对河道治理中出现的水利工程对生态系统的某些负面影响问题,欧洲的工程界对水利工程的规划设计理念进行了深刻的反思,认识到河流治理不但要符合工程设计原理,也要符合生态学原理。目前,世界上一些发达国家都在进行河流回归自然的改造,如德国、瑞士等国家于20世纪80年代末提出了全新的“亲近自然河流”概念和“自然型护岸”技术;荷兰强调河流生态修复与防洪的结合,提出了“给河流以空间”的理念;英国采用了“近自然”河道设计技术;日本在20世纪90年代开展了“创造多自然河力计划”。美国及欧洲一些国家进行河道治理较为常用的技术是“土壤生物工程”护岸技术。目前国外在河道整治方面的主要措施有:恢复缓冲带;重建植被;修建人工湿地;降低河道边坡;重塑浅滩和深潭;修复水边湿地沼泽地森林;修复池塘等。实践表明,这些技术有效地促进了水的良性循环,改善了河流的水生态系统环境,提高了水体的自净能力。

1.2 国内河道治理现状

近年来,国内相关部门吸取了国外经验,在城镇河道整治中注重河道的生态保护及城镇的景观效应。例如,上海浦东区河道整治推行"生态治水",因地制宜建设生态河道,从设计、施工、管理等每个环节都渗透了"环保"理念,采用生态型护岸、水流多样化、两岸植树林、河坡种草木、水边栽植物等措施,逐渐修复水生态系统,为重塑江南水乡风光注入了新的生机和活力,成为生态文明建设中新的亮点。浙江绍兴市以建成"水清、岸绿、景美、流畅"的现代水系为目标,对河道水系进行了大规模的综合整治,河道水环境综合整治工程成效显著。成都府南河的整治集防洪、排水、交通、绿化、生态、文化于一体,取得了很好的社会、经济、环保效益。随着经济社会的快速发展,人们对水环境提出越来越高的要求,河道治理已经由传统的防洪、排涝的水利建设观念向建设"安全、舒适、优美"的生态水环境观念转化。

2 城镇河道综合整治原则

开展河道综合整治是恢复提高河道基本功能的根本措施,是提高水资源承载能力,改善生态环境的有效途径,是打造绿色生态河道的客观需要。在整治过程中,应遵循以下基本原则:

(1)安全性:河道整治的目的不仅仅是为了防洪排涝安全,更重要的是,为了供水安全、生态用水安全和水环境的质量安全。水安全体系是构成河道生态系统的基础条件。

(2)生态性:生态性是指河道整治应满足生物的生存需要,以保证河道生态的健康发展为基础。河道整治应以生态性为基本原则,尽量保留原有的生物群落及其栖息地,促使水体自然循环与净化,实现河道生态系统可持续发展。

(3)自然性:蜿蜒曲折是河道的天然属性,因此在河道整治中,应尽量保持河流的自然地貌特征,维持自然的水文过程,为水体自然流势创造条件。

(4)地域性:不同区域具有不同的特点,这种地域的差异性和特殊性要求人们在进行河道综合整治过程中不能照搬照抄,要因地制宜选择适应的整治措施。如流经城镇居民区的河段在整治过程中宜注重景观功能,满足人们回归、亲近自然的要求,把水利工程和城镇景观结合起来,营造当地浓郁的人文气息。

3 河道综合整治措施

河道整治工程所追求的重要目标就是要协调城镇发展与河道生态保护的关系,同时尽量维护河道原有的自然地貌和水文特征,保持河流景观与其周围环境的和谐。根据城镇河道自身特点,综合整治的措施包括生态护坡、水质修复治理及河道景观三个方面。

3.1 生态护坡工程

在防洪与生态需求成为河道建设中主要矛盾的背景下,采用生态护坡整治模式可以在满足城镇生态系统要求并创造良好生境条件的同时,使河坡具有一定的抗洪防冲能力。因而,建设生态护坡工程已经成为国际上公认的解决河道整治问题行之有效的方法。生态护坡技术是基于水土保持学、生态学、水利工程学和生物科学等学科的基本原理，利用植物及植物与工程材料相结合的方法，在边坡上构建具有生态功能的护坡系统，通过生态工程的自支撑、自我组织与自我修复等功能，实现边坡的抗冲蚀、抗滑动和生态恢复，以达到减少水土流失、维持坡面植物生存环境、提高坡面动物和微生物栖息地的质量、营造健康的河流生态系统和改善人居环境等目的。可见，真正意义的生态护坡应该是一个包括植物、动物、微生物的完整的生态系统。然而，目前国内很多生态护坡的建设仅仅考虑了护坡上的植物，而完全忽略了动物及微生物在边坡生态系统中的作用，没有从根本上实现生态护坡生态系统的完整性。所以，借鉴国外生态护坡技术，完善我国生态护坡技术体系，在工程建设中实现真正意义的生态护坡，这将是我国今后生态护坡技术应用研究的重点。当前国内外采用的各种生态护坡技术主要有生物工程技术、植被型生态混凝土技术、土工网复合植被技术、多自然型技术等，详见表1。

表1　国内外护坡技术类型

类型	形式	应用范围
生物工程技术	在坡面上砌筑方格，在格内栽种固土植物	短期降雨量不大的坡面
多孔质护岸技术	混凝土预制件构成的各种带有孔状的护岸结构，如不规则鱼巢结构、盒式结构、自然石连接等结构形式	河道周边动植物种类丰富的坡面
植被型生态混凝土技术	由多孔混凝土、保水材料、难溶性肥料和表层土组成	城市河道护坡或护岸结构
水泥生态种植基技术	土壤、肥料、有机质及低碱性的水泥、河砂组成的胶结成孔材料，并含有保水剂	具有较好的抗冲刷和固坡性能，还能美化环境
石笼结构技术	网笼、木石笼、面坡箱状石笼	沟道狭窄、冲刷严重区
土工网复合植被技术	土工网垫固土种植基、土工格栅固土种植基	抗雨水冲刷，但不能用于堤防的迎水坡面网格反滤
多自然型技术	采用种植植被保护河岸；另外还采用石材、木材等天然材料，并巧妙地使用混凝土、钢筋混凝土等材料	流路短、冲刷不太严重的河流

3.2　水质修复治理工程

水污染治理是一个综合的系统工程，其主要措施包括污染水源的拦截、河床的清淤处理、有源活水和污水处理等方面，并辅以必要的植物措施，恢复河流的自净能力。河道污水治理关键要从污染源治理与截污入手，加强截污工程建设力度。同时，必须提倡清洁生产，大力控制污水的排放和处理。在保证一定水质的基础上，采用河流生态技术，进一步提高水质，美化环境。将环境工程中的生物修复技术应用到水利工程的河道综合整治中，是城镇河流特别是受污染河流整治的重要方向。生物修复技术因具有处理效果好,工程造价相对较低,运行成本低廉,还可以结合景观改善河道及其周边休闲场所的建设等优点,故该技术在实际操作中具有很高的应用价值,其发展前景十分广阔。目前水环境生物修复技术的主要类型有土壤渗滤技术、人工湿地技术、稳定塘技术、人工浮岛技术等,详见表2。

表2 水环境修复技术主要类型

类型	形式	机理
土壤渗滤技术	以土壤为介质	通过农田、林地、草地、苇地等土壤—微生物—植物系统的过滤、物理和化学吸附、离子交换、生物氧化和植物吸收等综合作用,固定与降解污水中的各种污染物,使水质得到不同程度的改善
人工湿地技术	基本要素:基质、植物、微生物与多湿的环境	通过其在生态系统中物理、化学和生物作用的优化组合来进行废水处理
稳定塘技术	由生物和非生物两部分组成	利用自然净化能力对污水进行处理
人工浮岛技术	一般由植物栽培基盘和固定系统构成	以浮岛作为载体,将高等水生植物或改良的陆生植物种植到富营养化水体的水面,通过植物根部的吸收、吸附作用和物种竞争相克机理,达到净化水质的目的

3.3 河道景观工程

河道景观建设是对河道进行生态整治的重要环节,主要内容包括河道水域沿岸带及水域范围内的景观建设。景观建设的目的是通过对河道空间与平面、纵向与横向的综合整治,做到提高城镇水系防洪排涝和供水标准与河道景观相结合,河道清淤与环境保护相结合,河道整治与改善当地的人居环境相结合,最终营造人与自然和谐的水环境。河道景观工程主要包括以下几个方面:

第一,河道平面恢复。过去在河道平面设计时,一般采取拓宽断面、裁弯取直、修筑高堤等措施,这些方法在一定时期内解决了洪涝灾害的问题,但却淡化了河流的资源功能和生态功能,破坏了自然河流的生态链,导致生态环境的不断恶化。因此,在满足安全行洪断面的条件下,改变过去裁弯取直的办法,随着地形、层次的变化"易弯则弯,易窄则窄,易宽则宽",恢复河流的纵向连续性和横向连通性;同时尽可能多安排一些蓄水湖池,这种"袋囊状"的结构不仅有益于防洪,且对景观和生态系统都具有重大意义。

第二,河道断面恢复。任何与生态过程相协调,尽量使其对环境的破坏影响达到最小的设计形式都称为生态设计。河道的断面恢复要综合考虑河道的防洪排水及生态景观的功能,不断优化断面设计,最终达到良好的生态河道体系。河道系统中一片草地、一块林地、一座山丘、一个岛屿都可能是一个自然生态系统,在恢复中应采取多种工程和管理措施,维持河道断面的自然性状。目前国内外典型的河道断面形式主要有矩形断面、梯形断面、复式断面和双层断面,详见表3。

表3　城镇河道断面类型及景观要素

断面类型	景观要素	应用范围
矩形断面	植被生态墙、悬挂式花坛、浮床式绿岛等	水位变幅不大的平原河网及城镇乡村人口密集的河道
梯形断面	生态护坡、滨岸植被缓冲带、亲水台阶	人口密集的城镇河流,农村中小河道
复式断面	生态护坡、亲水平台或亲水台阶、休闲亭阁、人行马道等	适用于河滩开阔的河道
双层断面	生态绿园、文化走廊、人文景观、浮床式绿岛等	适用于城镇区域内河

第三,生态河堤工程。生态河堤建设是目前国际上河流治理与建设的新趋势。生态河堤是融现代水利工程学、环境科学、生物科学、生态学、美学等学科于一体的水利工程,它以"保护、创造生物良好的生存环境和自然景观"为前提,在考虑具有一定强度、安全性和耐久性的同时,充分考虑生态效果,把河堤改造成水体和土体、水体和生物相互涵养,适合生物生长的仿自然状态。生态河堤不仅可发挥涵水保土的作用,而且能改善大气、水体和土壤的质量,进而将大大改善生态环境和人们的生活质量。沿岸景点的建设将增加周边环境的文化氛围,实现良好的社会效益和生态效益,这对城镇生态建设、拓展城镇发展空间等方面,具有重要意义。

第四,滨岸植被缓冲带工程。国内外研究实践表明,滨岸缓冲带(riparian buffer strips)是截留陆域面源污染物、改善河道水质的有效手段。作为河陆生态系统的连接地带,缓冲带对保持河道的生态性具有重要意义,主要体现在以下四方面:①对地表径流可以起到滞缓作用,调节入河(水体)的洪峰流量;②降低地表径流速度并对其中的颗粒态污染物起过滤和拦截作用;③植物吸收、土壤吸附溶解态的污染物;④促进氮的反硝化作用。城镇是人口大量集中和工业规模庞大的地方,势必会产生许多生活和工业垃圾,如得不到及时有效处理,将会随雨水直接进入地表水或地下水,形成新的非点源污染,导致水环境恶化。滨岸植被缓冲带的建立,不仅可以吸收径流中的有机成分,减少进入水体中污染物的含量,而且对于营造滨岸景观、改善生态环境和保持水土流失具有重要意义。

4　结语

随着城镇水利向环境水利和生态水利转化,在城镇河道整治中,必须考虑河道生态环境的建设,这不仅是人们随生活水平提高对自身生存环境质量提出的要求,也是新农村建设的重要内容;河道的整治与建设包括生态护坡工程、水环境治理工程及河道景观工程等内容,应根据区域的实际情况,统筹规划,综合治理;城镇河道建设不仅要发挥水利工程的功效,而且还要融入城镇园林景观、生态和建筑艺术等诸多内容,以充分发挥河流的综合功能尤其是生态环境功能,真正做到让河流回归自然。

参考文献

[1]丁鹤. 对城市河道可持续开发利用趋势的认识[J]. 海河水利,2002(1):24-26.

[2]刘晓涛. 城市河流治理若干问题的探讨[J]. 规划师, 2001,17(6):66-69.
[3]保洛·迪·皮特罗. 土壤生物工程与生态系统[J]. 水利水电快报,2002,23(4):32-33.
[4]王雪,田涛,杨建英,等. 城市河道生态治理综述[J]. 中国水土保持科学, 2008,6(5):106-111.
[5]王沛芳,王超,侯俊. 城市河流生态系统建设模式研究及应用[J]. 河海大学学报,2005,33(1):68-71.
[6]朱国平,王秀茹,王敏,等. 城市河流的近自然综合治理研究进展[J]. 中国水土保持科学,2006,4(1):92-97.
[7]汪洋,周明耀,赵瑞龙,等. 城镇河道生态护坡技术的研究现状与展望[J]. 中国水土保持学报,2005,3(1):88-92.
[8]林家森. 城市河流淤泥污染的治理对策[J]. 中国给水排水, 2004,20(12):21-23.
[9]饶胜. 生物及生态修复技术在河道整治工程中的应用[J]. 节水灌溉,2007(4):61-62.
[10]张展羽,卢敏, 朱成立. 城镇河道的水生态环境建设和保护[J]. 灌溉排水学报, 2004,23(6):18-20.
[11]季永兴, 何刚强. 城市河道整治与生态城市建设[J]. 水土保持研究, 2004,11(3):245-247.
[12]张明, 曹梅英. 浅谈城市河流整治与生态环境保护[J]. 中国水土保持, 2002(9):33-34.
[13]陈小华,李小平. 河道生态护坡关键技术及其生态功能[J]. 生态学报, 2007,27(3):1168-1175.
[14]卢宝倩,黄沈发,唐浩. 滨岸缓冲带农业面源污染控制技术研究进展[J]. 水资源保护, 2007(增刊):7-9.
[15]张建春,彭补拙. 河岸带研究及其退化生态系统的恢复与重建[J]. 生态学报, 2003,23(1):56-63.

关于崇明岛河道护岸顶高程的探讨

沈美娟[1]　龚　碧[2]

(1. 崇明县农村水利管理所;2. 上海惠中建设发展有限公司)

摘　要:崇明是目前全球规划建设中规模最大的生态岛,在《崇明生态岛建设纲要(2010—2020年)》关于加强水环境保护与治理的内容中明确提出:至2012年,实现骨干河道水质达到Ⅲ类水域比例达90%;至2020年,比例上升为95%。建设美丽崇明、生态崇明,水务必须先行。

关键词:河道　护岸　高程　生态

崇明岛是世界上最大的河口冲积岛,中国第三大岛,地势平坦,河道纵横交错,全岛共有河道15 923条,共计9 352.30 km。其中,市级河道1条即环岛运河,总长179.60 km;县级河道28条,呈南北向布局,总长377.70 km;乡镇级河道568条,大多呈东西向布局,总长1 424.70 km;村级河道15 326条,大多垂直乡镇级横河布局,总长7 370.30 km。各级河道集灌溉、引水、排水、蓄水、景观等功能于一体,环岛运河和部分县级河道兼具水上航运通道的功能。崇明岛区域规划最高水位为3.75 m,突击预降水位2.10 m,常水位控制在2.80 m左右。

为了进一步提高引排除涝能力,优化水资源配置,改善区域水质和水环境面貌,根据《崇明生态岛建设纲要(2010—2020年)》要求,以崇明岛域水利规划为依据,近年来市、县两级政府在河道整治、水环境保护与治理方面投入了大量的人力、物力与财力,取得了一定的成效,但要达到相关指标要求,依然是任重而道远。

1　河道综合整治基本情况

1.1　目标与任务

"十一五"期间实施了市级河道环岛运河南河中段的综合整治工程,工程总长26.86 km,总投资6.2亿元;加快了县级河道的整治进程,共整治县级河道93.5 km,投入资金5.35亿元;加强了小型河道的治理,共整治镇、村级河道5 000多km,疏浚土方1 870万m^3,投入资金1.17亿元。"十二五"期间,崇明县水务局计划完成环岛运河南河东段和西段的综合整治工程,总长48.4 km,估算总投资20.4亿元;计划综合整治县级骨干河道15条、170多km,估算总投资13.8亿元;加强小型河道的整治,计划每年实施1 000 km,需资金约1.5亿元。

1.2　已建工程的护岸型式及顶高程

崇明岛的土质由于砂性重、黏性差,土质松散,为了防止岸坡的坍塌及水土流失,在市、县级骨干河道综合整治工程中几乎全部采用结构工程,通常采用桩板式护岸、桩基浆砌块石挡墙护岸等直立式结构工程。近两年部分试验段小规模采用生态膜袋等生态护岸型式,护岸顶高程除已建的环岛运河南河中段河道护岸顶高程为 3.00 m,张网港河道部分护岸顶高程定在 2.80 m,其余一般都设在 3.20 m。

2 已建护岸顶高程存在的问题

2.1 环岛运河南河中段河道护岸顶高程的问题

环岛运河作为全岛河网水系的一条主动脉,是全岛引淡蓄水、防洪除涝的大通道,同时也是本岛水上运输的六级航道,常年有运输船舶通行。从 2008 年环岛运河南河中段综合整治后的运行管理情况来看,高程 3.00 ~ 3.20 m 处河道边坡仍然受到船行波的冲刷而导致水土流失。

2.2 非航道县级骨干河道护岸顶高程的问题

前几年实施的县级骨干河道综合整治工程,设计单位在方案设计过程中,注重考虑护岸固土的作用,某种程度上忽视了生态建设的需要,把护岸设计成直立式钢筋混凝土结构,或用块石砌筑成挡墙并勾缝,护岸顶高出常水位 40 cm 左右,表面看起来齐刷刷地高出水面的护岸,其实水土无法相互作用,两栖动物无法跨越水面和陆地的高程差,水生动物无栖身之地,在不知不觉中已经严重影响了生态环境。

2.3 小型河道护岸顶高程的问题

近两年部分乡镇为了保护建在小型河道边的农村公路,防止路肩水土流失,在小型河道边也建起了护岸,护岸的型式一般采用桩板式结构,顶高程一般也定在 3.20 m。更有甚者,为了使建造的道路宽度达到标准而违法向河道拓展空间,将护岸顶高程定在3.60 ~ 3.80 m,护岸几乎直接从河底角直立而上,大大缩减了河道断面面积,这样的做法不仅严重影响了区域生态环境,更为汛期的防洪除涝留下了严重的隐患。

3 各级河道护岸顶高程的建议

水是生命之源,是生态要素中最活跃、最重要的要素之一,是生态建设的灵魂。崇明综合生态岛的建设,河道生态化建设是重中之重,必须从生态保护和维护河流健康生命的角度来确立河道整治的原则、规划、设计和施工,必须尽可能地从生态的、永续发展的角度来进行河道整治,实现水体与河坡动植物之间水、气的自由畅通交换,努力实现人与自然的和谐相处。

崇明的土质特性,决定了崇明河道综合整治的首要任务是保证岸坡的稳定,防止水土流失;其次崇明生态岛建设,河道整治必须综合考虑改善河道环境,使之能为生物的生长繁殖提供适宜的环境,使河道生态系统中的生物多样性得到改善,使河道的水体自净能力得到增强。只有这二者高度协调统一,崇明的河道综合整治才能真正符合生态岛的要求。

3.1 通航河道护岸的建议

作为通航河道,必须首先通过航道等级、行船速度等相关因素,精确计算船行波的影响区域,确定护岸顶高程,同时在比选护岸型式时既要考虑通过工程措施防止水土流失,以增加河道岸坡的稳定性,还要用较好的植被护坡,增强边坡的抗冲能力,有效控制河岸的水土流失,同时还要考虑河道水生态系统的特点,使河道满足生态系统的多样性要求。

如果护岸顶高程设低了，河坡与水体能亲密接触了，水体与河坡动植物之间的“交流”顺畅了，但船行波影响河道边坡稳定的问题依然存在；如果护岸顶高程高了，河坡稳定了，但局部的生态系统和水土间的“互动”将受到影响。因此，对于该类河道首先要确定合理的护岸顶高程，其次通过优化护岸的结构型式以尽可能减少工程对河道周边生态系统的影响。

通过理论公式计算六级航道船行波的影响上限是在常水位以上 40 cm 左右，即高程 3.20 m 处，通过对环岛运河南河、六滧港、堡镇港等已整治河道的观测，理论与实际两者是统一的。所以，通航河道护岸顶高程确定在 3.20 m 高程处，已经基本能达到水土保护的目的。为了保护生态系统，综合考虑施工周期及工程造价等因素，可以采用复合断面的型式，高程 2.80 m 以下采用桩板式或桩基浆砌块石挡墙结构，常水位以上阶梯式设置合金钢丝格宾网石笼或生态膜袋等多孔性结构，既能抵挡船行波的冲刷，又能为水生动植物提供生存的空间和通道。另外，在坡顶处种植乔灌木，河坡上种植草皮护坡，在坡脚处种植垂柳、黄馨、粉团蔷薇、日本无刺蔷薇等悬垂植物，这种立体绿化方案，坡顶和坡面植物可以较好地防止雨水冲刷和地表径流对土壤的侵蚀，并能对汇入水体中的污染物起到一定的拦截和吸附作用；坡脚植物既能覆盖硬质结构，又能减缓船行波对护岸的冲刷，以达到保护水土和美化河岸景观的双重效果。

3.2 非通航骨干河道护岸的建议

非通航河道主要考虑雨水对河道边坡的冲刷而导致水土流失。根据实际情况主要考虑以下两种情况。

3.2.1 非道路边的骨干河道

这部分骨干河道两侧空间较大，在河道规划范围内进行河道生态整治的方案较多。根据规划河道断面，如果河坡坡比能达到河坡稳定要求的，尽量采用自然坡，通过绿化等方式保护水土。如自然坡达不到稳定要求的，必须采用护岸形式，对于这类护岸，顶高程可以设在 2.50 m 左右，在护岸后侧可以设置小平台种植芦苇、菖蒲、野茭白等水生植物，在河坡上种植乔灌木、草皮。这样的结构形式，既能够降低工程造价，又能保证水生植物的存活和生长，建成后在河道两侧形成了一条立体的绿色长廊，在发挥植物固土作用的同时为水生动物的繁育和栖息创造条件。另外，水生植物的根部与茎部可吸收某些污染物，附着在茎部上的微生物可对污染物产生吸附分解作用，能使水体得到自然净化。

3.2.2 道路边的骨干河道

部分公路或者农村公路紧邻骨干河道，由于历史原因，路肩离河道边坡很近，更有部分道路边沿就是河口线，水土流失将直接影响到道路安全，对于这部分河道需要通过土压力计算及现场实际情况确定护岸顶高程。2011 年实施的张网港河道综合整治工程的护岸型式，通过建成后近两年来的运行观测，效果比较好，值得同类型河道借鉴。张网港北段西侧紧邻林风公路，该公路是通往旅游度假胜地—崇明前卫村农家乐的必经之路，属于县级公路，公路路肩就是河口线，河坡坡比仅有 1:1.5，为了达到景观和固土的目的，设计方案确定护岸采用桩板式结构，顶高程定在 2.80 m 处，在 2.8 m 高程以上采用网垫植被复合型护坡，在三维土工网上种植悬垂植物带和草皮，通过双重措施防止土体被冲刷。工程建成后，路过的行人和游客从视觉上几乎看不到硬质的钢筋混凝土结构，而是能看到从护岸坡顶至坡脚的绿色植物，使人为景观与自然生态有机结合。

3.3 小型河道护岸的建议

与人们的日常生产、生活关系更加密切的小型河道，原则上采用自然坡，通过加强日常管理和采取定期轮疏确保河道畅通，以保持自然生态效果。对于村村通公路等镇村主要道路边的河道，在自然坡无法保证河道边坡自稳的情况下，采用护岸结构和绿化护坡相结合的方法，护岸尽量选用密排木桩等“软包装”型式，顶高程不宜高于2.80 m，这样的结构，使护岸前后水土能相互涵养，同时为小型水生动物和微生物及植物根系提供生存空间，已达到通过水生动植物和微生物的吸附分解来改善河道水质。

4 结语

崇明岛是一个人的完整机体，岛内的各级河道就是“血管”，河道里的水流就是“血液”，要确保整个机体健康运行，必须统筹协调生态与发展，维护健康河流、促进人水和谐，这是一项十分重要而紧迫的重大课题，需要通过长期坚持不懈的努力才能实现。河道整治必须与生态保护相辅相存，这是一个不断认识、改进的过程，需要相关单位共同努力，更新观念，建管并举，实现崇明生态岛的可持续发展。

参考文献

[1] 卫明，王为人，刘晓涛，等. 自然生态型河道建设的理念及其应用[J]. 上海水务，2003(3)：21-23.

[2] 赵东华，陈虹. 从欧洲内河航道生态化建设理念谈我国内河航道生态护岸设计思路[A]//第十四届中国海洋(岸)工程学术讨论会论文集[C]. 北京：海洋出版社，2009.

[3] 葛红群. 京杭运河扬州段生态护岸设计[J]. 水运工程，2010(5)：75-79.

增强长江口北槽航道内水流冲刷能力的工程措施探讨

刘　猛[1]　庄　怡[2]

(1. 上海河口海岸科学研究中心;2. 上海市崇明县水文站)

摘　要:基于物理模型试验数据对进一步增强长江口北槽航道内水流冲刷能力的工程措施进行探讨,表明:①试图仅通过实施丁坝工程来调整北槽中段的河床地形使天然深泓与目前的航道轴线位置吻合是行不通的;②若要达到比较显著的冲刷效果,新建丁坝宜布置在靠近主流的深水区,此外在北槽中段北侧加密丁坝亦有显著作用;③若想进一步增强北槽中段航道内的水流冲刷能力,宜综合采取新建丁坝工程和调整航道轴线的措施,仅仅依靠加长丁坝,很难较好地增强该段航道内的水流冲刷能力。

关键词:长江口深水航道治理工程　水流冲刷能力　丁坝　航道轴线调整

1　前言

长江口深水航道治理工程自 1998 年 1 月 27 日一期工程开工以来,经历 12 年、共 3 期工程的艰苦建设,工程建设目标全面实现,共建造导堤、丁坝等整治建筑物 169.165 km(工程平面布置见图 1),北槽主槽自然水深由不足 7.0 m(理论基面,下同)逐步增深至约 9.0 m,在疏浚维护条件下,航道水深已达 12.5 m,但长江口 12.5 m 深水航道通航以来北槽内出现航道回淤量大且较为集中的情况,给航道维护带来了巨大压力[1]。

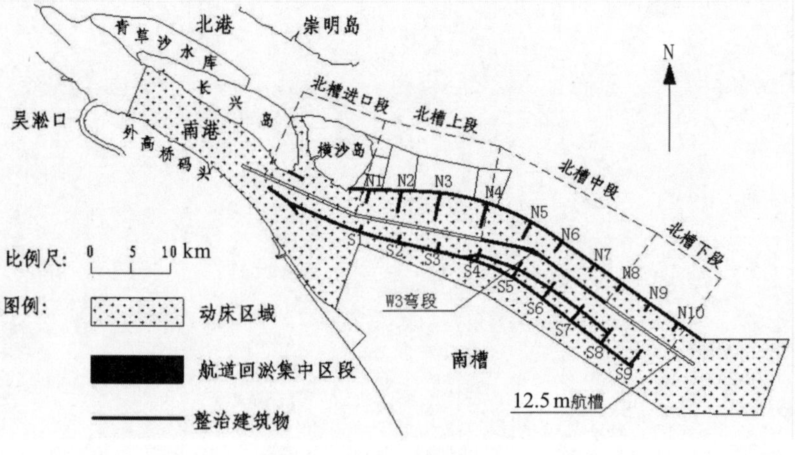

图 1　工程平面布置图

刘猛等[2]对水流及波浪作用下的长江口拦门沙河段滩槽变化机制进行了分析,表明:水流和波浪是长江口拦门沙河段河床演变的两种主导性动力,该区域的滩槽泥沙交换就是在这两种动力的作用下进行的。在长江口拦门沙河段,水流是一种长期存在且相对稳定的周期性变化动力,洪枯季无明显差别;波浪也是一种长期存在的动力,但具有多变性,洪枯季的差异极为显著,洪季的波浪作用较枯季显著增强。对于长江口拦门沙河段的滩槽泥沙交换而言,水流和波浪两种动力的总体作用效果是相反的,水流动力主要是引起"冲槽淤滩"现象,而波浪动力主要是引起"冲滩淤槽"现象,两种动力的对比变化决定着长江口拦门沙河段滩槽泥沙交换的总体趋势和强度。长江口拦门沙河段的河床变化实质上就是水流与波浪两种基本动力相互较量的结果,当波浪作用相对较强时,滩槽变化就表现为"冲滩淤槽";当水流作用相对较强时,滩槽变化就表现为冲槽淤滩";当两种动力势均力敌时,滩槽变化就维持基本稳定。

在不改变波浪动力主导的"冲滩淤槽"滩槽变化机制作用的前提下,如果能够单方面增加航道内水流的冲刷能力,使水流主导的"冲槽淤滩"滩槽变化机制作用更加强大,便可以达到减淤目的。一直以来,长江口北槽深水航道的治理实际上也主要采用了增强水流冲刷能力的方法[3,4],顺应该思路,本文依靠清水动床物理模型试验手段对通过延长、加密丁坝以及航道轴线调整措施进一步增强北槽深水航道内水流冲刷能力进行探讨,为北槽深水航道的减淤提供思路。

2 物理模型及试验方案介绍

物理模型试验于2011年3~7月在上海河口海岸科学研究中心长江口整体物理模型上开展,该模型长期应用于长江口重大涉水工程相关的科研论证工作,对于北槽潮流动力场、河床演变等问题具有较高的模拟精度,模型水平比尺为1∶1 000,垂直比尺为1∶125。模型动床范围见图1,包括整个北槽区域,折合原型面积约855 km^2。

试验方案共有六个,其中一个方案为本底试验方案(丁坝布置情况见图1),即无新建丁坝工程方案;其余五个试验方案均为有新建丁坝工程方案,分别为方案一、方案二、方案三、方案四以及方案五。各方案新建丁坝的具体尺寸统计见表1,新建丁坝的具体布置分别见图2~图6,所有新建丁坝的坝头高程均为0.0 m,坝根高程与衔接处工程一致,中间平顺过渡。

表1 各方案新建丁坝尺寸统计

北侧丁坝	加长距离(m)					南侧丁坝	加长距离(m)				
	方案一	方案二	方案三	方案四	方案五		方案一	方案二	方案三	方案四	方案五
—	—	—	—	—	—	SB	0	0	0	840	0
N0	0	0	0	540	0	SC	0	0	0	860	0
N1	0	320	400	0	0	S1	300	150	300	300	150
N2	0	200	250	0	0	S2	400	250	300	400	400
N3	0	220	300	0	0	S3	325	250	200	360	220
N4	425	250	450	0	400	S4	0	200	210	250	0
—	—	—	—	—	—	S4′	900	1 037	1 080	1 140	0
N5	300	260	300	200	300	S5	0	0	0	150	0
—	—	—	—	—	—	S5′	1 050	1 012	1 070	0	0
N6	450	380	430	475	450	S6	0	0	220	100	0

续表 1

北侧丁坝	加长距离(m)					南侧丁坝	加长距离(m)				
	方案一	方案二	方案三	方案四	方案五		方案一	方案二	方案三	方案四	方案五
N6′	0	0	1 580	0	0	S6′	850	774	0	0	0
N7	475	500	450	685	600	S7	200	0	320	295	0
N8	425	400	420	640	400	S8	200	0	210	320	0
N9	300	300	270	400	200	S9	0	0	0	0	0
N10	0	0	0	0	0	—	—	—	—	—	—
合计	2 375	2 830	4 850	4 340	2 350	—	4 225	3 673	3 910	5 015	770

3 试验结果分析

将北槽沿着纵向分为四个特征区段，具体划分情况见图 1，分别为北槽进口段（ⅡN－D～A 单元）、北槽上段（B～I 单元）、北槽中段（J～Q 单元）以及北槽下段（R～V 单元），其中北槽中段是北槽深水航道回淤最严重的区段，也是航道减淤重点关注的区段。水流冲刷能力的增强与减弱在清水动床物理模型试验结果中主要反映为河床的冲淤变化，河床冲刷越显著，表明水流冲刷能力也越强。

在本底方案、方案一、方案二、方案三、方案四以及方案五分别实施两年（2011 年 2 月～2013年 2 月）之后，河床的冲淤变化情况分别见图 2～图 7（图中冲淤单位均为 m）。依据对图 2～图 7 中相关冲淤数据的统计和计算，各方案实施两年后北槽各特征区段的净冲淤量数值见表 2。

在无新建丁坝工程的条件下，北槽河床仍然继续调整，总体上表现为以下 3 个显著特征：

（1）纵向冲刷范围广。北槽内部出现了几乎贯穿整个北槽主槽的冲刷现象。

（2）南淤北冲，总体冲刷。北槽深水航道以南至南侧坝头连线之间的河床变化总体上表现为淤积、航道以北至北侧坝头连线之间的河床变化总体上表现为冲刷，但南、北坝头连线之间的全部河床总体上继续冲刷，净冲淤量约为 274 万 m^3。

（3）冲刷显著的区域多分布在天然深槽及其附近。除坝头冲刷坑外，冲刷幅度超过 0.5 m 的冲刷区域大多位于天然深槽及其附近。

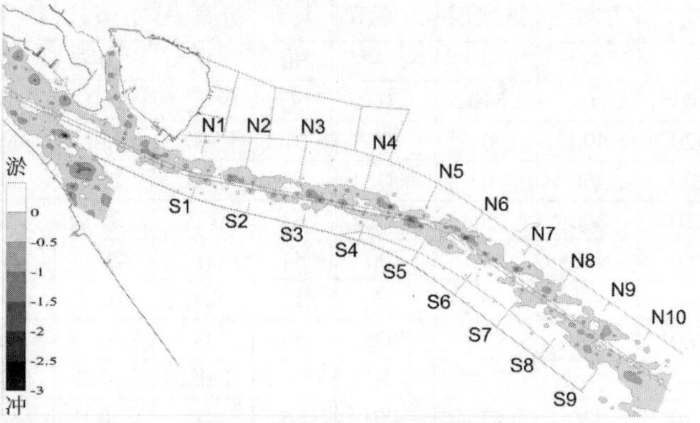

图 2 本底方案河床冲淤图

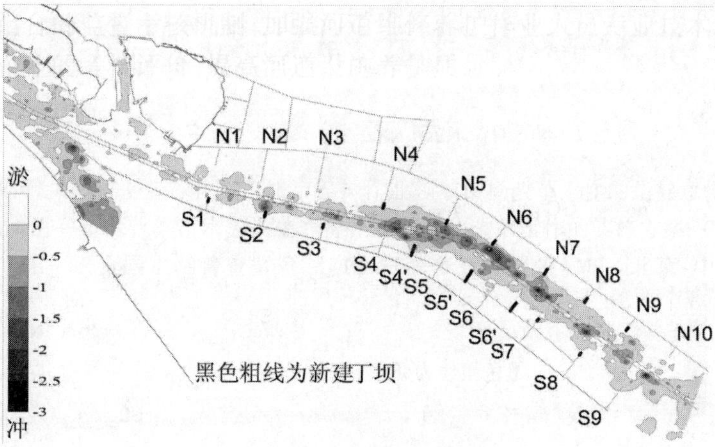

图3　方案一河床冲淤图(GLJ)

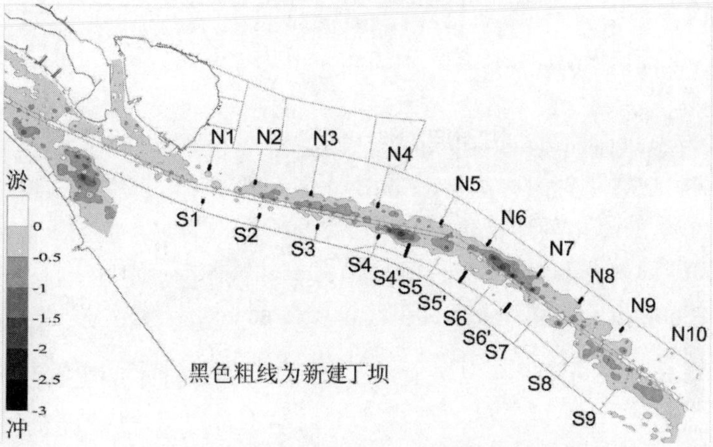

图4　方案二河床冲淤图(HD)

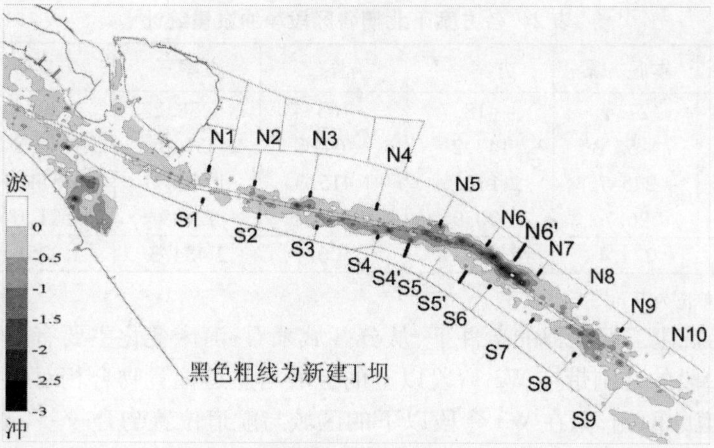

图5　方案三河床冲淤图(ZX)

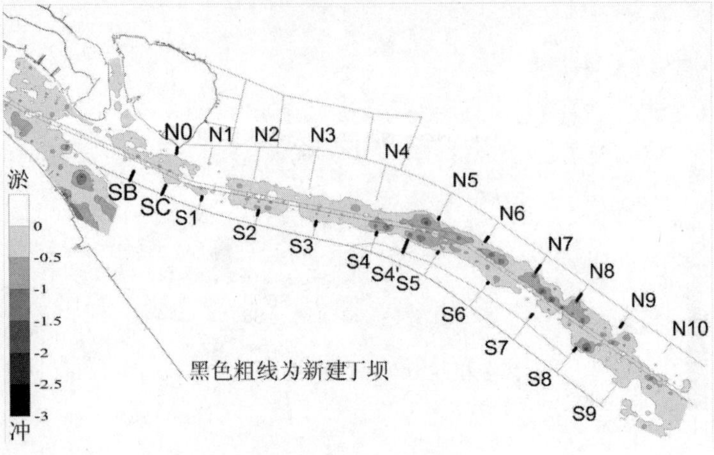

图6　方案四河床冲淤图(NK)

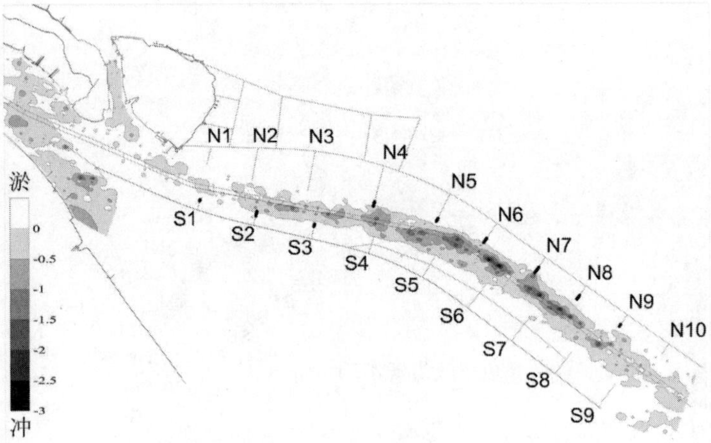

图7　方案五河床冲淤图(CJK－01)

表2　各方案下北槽各区段净冲淤量统计

名称	本底方案	方案一	方案二	方案三	方案四	方案五
北槽进口段	27.4	－418.7	－163.4	－38.2	－397.7	－392.9
北槽上段	－55.3	147.2	－64.6	457.8	240.8	241.2
北槽中段	275.7	2 142.5	1 415.3	1 942.7	1 511.3	2 093.4
北槽下段	26.7	370.9	318.8	121.9	571.0	202.8
合计	274.4	2 241.9	1 506.1	2 484.3	1 925.4	2 144.5

注:"－"为淤积,单位为万 m^3。

此外,在无新建丁坝工程的条件下,从分区域来看,河床变化主要有以下5个特点:

(1)北槽中段的冲刷带在W3弯段以上的区域与航道位置吻合相对较好,比较均匀地分布在深水航道的两侧,但在W3弯段以下的区域与航道位置吻合较差,主要分布在深水航道的北侧。北槽中段的河床变化整体上表现为冲刷,净冲淤量约为276万 m^3。

(2)W3弯段以下的南边滩整体淤涨,且淤涨范围已有部分侵入到北槽深水航道内。

(3)北槽上段出现了较为明显的冲刷带,但其主要分布在深水航道的北侧,航道南侧以淤积为主，且淤积的范围较广，幅度也较大。北槽上段的河床变化整体上表现为淤积，净冲淤量约为 -55 万 m^3。

(4)北槽下段也存在着明显的冲刷区域，其主要分布在深水航道的南侧，而航道北侧却出现了较大范围的淤积现象。北槽下段的河床变化整体上表现为冲刷，净冲淤量约为 27 万 m^3。

(5)北槽进口段的河床变化整体上表现为微冲，但其冲淤变化的分布情况较为复杂，在横沙小港以西的航道及其附近区域有明显的淤积现象出现，冲刷区域主要位于距离航道较远的北侧深槽内，但在横沙小港以东的区域内，航道南侧普遍淤积明显，而航道北侧却普遍冲刷明显。

各工程方案实施两年后，北槽的河床变化表现出以下 5 个主要特征：

(1)北槽中段均出现了较为显著的冲刷带，但各方案引起的冲刷带较北槽深水航道的轴线位置均有所北偏。

(2)从对 W3 弯段以下南边滩的整体淤涨态势的遏制作用来看，方案五、方案一以及方案四均起到一定的效果，但作用均不显著。

(3)北槽上段均出现了总体上的冲刷态势，从对增加北槽上段主槽水深的作用来看，方案三、方案五以及方案四的效果相对较好。

(4)北槽下段也均出现了总体上的冲刷态势，从对增加北槽下段主槽水深的作用来看，方案五和方案四的效果相对较好。

(5)各方案实施后，北槽进口段均出现了不同程度的淤涨，从减少航道淤积的作用来看，方案三与方案二的效果相对较好，方案五的效果次之，方案一和方案四的效果稍差。

4 进一步增强北槽深水航道内水流冲刷能力的思路分析

在目前深水航道回淤最严重的北槽中段，河床的天然深泓位置(航道两侧 -8.0 m 等深线的中间线，见图 8)与深水航道的轴线位置不尽一致，W3 弯段以下的天然深泓与航道轴线的位置相比北偏 200 ~ 500 m。在各工程方案实施之后，北槽中段的河床均出现了较为显著的冲刷现象，但在 W3 弯段以下的区域，冲刷带依旧较深水航道的轴线位置北偏，南边滩的淤涨态势虽然可以得到一定遏制，但效果很不明显。可见，试图仅通过实施丁坝工程来调整北槽中段的地形，使其天然深泓与目前深水航道的轴线位置吻合是难以行得通的。

若想进一步增强北槽中段深水航道内的水流冲刷能力，宜综合采取新建丁坝工程与航道轴线调整的措施，也就是顺应河势的变化，通过实施合适的丁坝工程促使北槽中段的天然深泓进一步增深，然后调整航道轴线的位置，使其与天然深泓尽可能的一致，这样既可以减少深水航道的挖深，又可以最大程度地增加深水航道内的水流冲刷能力[5,6]，从而便可以实现进一步减轻该段航道水深维护压力的目的。

目前，北槽上段和北槽下段的航道天然回淤量比较小，航道水深的维护压力也比较轻。在各工程方案实施之后，北槽上段和北槽下段的主槽不仅未出现总体淤积的态势，反而出现了总体微冲的态势，这对航道水深的维护是比较有利的。目前，北槽进口段的航道回淤现象较为明显，但其回淤总量较北槽中段航道要小得多，在各工程方案实施之后，虽然北槽进口段航道都出现了不同程度的淤积情况，但其不利影响相比较为有限。

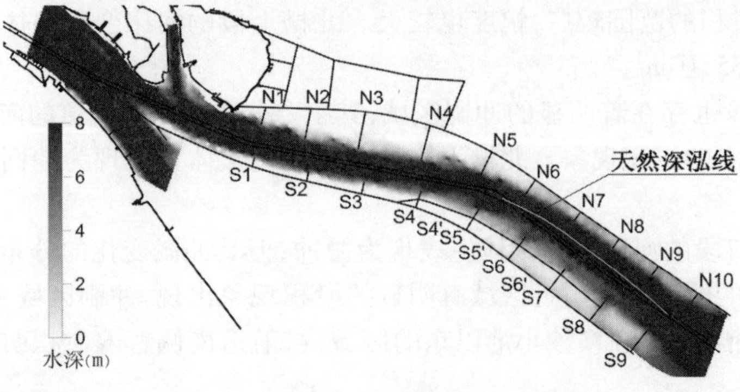

图8　2011年2月北槽天然水深分布图

综合以上分析结果可见,在采取新建丁坝工程与局部航道轴线调整的综合措施后,虽然出现了对北槽进口段航道的不利影响,但是对长度更长的北槽深水航道的其他区段均是有利的,尤其是目前回淤最严重的北槽中段航道内的水流冲刷能力可以得到显著的增强,这对减少北槽深水航道的回淤总量以及改善航道回淤量分布过于集中的现状是有利的。

5　进一步实施丁坝工程的平面优化布置分析

从前文的分析结果可知,各工程方案实施后均有利有弊,但利显著大于弊。从目前北槽深水航道所面临的实际情况出发,若想进一步实施丁坝工程,到底怎样的平面布置才较为合适呢？首先应该基于各方案的试验结果,按照最大程度地兴利除弊的原则,其中最为关键的就是各方案实施后目前回淤最严重的北槽中段航道内的水流冲刷能力能否得到显著增加,仔细甄别各方案的优缺点,然后再判断、分析各条新建丁坝的功能作用,最终优化其布置。

表3从主槽内冲刷幅度在0.5 m以上的区域的纵向连续性、总覆盖长度、平均宽度以及其与河床天然深泓(见图8)的位置吻合情况等指标来对比、评价各方案实施后的效果。

表3　各方案北槽中段主槽冲刷形态指标统计

名称	方案一	方案二	方案三	方案四	方案五
冲刷幅度0.5 m以上的区域纵向总长度(km)	15.4	8.9	13.9	13.4	16.9
冲刷幅度0.5 m以上的区域横向平均宽度(km)	0.94	0.61	0.81	0.75	0.89
冲刷幅度0.5 m以上的区域纵向连续性	较连续(86%)	不连续(50%)	较连续(78%)	较连续(75%)	连续(94%)
冲刷带与天然深泓吻合情况	一般	一般	好	较好	好
综合评价	较好	一般	较好	一般	好

注: 连续性评价指标:连续指冲刷带长度占总统计长度的90%以上;较连续指冲刷带长度占总统计长度的70%～90%;不连续指冲刷带长度占总统计长度的70%以下。判断冲刷带与天然深泓吻合情况好坏,主要看两者位置是否一致,冲刷带能否集中、均匀地分布在深泓两侧,横向上不应太分散。

从北槽中段河床的冲刷情况来看，在各方案实施之后，北槽中段河床均出现了基本顺应天然深槽走势的显著冲刷带，达到了预期目的。但从天然深槽的冲刷形态来看，方案五的效果相对最好，方案一与方案三的效果次之，方案二与方案四的效果一般。

从各工程方案的工程量来看，方案五共加长丁坝 3 120 m(见表 1)，远小于其他的工程方案，但其作用效果却最为显著。对比方案五与其他工程方案的丁坝布置，可以得到以下 4 点认识：

(1)若要达到相对较为显著的冲刷效果，新建丁坝宜布置在靠近主流的深水区，比如延长北槽上段的 S2 ~ S3 丁坝以及北槽中段和北槽下段的 N4 ~ N9 丁坝等。

(2)在北槽进口段航道的南侧浅滩区域布置丁坝，如方案四的 SB 和 SC 丁坝，并不能给进口段带来明显的冲刷效果。

(3)在 W3 弯段以下的南边滩加长丁坝或者加密丁坝，不仅对增加主槽内水流冲刷能力的作用效果不明显，而且对改善南边滩淤积现状的作用也不大。

(4)从加密丁坝的作用效果来看，在北槽中段航道的北侧加密丁坝，其作用效果往往较为显著，如方案三的 N6′丁坝。

6 结语

依靠清水动床物理模型试验手段对通过延长、加密丁坝以及航道轴线调整等措施进一步增强长江口北槽航道内水流冲刷能力的工程措施进行探讨，得出以下主要结论：

(1)各工程方案实施后，北槽中段的河床均出现了较为显著的冲刷现象，但在 W3 弯段以下的区域，冲刷带依旧较深水航道的轴线位置北偏，南边滩的淤涨态势虽然可以得到一定遏制，但效果很不明显。可见试图仅通过实施丁坝工程来调整北槽中段的地形，使其天然深泓与目前深水航道的轴线位置吻合是难以行得通的。

(2)从北槽中段河床的冲刷情况来看，各方案实施后，北槽中段河床均出现了基本顺应天然深槽走势的显著冲刷带，达到了预期目的。但从天然深槽的冲刷形态来看，方案五的效果相对最好，方案一与方案三的效果次之，方案二与方案四的效果一般。

(3)新建丁坝布置在靠近主流的深水区容易达到较为显著的冲刷效果；在北槽进口段航道的南侧浅滩区域布置丁坝并不能给进口段带来明显的冲刷效果；在 W3 弯段以下的南边滩加长丁坝或者加密丁坝，不仅对增加主槽内水流冲刷能力的作用效果不明显，而且对改善南边滩淤积现状的作用也不大；在北槽中段航道的北侧加密丁坝，其作用效果往往较为显著。

(4)若想进一步增强北槽中段深水航道内的水流冲刷能力，宜综合采取新建丁坝工程与航道轴线调整的措施，顺应河势变化，通过实施合适的丁坝工程促使北槽中段的天然深泓进一步增深，然后调整航道轴线的位置，使其与天然深泓尽可能地一致，这样既可以减少深水航道的挖深，又可以最大程度地增加深水航道内的水流冲刷能力。

参 考 文 献

[1]谈泽炜，范期锦，郑文燕，等. 长江口北槽航道回淤原因分析[J]. 水运工程，2011(1)：29-39.
[2]刘猛，李为华. 长江口北槽深水航道回淤量变化宏观动力原因分析[J]. 水运工程，2013(3)：129-139.

[3]陈志昌,乐嘉钻. 长江口深水航道整治原理[J]. 水利水运工程学报,2005(1):1-7.
[4]韩玉芳,陈志昌. 丁坝群在调整宽浅河床地形中的作用[J]. 水利水运工程学报,2004(2):23-28.
[5]刘猛,朱亮,张宏伟,等. 长江口北槽航槽开挖对水流及河势的影响[J]. 水运工程,2012(11):107-111.
[6]刘猛,胡志锋,张宏伟,等. 长江口北槽挖槽水力学问题研究[A]//第九届全国泥沙基本理论研究学术讨论会论文集[C]. 北京:中国水利水电出版社,2014.

水利长效管理

对上海市河道设施养护项目部标准化建设的思考

顾路露　孙　嘉

（上海市水利管理处）

摘　要：为推进河道养护作业市场化，上海市水务局要求相关单位研究河道设施养护项目部建设标准，推进标准化项目部建设。本文从政府和作业单位的角度分析项目部标准化建设的必要性和可行性，在分析区县实践的基础上，阐述标准化项目部建设要点，并提出了加强行业规范和加强检查考核的保障措施。

关键词：河道　维修养护　项目部　标准化

自2008年以来，上海市以"河道保洁全覆盖，河道设施养护全覆盖"为目标，建章立制，落实队伍，河道长效管理工作取得了长足的进步。但各区县的发展不够平衡，部分区县对设施维修养护常态化的特征认识不深，对维修养护市场化工作热情不高，维修养护模式较为落后。本文将论证：通过开展河道设施养护项目部标准化建设，来达到促进管理理念转变、增强养护市场活力的目的，不仅必要，而且可行。

1　开展河道设施养护项目部标准化建设的政策背景

2013年9月，市政府印发《关于进一步深化本市城市养护作业领域市场化改革工作的指导意见》。文件指出，改革开放以来，特别是在建立社会主义市场经济体制的改革中，本市城市养护作业领域先后实施了政企分开、事企分开、管养分开等一系列改革，通过引入市场竞争择优机制和培育市场主体，养护作业水平和城市管理水平有了一定提高，但总体来看，与经济社会发展还不相适应，主要表现在养护作业的政府管理模式有待进一步调整，企业主体地位有待进一步加强，市场竞争机制有待进一步健全，财政资金使用效率有待进一步提高。这些，都需要通过进一步深化改革来完善。

2015年4月，上海市水务局印发《2014年水务设施养护作业市场化改革工作总结和2015年工作安排》。文件指出，2015年要按照市建管委的要求，研究河道设施养护项目部建设标准，推进标准化项目部建设。

2 开展河道设施养护项目部标准化建设的必要性

2.1 完善河道管养体系，改善养护市场微观结构的需要

2008 年以前，我市河道长效管理内容主要是河道保洁工作，所取得的成效可以用“落实了一支队伍，形成了一个网络，实现了基本保洁”来概括。这里的队伍主要指河道保洁队伍。

2008 年开始，我市正式提出建立河道长效管理机制，拓展了河道长效管理内涵，管理内容覆盖陆域、水域、护岸、绿化、栏杆、防汛通道等河道管理范围内的主要设施。在河道管养体系方面，相关考核办法明确了“领导机构健全，日常运作机构明确，养护队伍健全”的目标。

从近些年的实践来看，“领导机构健全，日常运作机构明确”这两点基本得到实现。但在养护队伍组建方面，各区县的发展并不平衡。这主要有思想认识和预算控制两方面的原因。一是部分区县思想认识有所偏差。部分区县并没有认识到河道维修养护工作的常态性特征，仍然用河道建设管理的经验来指导河道长效管理工作，通过集中维修的方式对河道设施进行养护，无法满足日常养护工作的时效性要求。对于这些区县，不存在“养护队伍”的概念，只有召之即来、挥之即去的施工队。二是部分区县的河道维养投入不够。其背后的原因是财政实力薄弱。财政投入不够导致河道维养工作量较少，养护单位没有激励建立养护项目部、组建稳定的队伍进行日常养护。

笔者认为，完善的河道管养体系应包括上级监管单位责任主体、管理单位、维修养护单位、设施养护项目部、养护班组等层级。长久以来，行业管理部门对作为河道维修养护工作执行单元的设施养护项目部、养护班组建设重视不够。事实上，设施养护项目部、养护班组的规范化、标准化程度与养护成效的好坏有着直接联系。因此，从管理部门的角度来看，通过自上而下地推动河道设施养护项目部标准化建设，能够完善河道管养体系，改善养护市场微观结构，切实提高河道维养水平。

2.2 培育养护市场，加强养护单位市场主体地位的需要

市场主体指在市场上从事经济活动，享有权利和承担义务的个人和组织体。

对于养护单位，通过开展河道设施养护项目部标准化建设，能够逐步摆脱粗放式养护带来的效率低下等问题，增强企业自生能力和竞争力，提高养护市场活力。

3 开展河道设施养护项目部标准化建设的可行性

3.1 《上海市河道维修养护规程》等规范为项目部标准化建设提供了技术上的可能性

标准化建设的前提是技术层面上可标准化。2015 年修订的《上海市河道维修养护规程》对巡查监测、维修养护、水质维护与生态修复、防汛防台和应急处置作了详细的规定。这些规定为项目部标准化建设中人员配备、档案建设提供了指南。

3.2 不断加大的财政投入为项目部标准化建设提供了经济上的可行性

为加强河道管理养护工作，市水务局、市财政局从 2008 年开始对全市河道养护工作进行定额补助。2008 年共补助 6 277 万元，之后每年的补助金额均有所增加，2014 年共补助 16 705 万元（不包括第二批补助经费）。另外，各区（县）政府根据中小河道养护的

实际需要，同步配套安排必要的财政资金。资料显示，2012 年区（县）、镇（乡）层面共配套 26 336 万元，2013 年 23 472 万元。

河道养护的蛋糕越来越大，更多的企业参与其中。如果此时管理部门推动项目部标准化建设，从企业家自利的角度来看，养护企业愿意通过投入资金开展项目部建设来增强本单位的专业养护水平，为今后能在竞争日趋激烈的养护市场中立足奠定基础。

4　目前区县开展项目部建设情况概述

目前，闸北、浦东、青浦、崇明等区县已将项目部建设摆上议事日程。

闸北区的项目部建设主要包括基础保障、日常管理、现场质量、安全管理、文明管理、资料归档等方面。

浦东市区管河道养护项目部建设开展最早，体系最全。首先，浦东新区市区管河道养护合同明确规定：乙方必须建立现场养护项目部，配备必要的养护车辆、船只、设备及养护管理人员，根据甲方养护工作要求，保证养护工作开展正常。其次，浦东新区专门制定了市区管河道考核办法，对养护单位内部管理、现场管理等内容设置了 16 项指标。浦东新区河道管理部门尤其重视对养护单位养护台账的管理，目前，市区管河道养护资料已基本统一。

青浦区重视规章制度建设，对安全生产制度、检查制度、例会制度、绿化养护安全作业规章制度、项目经理等岗位职责作了明确规定。

以下，笔者将结合各区实践，对河道设施养护项目部标准化建设提出思考。

5　对河道设施养护项目部标准化建设的思考

5.1　河道设施养护项目部标准化建设的目标

河道设施养护项目部标准化建设的目标是：行业管理部门通过对项目部各项内容的顶层设计，将河道日常养护工作内容具体化、定量化、系统化，倒逼各级河道责任主体加强合同管理、各级行业管理单位加强检查考核，从而开辟一条实现《上海市河道维修养护技术规程》中巡查和养护要求的路径，提升河道维修养护水平，提高河道维修养护经费使用效益。

5.2　河道设施养护项目部标准化建设的主要内容

标准化建设分为硬件建设、队伍建设和软件建设。

5.2.1　硬件建设

硬件建设的目的是增加实物资本，为项目部正常运行提供物质基础，侧重于对设施、设备、场地等实际物质建设。

5.2.1.1　办公生活区

办公生活区分为办公区、生活区。

（1）基本要求。办公生活区设置应以简洁、大方、实用为原则，根据实际条件适当进行绿化和美化，保持整洁有序。办公生活区必须满足安全、消防、卫生防疫、环保、防汛等要求。

（2）具体要求。办公用房各办公室门口应设标牌，各办公室应保证必要的办公空间，并配备电脑、打印机、传真机等必要的办公设备。普通办公室每人使用面积不应小于 3 m^2,会议室净面积不宜小于 15 m^2。生活用房应设宿舍、食堂、活动室、浴室、厕所等。宿舍内应保证必要的生活空间,配置必要的生活设施。夏季应有防暑降温和灭蚊蝇措施,冬季应有取暖措施。食堂必须建立食品卫生管理制度,严格执行食品卫生有关管理规定,配置必要的通风排风设施、清洗消毒设施,食堂要指定专人管理。

5.2.1.2 物资仓库

配备与物资数量相匹配的仓库,库房宜布置为矩形,进出口设置应方便车辆装卸。库房不得存放易燃、易爆、剧毒、放射源等化学危险物品。库房的耐火、防风等级应满足《物资仓库设计规范》(SBJ 09—1995)的要求。

5.2.1.3 养护现场

(1)河道现场应设置河道养护责任公示牌。河道标牌材质应选用经济耐用、防盗的材料,如仿木水泥、防腐木、亚克力、铝合金等。标牌板面形状为长方形,可根据实际空间位置及周边环境进行调整。标牌应涵括河道养护单位名称、管理单位名称、监督电话等信息。

(2)养护现场的各种材料、构件、料具等要按照规定位置,分类堆放,归方码垛,摆放整齐。

5.2.1.4 设备要求

项目部应合理配备巡查船、作业船、车辆、设备和物资,能够保障巡查维养要求,满足正常作业与应急需要。

5.2.2 队伍建设

队伍建设的目的是确保项目部管理队伍的数量和质量。

5.2.2.1 岗位职责

岗位职责是指根据相关规定,职工所在岗位的工作任务和责任范围。明确、合理的岗位职责可以提高内部竞争活力,有效防止因职务重叠、职责不明等导致的工作扯皮现象。

岗位包括项目经理、资料员、质量员、安全员、河道巡视员、班组长等。一人不能兼任两个或两个以上岗位。

岗位职责制度应上墙,岗位职责牌第一行填写岗位名称;以下各行填写该岗位具体职责。

5.2.2.2 培训和例会

培训:要求年初有职工培训计划,每年各类培训数量不少于 4 次。

例会:项目部每月召集项目部管理人员、班组长等召开例会至少 1 次,开展理论、专业知识等学习,及时总结经验,布置工作,解决问题。

5.2.3 软件建设

软件建设泛指一切通过管理创新、技术创新来提高效益的手段。项目部的软件建设主要包括项目管理制度和档案建设。

5.2.3.1 项目管理制度

项目管理制度主要包括项目组织架构、项目进度安排、内部交底制度、巡查制度、质量管理制度、安全作业制度、信息报告制度、应急响应制度、现场管理制度、物资管理制度、内部考核制度等。以上制度均需上墙。

5.2.3.2 档案建设

河道维修养护档案是指河道维修养护管理过程中产生的各类资料。要建立档案立卷归档制度,明确档案制作规范。建议将养护档案分为基础资料、维养台账、日常管理、养护成果四大板块。基础资料应包括招投标资料、河道设施资料、养护单位资料等;维养台账应包括养护巡查台账、河道保洁台账、设施养护台账等;日常管理包括计划总结、文件通知、日常监管、报表信息、会议培训等;养护成果包括亮点创建、荣誉奖励、养护影像资料。

5.3 一个疑难问题的辨析

在项目部标准化建设中,是否必须对河道维修养护人员配备作明确规定(如不同级别的河道每千米各配备多少人)?尽管部分区县对此作了原则性的规定,但笔者认为,如此细致的规定并不普遍适用。从生产技术的角度来讲,通常情况下,人工与机械存在着替代关系。如开挖土方,既可以单独使用人工,也可以单独租用挖掘机开挖,还可以通过使用部分人工、部分机械的方式开挖。那么在实践中,究竟应该采用何种方式呢?这主要取决于人力成本与机械成本的相对关系。假设出现用工荒,人力成本极大,那么多采用机械开挖的方式可能是经济的;反之,则多采用人工开挖的方式可能是经济的。用经济学的语言讲,给定合同价格和养护任务量,当两种投入要素的边际技术替代率等于两种投入要素的价格时,养护成本最小。因此,养护人员配备的问题并不是行政规定可以解决的,而是企业家需要考虑的利润最大化问题。

6 保障措施

6.1 加强行业规范

"租个场地,配几个人,挂一些上墙资料"并不是河道设施养护项目部标准化建设的核心内容。关键是要通过这种有形的方式将河道维修养护的技术标准真正落实。如果说《上海市河道维修养护技术规程》等技术性规范解决的是维养什么、怎么维养、维养到何种程度等技术性问题,那么项目部标准化建设解决的就是谁来维养,如何组织维养等的组织管理问题。可以说,河道养护行业发展到目前的阶段,项目部标准化建设是自然显现、不可回避的课题。为确保项目部标准化建设不走过场,就必须使其具备一定的强制性。为此,如何使标准化建设的要点体现在招投标文件、合同条款中,应是管理部门下一步需要考虑的问题。因此,笔者认为有必要在河道维修养护行业招投标、合同示范文本中对项目部建设作出适当的规定。

6.2 加强考核检查

从某种程度讲,开展河道设施养护项目部建设的成败在于考核检查。目前的养护市场仍处于不完全竞争状态,主要体现在两个方面:一是部分养护单位(尤其是郊区镇村级河道)资质不足,甚至不具备法人资格,养护专业水平堪忧;二是存在一定程度的地方保护主义现象,外部的养护企业进入本地市场难度较大。以 2014 年为例,全市 172 家河道设施养护单位中,有国资背景(国有独资或国资控股)的企业共 40 家,非正规就业劳动组织共 8 家,还有 35 家养护单位无任何资质。这些养护单位均在本地承接养护作业,其背后的原因有就业负担、国企政策负担、地方缴税指标等。对于这些养护单位,各级责任主体和管理部门能否严格考核,确实是个问题。笔者建议,要建立多层次的考核检查体系。考核检查既包括发包方对承包方,又包括行业管理部门对下级责任主体的考核检查。地方政府做不了的工作,就由上级部门做,形成倒逼机制。只有加强考核检查,辅以问责制度,才能切实提高河道维养水平。

参考文献

韩俊敏.关于高速公路标准化建设的分析[J].低碳世界,2015(1):209-291.

关于上海市河道设施养护市场化的探究

秦伟华

（上海市水利管理处）

摘　要：本文通过对上海市河道及管理现状和市政府对市政设施养护新要求，描述了河道设施养护市场化进程中出现的问题，分析原因，并提出河道设施养护在新形势及变化中保持进一步健康发展的几点建议及意见。

关键词：河道管理　设施养护　市场化　上海市

2004年，上海市着手河道长效管理新机制的探索，经过多年的探索，按照"两级政府、三级管理"的模式，初步形成了"政府主导、市场运作、行业监督、社会参与"的河道管养组织体系，建立健全了河道巡查、监督考核和资金保障等管理机制，并探索跨行业部门、跨区域协调合作的工作机制。

在"建管并举，重在管理"长效管理理念进一步深入的同时，河道设施长效管理的市场化需求度进一步凸显。积极推进河道设施养护作业领域市场化改革，是贯彻落实市委关于重点推进"全面提高市容环境维护水平、加快城市养护作业领域市场化改革工作"[1]的要求，是继续完善社会主义市场经济体制的重要内容之一，是加快转变政府职能、理顺养护作业领域政府与企业关系的重要工作，是提高城市河道管理现代化水平的重要举措。

1　上海市河道设施和管理概况

1.1　河道设施概况

1.1.1　河道基本概况

上海位于我国东部，长江流域下游三角洲地区，北滨长江、东临东海、南依杭州湾、西与苏浙两省接壤，境内河港密布、沟渠纵横、水网交织，为平原赶潮河网地区，全市总面积6 340 km^2。根据2011年水利普查公报显示，本市各类河道26 603条（段），合计河道总长25 348.48 km；本市湖泊共692个，合计面积91.36 km^2。本市河湖面积为619.20 km^2。各管理等级河道基本情况见表1。

表1　各管理等级河道基本情况表[3]

管理级别	数量（条）	长度（km）
市管河道	31	856.34
区（县）管河道	272	2 392.74
镇（乡）管河道	2 092	5 577.20
村级河道	24 208	16 522.20
全市	26 603	25 348.48

1.1.2　河道分布情况

上海河道主要分布在郊区，总条数的99.6%，总长的99.5%的河道分布在郊区。中心城区黄浦、静安区除黄浦江、苏州河外，境内没有其他河道；徐汇、长宁、普陀、闸北、虹口、杨浦等6个区有少量河道。本市各区（县）河道分布情况见表2。

表2　各区（县）河道分布情况表

区（县）名称	河道数量（条段）	长度（km）
浦东新区	8 120	6 636.61
黄浦区	2	11.39
徐汇区	42	65.34
长宁区	37	44.99
静安区	1	1.60
普陀区	56	86.91
闸北区	11	28.15
虹口区	6	22.60
杨浦区	18	56.19
闵行区	1 414	1 251.15
宝山区	838	852.97
嘉定区	2 036	2 000.91
金山区	1 953	2 453.30
松江区	1 421	1 995.85
青浦区	1 935	2 481.60
奉贤区	4 530	3 263.28
崇明县	4 394	4 327.72

注：（1）黄浦江、苏州河河道数据按所流经的行政区分别计入各区。

（2）部分河道为跨区（县）河道或界河，在按照行政区划进行切分时数量和长度存在重复统计。

1.1.3　河道设施现状

中小河道管理设施主要包括防汛通道、栏杆、绿化、堤防护岸等，设施养护内容主要包括水域陆域的保洁，堤防护岸、防汛通道、绿化、栏杆的养护。据统计，目前本市中小河道管理范围内需要养护的主要设施有372 km^2 的河面、13.9 km^2 的陆域、3 514 km的硬质护岸、4.46万km的土堤、2 319 km的防汛通道、63 km^2 的绿化、290 km的栏杆等。

1.2　河道管理现状

1.2.1　管理体制

本市河道实行分级管理。上海市水务局是本市河道的行政主管部门，其所属的上海市水利管理处具体负责对本市河道的监督管理和指导，并对市管河道实施管理。区（县）水行政主管部门是同级人民政府河道行政主管部门，按照其职责权限，负责本行政区域内河道管理。镇(乡)人民政府和镇(乡)水利机构按照其职责权限,负责乡(镇)管河道的管理;街道办事处对所在区域内的河道行使日常监督管理,其业务接受上级河道行政主管部门的指导。

1.2.2 管理机构

(1)市级层面:上海市水利管理处负责全市河道的行业管理,并对市管河道实施管理;上海市堤防(泵闸)管理处负责黄浦江、苏州河堤防的管理以及太浦河、拦路港、红旗塘的具体管理工作。

(2)区县层面:黄浦、静安没有河道管理机构,其他15个区设立了16个河道管理机构,负责区管河道的日常管理和镇村河道的行业管理工作。长宁、普陀、闸北、浦东均单独成立了河道管理所(署);徐汇、虹口、杨浦成立了水务(河道)与市政合署办公的管理署;青浦成立了河道与水闸合署办公的管理所;嘉定成立了河道与水闸合署办公的管理所,负责区管河道的管理。同时成立了水利管理署,负责镇村河道的行业管理;宝山、金山、崇明成立了水利(农水)管理所;闵行、奉贤、松江区水务局设立了水利(农水、河道)科。

(3)乡镇层面:中心城区徐汇华泾镇河道由华泾镇政府规划建设和环境保护办公室负责管理;杨浦区新江湾城地区河道由新江湾城市政综合管理署负责管理。郊区各乡镇都明确了镇村河道的管理机构,但机构类型多样,主要有农业部门、城建办、经济办、乡镇水务管理所(站)等。其中,闵行、松江、青浦镇村河道全部由镇水务管理所(站)负责具体管理;嘉定、金山由农业服务中心、城建办、文明办、乡镇水务管理所负责具体管理;宝山、奉贤由镇农业部门负责具体管理;浦东、崇明由经济办、农业服务中心负责具体管理。

1.2.3 养护现状

目前,河道设施的养护内容主要包括堤防护岸、防汛通道、绿化、栏杆、水域和陆域保洁等,河道设施的运行管理和养护工作由上海市水利管理处负责行业监管,主要由各区(县)河道管理部门具体实施。河道保洁由"万人就业"项目和"千百人就业"项目承担,河道设施养护主要有市场化养护和半市场化养护两种模式。

目前,上海市区(县)级河道管理单位17个,乡镇级河道管理单位120个,河道巡查人员1 234人,河道保洁单位156家、保洁人员16 253人、保洁船3 854艘。参与本市河道设施养护作业单位有188家,非正规就业组织和无任何资质条件的企业共92家,占48.9%。

2 存在问题及原因分析

2.1 存在问题

虽然河道设施的运行养护模式基本满足要求,但与本市经济社会发展还有不适应的地方,河道设施养护存在的问题主要有:一是河道设施养护作业市场培育不够,尚未建立规范的市场准入制度;二是河道设施养护市场化进程不快,市场化机制不健全;三是河道管理养护技术规程和定额滞后,急需修订完善。

2.2 原因分析

(1)河道养护规程和定额是市、区两级水行政主管部门编制河道维修养护计划、落实维修养护资金的主要基础和依据。2004年,上海市水务局颁布的《上海市河道维修养护技术规程》(试行)中部分河道设施养护内容需要充实和调整,《上海市河道维修养护定额》(试行)部分定额标准已滞后市场经济社会的发展。

(2)2011 年全国水利普查报告表明:2011 年,全市现有河道 26 603 条段,长 25 348 km。其中,市管河道 31 条,长 856.34 km;区(县)管河道 272 条,长 2 392.74 km。2012 年,市财政安排 1.92 亿元补助资金用于河道长效管理工作,各区县财政通过调整区、镇财政支出及时配套养护资金不足部分。市管河道的维养经费应由市财政全额承担,按照现行的《上海市河道维修养护定额》和市管河道设施量情况,本市河道管理经费尤其市管河道维修养护经费还存在一定的缺口。

(3)河道维修养护作业基本条件认定办法刚由市水利工程协会颁布,河道设施养护市场主体正在培育。受区域性地方保护思想的影响,河道设施养护局限在有限的养护单位,养护企业的专业化程度还不够,部分河道设施养护实质为内部市场化,真正开放的河道设施养护市场尚未形成。

3 建议及意见

3.1 培育市场主体

进一步开放养护市场,培育养护市场主体,形成开放有序的养护市场格局。按照《上海市河道维修养护作业基本条件认定办法》的要求,鼓励和引导养护企业参与河道维修养护作业基本条件能力认定工作,积极培育河道养护作业市场主体,使企业真正成为自主经营、自负盈亏的市场主体。同时,要规范市场行为,建立和完善“政府主导、市场运作、行业监管、社会参与”的河道设施养护市场化体系。

3.2 完善配套政策

制定完善配套的标准、规程和定额,建立健全严格规范的市场环境。针对行业管理新形势、新要求和河道设施养护内容、标准等变化的情况,修订完善《上海市河道维修养护技术规程》和《上海市河道维修养护定额》,完善《进一步加强本市河道管理养护工作的实施意见》和《上海市河道管理养护工作考核办法》,推进河道设施养护公开招投标工作,启动养护作业招标文本范本和养护合同范本研究工作,规范养护合同管理,进一步加强和规范本市河道管理养护工作。

3.3 加大资金投入

加大政府对水务设施养护作业的投入力度,建立持续稳定的投入保障机制。按照上海市委、市政府《关于贯彻〈中共中央国务院关于加快水利改革发展的决定〉的实施意见》的要求,开展河道设施量调查,科学测算维修养护经费,建立科学合理、稳定增长的维护资金投入保障机制,有效保障河道维护投入。同时,发挥市级保障政策的牵引推动作用,督促区县加大配套资金的落实力度,为河道设施养护市场化提供资金保障。

3.4 强化监督管理

强化监督检查和考核,建立科学有效的市场监管体系,努力提高水务设施养护作业的整体水平。发挥水利工程协会行业自律、行业服务和行业调查等作用,加强河道设施养护企业的诚信体系建设;加强河道养护作业市场监管,规范河道设施养护市场环境,探索建立设施养护退出机制;加强资金使用管理,加强养护作业质量监管,进一步完善社会参与和专业检查相结合的监督考核机制；加强河道维修养护作业人员专业技术培训，加强河道设施养护作业企业的考核评价，提高河道设施养护质量。

参考文献

[1]上海市人民政府. 关于进一步深化本市城市养护作业领域市场改革工作的指导意见. 2013.
[2]上海市水务局. 进一步深化本市水务设施养护作业市场化改革工作的实施方案. 2013.
[3]刘晓涛. 上海市第一次全国水利普查暨第二次水资源普查总报告[M]. 北京：中国水利水电出版社，2013.

上海市镇村级河道轮疏管理的实践与探索

孙　嘉　顾路露
（上海市水利管理处）

摘　要：为切实改善农村水环境面貌，增强农田灌排能力，提高灌溉水质，上海市于2012年启动镇村级河道轮疏工作。本文对上海市镇村级河道轮疏工作现状及经验做法进行了总结，并对镇村级河道轮疏工作中存在的问题进行分析，对今后的工作提出相关建议，以期为其他地区推进镇村级河道轮疏工作提供借鉴。

关键词：镇村级河道　轮疏　河道管理

上海市镇村级河道主要分布在郊区（县），在区域调蓄、农田灌排、雨水排水和水资源调度方面发挥着重大的作用。在"万河整治"行动后，镇村级河道水环境面貌得到了极大改善。但由于镇村级河道位于河网末梢，易发生淤积，部分整治后的河道已出现返淤现象。建立周期性河道疏浚机制，巩固和维护已取得的整治成果，充分发挥整治效益，已成为一个迫在眉睫的问题。

1　开展镇村级河道轮疏的背景

1.1　镇村级河道概况

上海市位于长江三角洲前缘，太湖流域下游，属平原感潮河网地区。大陆片河流主要属黄浦江水系，河道纵横交错，水量充足。根据上海市第一次全国水利普查暨第二次水资源普查统计，全市共有河道26 603条，总长为25 348 km。其中，镇村级河道26 300条，总长22 099 km，分别占全市河道总数和总长度的98.9%和87.2%。镇村级河道的数量和长度在全市河道中的占比很大，槽蓄容量也超过全市总槽蓄容量的1/3。

1.2　历年整治情况

上海开埠以后，随着工商业的发展和人口的急剧增长，上海市河道水环境质量每况愈下。新中国成立后，河道水环境状况逐渐引起人们的重视，特别是进入20世纪90年代，上海市集中实施了苏州河整治工程、环保三年行动计划等一系列改善水环境质量的项目。在苏州河干流基本消除黑臭的基础上，市水务局全面推进了中心城区黑臭河道整治工作，到2005年底，基本实现了中心城区河道消除黑臭的阶段性目标。

镇村级中小河道方面，在"十一五"期间，市水务局组织开展了以镇村级河道整治为主的"万河整治"行动，历时3年时间，对全市近2万条总长约1.67万km的镇村级河道进行了集中整治，共清除淤泥近1.5亿m^3。

1.3　河道淤积情况

"万河整治"行动有效改善了镇村级河道的水环境面貌，但由于镇村级河道往往处于河网末梢,水动力条件差,水流缓慢,受人为影响也较大,很容易发生淤积,其中村级河道的淤积情况尤为严重。据统计,镇村级河道的淤积深度普遍在 1 ~2 m,年平均淤积深度在0.2 m左右。水土流失、农田排水、垃圾倾倒入河等是镇村级河道淤积的主要原因。

2 开展河道轮疏的必要性

2.1 贯彻 2011 年中央一号文件的要求

2011 年中央一号文件指出要实施农村河道综合整治,搞好水土保持和水生态保护。本市实施意见也进一步明确了建立健全镇村级河道轮疏机制,维护河道自然生态环境的要求。因此,开展镇村级河道周期性疏浚工作是贯彻 2011 年中央一号文件和本市实施意见要求的一项重要举措。

2.2 实现镇村级河道治理制度化、常态化和长效化的内在需要

镇村级河道是城市河湖体系的重要组成部分,是市区级骨干河道的细化和补充,在区域防洪除涝中发挥重要的作用,也是保证河网调蓄能力的重要组成部分,为区域调蓄、农田灌排、雨水排水和水资源调度创造了基础条件。由于上海市属于感潮河网地区,水流速度相对较缓,河道自然淤积量较大,而管理养护内容也未包括河道疏浚,为巩固河道整治成效,完善河道管理养护,提高河道引排能力,改善农业灌溉水质,迫切需要开展镇村级河道周期性的疏浚工作,实现镇村级河道治理的制度化、常态化和长效化。

3 镇村级河道轮疏管理的主要做法

3.1 确定职责分工

2012 年 5 月,上海市水务局和上海市财政局联合制定了《关于加强郊区镇村级中小河道轮疏工作的实施意见》,明确了建立健全镇村级河道轮疏机制,维护河道自然生态环境的要求。在实施意见中已明确了市、区(县)、镇(乡)各级部门的职责分工。即市水务局、财政局负责制定实施意见、组织推进、管理监督和安排市级补助资金。郊区(县)水务局、财政局负责编制辖区内镇村级河道轮疏规划,制定年度实施计划,组织推进、监督管理和落实轮疏配套资金。镇(乡)人民政府是辖区内河道轮疏的责任主体,具体负责实施辖区内镇村级河道轮疏工作。

3.2 落实资金保障

镇村级河道轮疏是一项公益性事业,按照"三级政府,三级管理"的要求,采取区(县)投入为主,市级财政给予适当补助的原则。市级财政按照项目审价或审计决算金额的30%予以补助。各区(县)根据镇村级河道轮疏的实际情况,统筹安排本级财政预算,确保镇村级河道轮疏工作的资金来源。在资金使用的过程中,各镇(乡)建立专账,按照财政资金国库集中支付的要求加强支出管理,并落实专人,确保资金专款专用。轮疏计划下达后,市财政局预拨 70% 市补资金至各区(县)财政局,区(县)财政局根据工程实施进度下拨补助资金至镇(乡)财政所,确保项目顺利实施。市财政局根据市对区(县)绩效考评结果拨付剩余补助资金。

3.3 明确计划任务

在对各自辖区内镇村级河道淤积状况进行全面调查摸底的基础上,各郊区(县)编制

了镇村级河道轮疏规划,确定了各自的轮疏周期,周期一般在6~8年。根据本区(县)镇村级河道轮疏规划,镇(乡)向区(县)水务局、财政局上报年度镇村级河道疏浚计划。计划按照"集中联片,整体推进"的原则编制,即村级河道疏浚原则上以村为单元进行,镇管河道疏浚原则上要集中联片,系统推进,充分发挥规模效应。区(县)水务局、财政局对计划审核后,拟订年度实施计划,并于上一年度8月底前上报市水务局、财政局。市水务局、财政局在审核后下达全市年度实施计划,各区(县)依计划落实轮疏工作。

3.4 强化过程管理

镇(乡)人民政府作为辖区内镇村级河道轮疏的责任主体,组织实施辖区内镇村级河道轮疏工作。根据批准的年度轮疏计划,制定切实有效的疏浚实施方案,按照政府采购等有关管理规定,选择符合条件的单位参与实施,明确工程质量标准,强化工程质量管理。区(县)水务局、财政局充分发挥监督职能,明确职能部门或委托具有相应资质的机构对疏浚工作进行全过程质量监控,确保河道疏浚质量。市水务局、财政局则通过委托第三方机构监测轮疏质量。经过三年的探索,本市镇村级河道轮疏事前、事中、事后的全过程管理机制已经初步建立。

3.5 加强验收考核

在每年度轮疏完工后,各区(县)水务局、财政局负责对本区域内镇村级河道轮疏进行验收考核。各区(县)严把验收考核关,制定了镇村级河道轮疏验收考核办法,并建立档案制度。档案包括该河道现状断面图、设计断面图、竣工断面图、土方量测算表、招投标情况、施工合同、验收资料、审价(计)报告等。各区(县)水务局、财政局在验收考核后,将计划完成情况、验收考核意见和审价或审计报告上报至市水务局、财政局备案。市水务局、财政局对区(县)镇村级河道轮疏开展绩效评价工作。

4 遇到的问题

截至2014年底,本市共完成4 367条段、2 884.07 km镇村级河道的疏浚工作,共疏浚土方2 727.27万m^3,镇村级河道的淤积状况有了极大的改善。但由于轮疏工作仍处于探索的过程中,特别是在2012年轮疏起步之年,还是暴露了一些问题,主要体现在以下三个方面。

4.1 整体进度不一致

从三年的镇村级轮疏工作实践看,进度较快的区(县)2014年的工作任务已经完成,进度较慢的区(县)2012年的项目还未完成验收,项目全部收尾还需时日,明显滞后于全市整体进度。轮疏工作施工过程相对简单,实际施工时间并不长,一般2~3个月就能完成外业施工。造成进度不一致的主要原因为:一是项目前期推进缓慢,在立项、资金安排、方案审查等过程中耗时过长;二是项目审价耗时也过长,严重制约轮疏工作进度。

4.2 程序操作不一致

从三年的轮疏工作实践看,各区(县)在项目实际操作上还是有很大区别的。部分区(县)参照基建项目程序操作,自市里计划下达后,区(县)水务局统一将项目在区(县)发改委立项,由各街镇直接操作后续招投标等程序;也有区(县)按照管理类项目推进,区(县)水务局直接向各街镇下达计划;甚至有区(县)在市水务局下达计划后,把所有工作直接交给街镇自行完成，对各街镇也缺乏必要的指导，各街镇没有可依照执行的项目管理和资金使用办法，导致操作模式五花八门，缺乏必要的规范程序。同时，部分区（县）对市级下达的计划河道变化很大，个别区（县）河道明细变化甚至超过80%。

4.3 轮疏质量控制不一致

从2012年市级第三方复测情况来看，各区（县）在实施过程中对轮疏质量管控力度还有待加强。质量控制做的好的区（县），第三方复测土方数据与设计土方数据出入控制在10%以内，也有个别河道疏浚土方数只完成了设计量的10%左右。造成如此差异的主要原因为：一是部分区（县）未对列入轮疏计划的河道开展河道现状断面测量，或者是测量精度不到位；二是部分列入计划的河道不具备施工条件，但是未做相应的变更和调整；三是存在施工质量问题。

5 对策及建议

5.1 优化操作流程

轮疏工作属于河道管理工作范畴，建议采用管理类项目程序操作，各区（县）应于上一年度尽早启动下年度轮疏计划编制工作，各街镇按照轮疏计划编制轮疏实施方案，按照政府采购要求开展轮疏项目招投标工作，确定轮疏实施单位，尽量简化前期工作程序，确保抓住每年汛前的有利时机推进轮疏工作。同时，各区（县）应不断完善各自的项目管理和资金使用办法，给予各街镇必要的指导，不断完善轮疏机制。

5.2 细化实施方案

在轮疏规划的基础上，各区（县）应不断完善河道轮疏实施方案，以镇为单位，对疏浚顺序、疏浚土方量、工程投资、疏浚方式等进行细化研究。实施方案的编制要注重与河道综合整治（特别是堤岸建设）、水环境治理、水系沟通等工程相结合。此外，镇村级河道轮疏工作还可与新农村建设工作、农村环境整治工作、河道综合治理、土地整理、淤泥利用等多项工作相结合。今后随着水情、工情的变化，以及社会经济的发展，实施方案应与时俱进、及时调整。

5.3 严格质量控制

根据每年的轮疏计划，合理安排疏浚工程，增强疏浚能力建设，严控疏浚质量，确保河道疏浚质量始终放在突出的位置。不断完善河道轮疏事前、事中、事后的全过程管理机制。制定河道轮疏施工管理办法及完工验收办法等文件，明确工程建设管理标准、市场准入和验收程序，加大对河道轮疏项目的考核和监管力度，确保河道疏浚实施到位。

5.4 优化淤泥处置

淤泥处置也是轮疏工作中非常重要的一环。对于淤泥出路受限的问题，应加快开展淤泥高质高效处置利用研究工作，可探索淤泥用于圩堤加高加固、护岸工程建设、淤泥还桑肥田、土地复垦、开发区填高地面、填埋废弃鱼塘、种植蘑菇等处置方法的可行性。同时，可探索淤泥用于本市西部低洼地加高的适应性，以提高该地区防洪除涝能力。针对工业区等工厂比较密集的区域，应特别加强河道底泥监测，对底泥有重金属残留等情况，要注明淤泥处置的特别措施，以避免污染转移。

5.5 加强长效管理

以巩固河道轮疏成果为出发点，不断完善镇村级河道长效管理工作，做到"疏好一条、管好一条"，落实管理责任制，明确管理范围和职责，建立健全长效管理机制。为有效观测河道回淤情况，应在河道内易回淤点设置淤积监测断面，监测每年河道回淤状况，尽早对回淤严重的河道分析原因，找出解决办法，并安排必要的疏浚计划。在开展轮疏工作的同时，应不断从科学调水、建设生态护岸等方面探索减缓淤泥回淤速度的方式和方法，以巩固河道轮疏工作的成果。同时，从污染的源头进行控制，做到截污治污，严格雨污分流，采取工程措施和非工程措施相结合的办法，充分考虑水环境的承载能力，减少对河道的污染。

5.6 扩大社会宣传

此外，需加强宣传工作，增强公众水环境保护意识。从疏浚出淤泥的组成来看，淤泥中存在生产、生活垃圾、建筑垃圾等，这就需要用各种形式宣传河道保护的意义，引导人们增强爱护河道、共建美好家园的意识，克服不文明的行为习惯和生活习俗，在全社会形成河道长效保洁的良好氛围。各区(县)、乡镇、村等利用广播、标语、宣传栏等各种形式进行广泛宣传，重点宣传河道轮疏工作的意义、目标及要求，提高群众保护水域意识。同时，制定相关强制措施，严禁村民向河道内倾倒垃圾废物。

参考文献

[1]刘晓涛，等. 上海市第一次全国水利普查暨第二次水资源普查总报告[M]. 北京:中国水利水电出版社,2013.

[2]上海市水务局，上海市财政局. 关于加强郊区镇村级中小河道轮疏工作的实施意见. 2012.

潜水贯流泵在北新泾泵闸中的应用

萨本良
（长宁区河道管理所）

摘　要：介绍了潜水贯流泵相对于传统水泵的优点，尤其适用于低扬程、大流量场合，在扬程和比转速相同的情况下，装置效率高。通过分析潜水贯流泵运行时双向潜水贯流泵的各项指标，证明了双向潜水贯流泵可实现同一机组在暴雨时排水和在内河枯水时引水的双向功能，并改善了区域的水环境，取得了显著的经济和社会效益。实践证明，双向潜水贯流泵在内河引清调水中可以广泛应用。

关键词：潜水贯流泵　泵闸　应用

随着社会经济的迅速发展，人们对水环境的要求也越来越高，通过水泵的引排水调节功能，结合闸门的使用，可以有效地改善区域的水环境。

1　潜水贯流泵的定义

水泵是输送液体或使液体增压的机械。它将原动机的机械能或其他外部能量传送给液体，使液体能量增加，主要用来输送液体包括水、油、酸碱液、乳化液、悬乳液和液态金属等，也可输送液体、气体混合物以及含悬浮固体物的液体。潜水贯流泵是一种低扬程大流量卧式泵型，采用机泵同轴后灯泡式结构。衡量水泵性能的技术参数有流量、吸程、扬程、轴功率、水功率、效率等；根据不同的工作原理可分为容积水泵、叶片泵等类型。容积泵是利用其工作室容积的变化来传递能量；叶片泵是利用回转叶片与水的相互作用来传递能量，有离心泵、轴流泵和混流泵等类型。

2　潜水贯流泵的特点

（1）起吊高度小，泵房高度低，基础开挖深度低，有效减少土工及建筑工程投资。
（2）进出水流道顺直，流道总水力损失小。
（3）由于泵潜入水中，运行时噪声低、无高温，改善了工作条件且气蚀性能好。
（4）其灯泡比远小于传统贯流泵，装置效率大为提高。
（5）可实现整体调头安装及双向抽水。
（6）具有良好的可维修性。
（7）可实现遥控和自动控制。

3　潜水贯流泵在北新泾泵闸中的应用

北新泾泵闸位于上海市水利分片中的淀北片，坐落于长宁区苏州河支流新泾港上，距离苏州河约450 m,从2008年6月正式投入使用。泵闸室段长28.3 m,泵站宽16.5 m,闸室宽11.5 m,泵站泵型为双向潜水贯流泵,电机功率为400 kW,设计流量为20 m^3/s,共3台泵组。节制闸门型为平面升卧门,闸孔净宽为8 m,属二级负荷,10 kV高压电缆进线,两路进线互为备用。主要作用是防汛排涝、引清调水和水资源调度改善水质。其特征扬程见表1。

表1 北新泾泵闸特征扬程

情况	排涝情况		引水情况	
	净扬程(m)	总扬程(m)	净扬程(m)	总扬程(m)
最高扬程	2.74	3.14	1.00	1.50
设计扬程	1.10	1.60	0.50	1.00
最低扬程	0.00	0.50	0.00	0.50

贯流泵的流道平顺,型线简单,水流仅沿水泵和电机的轴线方向流动,无任何转弯曲折,水泵装置水力效率较高。对低扬程尤其是特低扬程泵站,显得更适宜。有关试验资料表明,相同情况下,贯流泵比其他轴流泵的最优工况点装置高5%左右。

贯流式水泵属于轴流泵系列,水泵须开阀启动:为防止泵组的飞逸,必须有可靠的断流措施。贯流泵的启动时间很快,很短时间内就完成整个启动过程。北新泾泵闸采用电动蝶阀和蓄能罐式液控止回蝶阀来快速开闸门,配合水泵启动,其中电动蝶阀工作温度为-10~65 ℃。

水泵采用1600QGS6.7-1.6型潜水贯流泵,液体沿泵轴轴线方向流动,水泵扬程低、流量大,吸送液体的最高温度为50 ℃。贯流泵为卧式结构,叶轮水平安装,采用潜水异步电动机,电机轴与水泵同轴。泵段由双层圆筒组成,内层圆筒为潜水电动机的电机壳,外层圆筒为贯流泵的外壳体,内外圆筒之间为过水流道,水流直接流过电机壳,带走电动机散发的热量。水泵正反向运行所产生的正反轴向水推力由设在电机内的轴承组承受。潜水贯流泵叶片采用S形叶片,通过电机的正反转来实现水泵的正反抽引水。

为保障水泵的安全运行,需要从开泵开始记录数据,运行时相隔一小时进行手工记录泵组运行情况,并记录停泵情况(见表2)。

表2 水泵运行记录表

水泵运行指标	开泵	1 h	2 h	3 h	4 h
轴伸端轴承测温1(℃)	36.3	44.2	49.4	50.2	50.7
轴伸端轴承测温2(℃)	36.5	40.2	44.6	47.2	48.3
非轴伸端轴承测温1(℃)	36.2	44.4	49.6	50.5	50.8
非轴伸端轴承测温2(℃)	36.5	40.4	44.9	47.4	48.8
主泵振动1(mm/s)	0.03	0.70	0.82	0.82	0.80
主泵振动2(mm/s)	0.21	0.94	1.08	1.32	1.10
绕组测温1A(℃)	37.1	44.6	48.1	50.2	51.2

续表 2

水泵运行指标	开泵	1 h	2 h	3 h	4 h
绕组测温 1B(℃)	36.2	43.8	47.3	49.3	50.5
绕组测温 1C(℃)	36.9	43.8	47.3	49.2	50.4
绕组测温 2A(℃)	36.3	45.1	48.8	50.7	51.8
绕组测温 2B(℃)	36.0	45.0	48.5	50.5	51.6
绕组测温 2C(℃)	36.3	42.0	45.4	47.3	48.4
主泵进口压力(MPa)	0.014	0.014	0.014	0.014	0.014
主泵出口压力(MPa)	0.014	0.014	0.014	0.014	0.014
I1 相电流 (A)	7.22	8.96	10.14	9.88	8.97
I2 相电流(A)	7.91	9.56	10.78	10.50	9.63
I3 相电流(A)	7.41	9.07	10.11	9.99	9.10
I1A 相功率(kW)	40.00	50.00	57.00	56.00	51.00
I1B 相功率(kW)	46.00	54.00	61.00	60.00	54.00
I1C 相功率(kW)	44.00	52.00	59.00	58.00	55.00

从运行数据可以看出,水泵轴伸端、非轴伸端和绕组温度随着运行时间而升高,但并未超过警戒数值,两者相差数值不大。泵的振动情况比较平稳。相电流和相功率随着运行时间变化趋于平稳。总体上说,该泵运行情况良好。

水泵运行管理上需要注意以下事项:

检查电动机绕组对地绝缘电阻是否符合要求,检查电动机主线缆是否按要求与电源相接,所有控制系统是否正确,检查潜水泵潜入深度是否符合技术要求。确保管路无杂物阻塞。泵运行前在检查符合安全技术要求后再接通电源起动水泵。运行中经常巡视检查电动机电流值,若工作电流大于额定值,应立即停机,检查原因。停泵后要确保止回阀或出水拍门可靠关闭,避免出现水流倒灌现象。定期检查水泵控制柜的一次、二次回路,确保水泵装置能在水泵出现故障时,及时报警及切断电源。应经常观察检查渗漏排水管的漏水情况,若出现水流现象,说明机封已损坏,必须停机,并关闭水泵两端的阀门,打开检修排水管排水,排干水泵中的水后进行机封的检修。定期、定时对水泵进行保养,建立相关的维修记录手册。水泵需要定期引水和排水操作,这样可以减少两边流道口淤积的淤泥,并且检查水泵的良好性。

4 结论

实践证明,潜水贯流泵在北新泾泵闸经过几年的运行,在防汛排涝和引清调水中改善了区域的水环境,取得了显著的经济和社会效益,对周边区域产生了巨大效益,在内河引清调水中可以广泛应用,希望能为其他相关的水泵运行管理提供借鉴。

城市河道管理和保护范围确权划界的探讨

李家麟
(长宁区河道管理所)

摘　要:确权是指对河道管理范围的土地进行使用权的确认;划界是指划定河道管理范围。对河道管理范围进行确权划界是河道管理部门依法管理河道的基本条件。本文通过对上海市长宁区河道管理现状的分析,阐述了对河道管理范围进行确权划界的必要性,提出了开展河道管理范围确权划界工作的构想,并探讨了对长宁区河道管理范围确权划界的实施建议和要点。

关键词:城市河道　河道管理范围　确权划界

1　引言

城市河道是城区环境中非常重要的形态,或者说水环境是创建和谐城区、提高城区环境品质的重要标志。随着社会经济的发展,涉河事项频发,土地开发加剧,这些活动涉及河势安稳,事关防汛安全和人民群众生命财产安全,河道的开发利用与长效管理之间的矛盾日益显现,河道管理范围的专用性得不到保障,导致了河道管理的对象无法界定,河道管理工作将陷入被动而又艰难的局面,所以对城市河道管理范围进行确权划界是发挥城市河道综合功能的充要条件。

2　河道管理现状以及确权划界的必要性

确权是指对河道管理范围的土地进行使用权的确认;划界是指划定河道管理范围。通过确权划界,依法划定城市河道管理范围,明晰河道管理范围内使用权和管理权,有利于规范河道的维护和管理,确保河道的防汛安全,充分发挥河道整治的工程效益。

2.1　长宁区河道管理的现状以及存在的问题

长宁区现有河道36条,河道岸线长度60余km,水域面积80余m^2。长久以来,长宁区河道管理部门以开展河道综合整治工程为核心,河道景观提升为重点的工作方针,加强了水环境治理和保护,提高区域的防汛能力,科学技术化的落实全区水、陆域保洁、设施养护、防汛防台及引清调水等工作,改善了区内河道的水质,水环境质量得到了大幅度提升。根据《中华人民共和国水法》、《上海市河道管理条例》等相关法律、法规规定,市管河道的确定,由市水务局会同有关部门提出方案,报市人民政府批准;区(县)管河道和乡(镇)管河道的划分,由区(县)河道行政主管部门会同有关部门提出方案、报区(县)人民政府批准,并报市水务局备案。

(1)管理范围不统一,行业管理难落实。按照水利行业的要求,河道管理范围包括防汛墙及墙体外缘全部水域、陆域侧不小于 6 m 范围内的全部区域，但在实际中，许多防汛通道由于历史原因或者征地等原因，被临河单位、社区直接使用，河道管理范围逐渐成为了其专用岸段。出于安全考虑，岸段单位都擅自将河道管理范围进行了封闭管理，使得河道管理范围的共用性也逐渐被淡化，河道管理部门对其很难再直接管理、有效控制。

(2)法律依据不充分，执法效能受影响。随着城市建设的发展，河道管理范围内违法违规的建设项目时有发生，严重影响了水利设施的安全，危及沿岸人民群众的生命财产安全。由于河道管理范围的不确定，导致对建设项目事前监管不到位，事后对违规建设项目的处理缺乏明确的依据，落实整改措施技术难度大，行政执法效能受到约束。

(3)管养职责不明确，管养工作难推动。河道管理范围因牵涉到不同的使用方，管理要求、职责、方式难统一、难落实。一是不管不问。大部分岸段单位发现设施损坏，认为该养护管理的职责由河道管理部门来承担，不行使专业岸段养护管理责任。二是管而无效。一部分专业岸段使用单位由于养护资金有限，养护管理水平落后，日常维修只是仅仅维持在保障安全的基础上，其维修工期长、质量差，不能达到河道长效管理的要求。河道管理部门在此过程中往往只能起到行业监管的作用，对占用河道管理范围的行为没有更强有力的制约措施，使管理中出现的问题得不到及时处理，直接影响了我区行业管理水平。

2.2 河道管理范围确权划界的必要性

河道管理要实现规范化、现代化、法制化的目标，建立可持续发展水务管理，确权划界工作是先决条件。

(1)依法治水、规范管理的需要。《中华人民共和国水法》、《中华人民共和国河道管理条例》、《上海市河道管理条例》对河道管理范围的确权划界作出了明确的规定。河道管理范围是进行水务行政管理工作的界域，是水务行政管理工作的基本条件和依据，不划定河道管理范围，河道管理的区域和权限无法得到界定，水务行政管理工作将难以实施。

(2)提高河道长效管理水平的需要。城市河道本应是一个城市景观的标志，市民休闲娱乐的好去处，然而有些单位或者个人打着擦边球，擅自占用河道管理范围内的公共用地，给我们河道长效管理工作的开展带来了极大的阻碍。明确河道管理权限，将有助于河道管理部门为百姓构建一个清洁、自然、舒适的水环境，营造更多的休闲的空间，更有助于提升城市生态建设的理念，也是河道管理部门落实科学发展管理的具体举措。

(3)确保河道堤防设施和防洪安全的需要。2008 年蕰藻浜防汛墙事件以及 2009 年莲花河畔事件，都对河道防汛造成了严重的影响。堤防设施是国民经济的基础建设，是经济建设和人民生命财产安全的重要保障。为加强堤防设施的管理，充分发挥综合效益，必须划定河道管理范围。以此来解决由于没有划定河道管理范围，在管理过程中存在界限不清、执法力度不够的问题的隐患，消除堤防设施的安全隐患。

3 长宁区河道管理范围确权划界工作的构想

根据上海市水务局在 2002 年出台的《关于本市市管河道及其管理范围的规定》，其中明确了市管河道的管理范围包括水域和陆域两部分。水域是指河道两岸河口线之间的全部区域；陆域是指河口线两侧各外延不小于 6 m 区域，包括堤防、防汛墙、防汛通道等。区域化的河道管理范围确权划界工作涉及面广、牵涉部门多，我区经过多年的实践，也在逐渐地探索此项工作。

3.1 确权划界的对象

以长宁区河道为例,计划是对除市管河道外,区内其他区管河道。河道管理范围确权划界应综合考量河道在区域水系中的价值和作用,重点是:①市、区重点防洪岸段;②临河水利工程、水利设施较多的河道;③未按规划要求达标,尚需整治的河道;④需要进行景观提升的河道;⑤水务管理中存在较多问题的河道。

3.2 确权划界的任务和目标

河道管理范围是河道管理部门实施河道整治、建设水利工程、落实河道长效管理及其他有关河道安全、运营、管理的用地面积。河道管理部门应该依法划定河道管理范围,明晰土地的物权属性,明确临河土地的所有权和使用权,建议通过领取土地使用权证的形式来确定河道管理范围,对管理范围内难以办理土地使用权证的土地,可确定土地管理权,并对管理范围内的土地和建筑物使用情况进行监督和管理。

3.3 确权划界的措施和建议

(1)颁布确权划界的指导性文件。根据《上海市河道管理条例》第六条规定:区(县)管河道和乡(镇)管河道的划分,由区(县)河道行政主管部门会同有关部门提出方案、报区(县)人民政府批准。这就需要我区根据地域的实际情况,制定切实可行的河道管理范围规划,拟定区各级河道的管理范围。只有相关指导性文件的出台,才标志着河道管理范围确权划界工作的合法性,才能落实河道管理范围依法划界,确权工作的稳步推进。

(2)深入一线,开展宣传。通过多形式、多途径的大力宣传,让社会了解确权划界工作的重要性和必要性,为确权划界工作的顺利开展营造一个良好的社会氛围。在实践中,我们发现许多临河专业岸段的受益社区、单位对河道管理范围的确权划界工作相当的反感,认为是侵犯了他们的“领地”,损害了他们的利益,其实,河道管理范围是全社会的共同财产,河道管理范围的确权划界就是让更多的人享受社会公共资源,真正体现人水和谐的理念。

(3)正视历史,维护现状。根据长宁区的河道管理范围的历史性占用、土地征用、违章使用的现状,我们建议对于那些历史性遗留的占用河道管理范围的问题,要尊重历史,待此类问题结合地块动迁、开发一并解决;对于那些新建、改建、扩建的项目涉及河道管理范围占用的,必须强化审批、严格执法,坚决维护河道管理范围的社会性和公用性;对于今后,我们将极力主张河道管理范围不纳入土地出让范围,由河道管理部门采取统一管理模式运作。

3.4 推进确权划界工作的要点

(1)理清思路,提高认识。河道管理范围确权划界工作要取得突破,工作思路必须有创新,要本着有利于河道防汛安全,有利于执法管理和管理效益发挥,有利于城市人民群众的生产、生活,充分理解河道管理范围的意义和作用。

(2)加强领导,确保落实。领导的重视和支持是确权划界工作顺利开展的重要保障。为了确保河道管理范围确权划界工作的顺利开展,必须争取得到领导的重视和支持,并得到上级部门的理解和认可,从而保证确权划界工作的顺利实施。

(3)调查摸底,科学规划。确权划界工作必须深入全区河道进行调查摸底,完善“一河一档”的数据,掌握河道管理范围内土地使用情况,科学规划,制定科学合理、切实可行的实施方案。

(4)先易后难,循序渐进。确权划界工作是一项十分艰巨和烦琐的工作,不可能一蹴而就,要本着先易后难、循序渐进的原则,制订分期、分布、逐步的实施发案,确保确权划界工作顺利开展。

(5)依法划界,合同确权。确权划界要依法办事,严格依据市、区有关法律法规、规范性文件开展确权划界工作。在整个实施工程中,建议严格按照《中华人民共和国土地法》等法规办理管理用地征用手续,以合同形式确定管理范围内土地的管理权。

(6)依法行政,规范管理。在确权划界过程中,工作人员依法行政,建立确权划界管理工作档案,制定管理规章,巩固确权划界成果,规范河道管理工作。

4 结语

河道管理范围确权划界对改善和提升城市市容环境质量,保障河道管理行政执法部门依法行政、依法监管河道,保护水利工程和遏制违法侵占河道的行为,明确河道管理部门的日常管理,正常发挥河道防洪排涝功能具有重要意义。

参考文献

[1]李根昌. 广西河道管理和保护范围确权划界探讨[J]. 广西水利水电, 2007(3):63-65.
[2]谢宗繁. 南宁市城市内河管理范围确权划界探讨[J]. 人民珠江,2012(6):4-7.

网格化手段支撑河道管理能力建设的思考

陈　吉[1]　钱国民[2]
(1. 闵行区水利管理所;2. 上海市水务信息中心)

摘　要:本文分析了闵行区河道水系及养护管理现状,阐述了网格化管理系统平台的结构框架、功能应用和关键技术。通过网格化管理系统的使用,着手建立全新的管理模式,提升政府对河道市场化养护工作的监管能力。

关键词:养护管理　定位　无线

1　引言

闵行区境内共有河道 1 413 条,总长度为 1 112.38 km,其中有 8 条河道为市管河道,总长 68.550 km;区管河道 17 条,总长 152.977 km;镇管河道 176 条,总长 355.033 km;村级河道 1 212 条,总长 535.818 km。湖泊(景观水体)55 个,主要为景观湖和景观河,湖泊总面积为 0.771 km^2,总容积为 133.8 万 m^3。闵行区全区水面率为8.203%,其中河道水面率为 7.61%,名录外水体和湖泊(景观水体)水面率为 0.388% 和0.207%。[1] 如何加强我区水环境的管理,成为一个日趋严峻的课题。

1.1　河道市场化养护管理现状

市管河道:除大治河、苏州河、黄浦江外,新泾港、蒲汇塘、漕河泾港、张家塘港、淀浦河等 5 条段市管河道的设施维修养护与日常保洁已于 2013 年 1 月 1 日起,实现由专业养护单位进行一体化养护,养护设施量为石驳岸护坡 15 895 m,各种河道栏杆 17 065 m,亲水平台 3 790 m^2,防汛通道 16 452 m^2,绿化 131 084 m^2 等。

区管河道:沈庄塘、三鲁河、盐仓浦、蟠龙港、蒲汇塘、北横泾、春申塘、六磊塘、淡水河、女儿泾、俞塘、北竹港、北沙港、姚家浜、周浦塘、东盐铁塘、泰青港等 17 条段区管河道已陆续开始实施了市场化运作或列入计划。养护设施量为石驳岸护坡 114 448 m,各种河道栏杆 54 965 m,亲水平台 2 420 m^2,防汛通道 33 671 m^2,绿化 377 314 m^2 等。

1.2　管理方式与市场化养护管理需求间存在较大差距

一方面,养护作业管理模式创新。通过市、区管河道养护作业市场化改革,进一步规范和带动镇、村级河道市场化培育,逐步理清政府与企业关系,形成了“企业运作自主化、市场竞争有序化、资金使用高效化、设施维护全面化、监督管理科学化”的新模式。

另一方面,目前的管理调度方式落后。联系调度以电话为主,既无法准确掌握河道巡查现场情况(反馈的图片主要依靠照相机摄录后定期上报),信息与图像分离且严重滞后,又无法掌握河道巡查人员工作情况,如巡查时间、频次、路径等,对于人员管理十分不利。特别是对于突发性事件,如河面突发油污染、大面积黑水等,由于缺少必要的信息手段,极易造成决策、统筹、组织、应变、处置方面的被动。

2　系统设计与实现

2.1　目标需求

为了有效、快捷、方便地对闵行区河道养护工作进行监管,需要进一步提升巡检管理、养护管理的及时性和有效性,尽可能避免因应急处置时间过长产生的灾害扩大等问题。结合城市网格化管理的可行性,采用建立河道网格化系统的手段,实现河道巡视人员、养护单位、养护管理部门及时快速地上报现场河道问题,完善信息的登记,核实养护结果并进行反馈,满足管理人员实时对巡视人员的工作情况、河道日常发生的问题进行综合监管等需求。

2.3　系统设计

河道网格的创建:从河道管理角度划分单元网格,开辟了一个新的地理编码管理体系。按照空间网格技术的原理,以河道养护单位为基础,根据属地管理、地理布局、现状管理、方便管理、管理对象等原则,划分单元网格。同时,兼顾了河道部件的完整性和便于社会管理和日常监督的考虑。通过单元格地理网格的划分,将河道管理部件、乡镇、养护单位、地名等要素通过单元格之间建立地理位置关系,使单元网格逐步成为河道各类要素与地理信息发生关系的重要编码基础。

2.3.1　网络组建

将现代无线通信手段与信息技术全面应用于河道管理,整合信息资源,实现信息的快速传递与共享,是实现河道管理现代化的重要环节(见图1)。

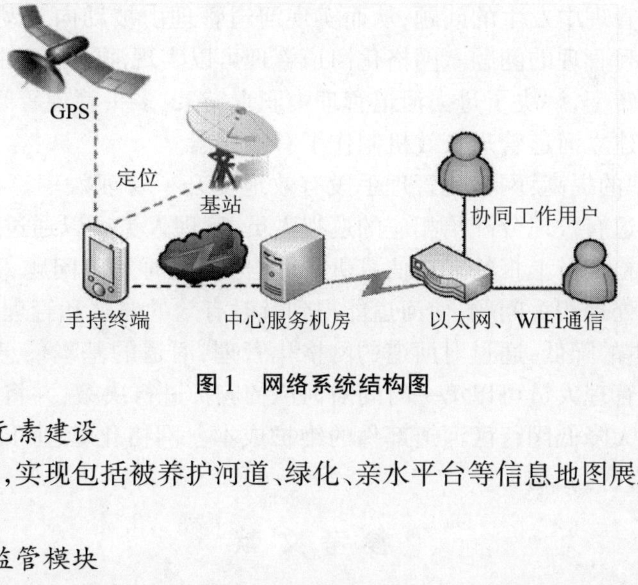

图1　网络系统结构图

2.3.2　河道养护元素建设

通过 GIS 系统,实现包括被养护河道、绿化、亲水平台等信息地图展示,并提供可编辑功能。

2.3.3　河道巡查监管模块

通过 GPS 定位系统,确保养护单位按照要求及时、有效地对河道及其周边设施进行监管,并就巡查中发现的问题或处理完成后的情况进行反馈。

3　关键技术

3.1　运用 WebService 数据交换技术

在采集数据和图像资料时,经过数据交换,统一整合到局核心数据库中,同时和市水务、市水利处、大联动及其他相关单位的数据进行相互传输交换。为此,采用了 WebService 技术,提供基于 JSON、XML 格式的标准接口支持,绕开多家应用单位直接访问数据库表所造成的数据库运行稳定与安全等方面的问题。水务系统内原有河道相关数据库、执法模块与信息系统能够有机地关联协同和共享,从而成为数据交换管理服务的技术基础。

3.2 WebGIS 服务和熔享技术

系统应用了瓦片缓存、地图熔享等多种技术,每类专题地图均以 REST 模式提供在线服务,在整个系统中既可以灵活组合,也可以独立应用。创建和发布的地图服务主要包括两类:一类是静态地图服务,由于河道及相关部件这类数据量巨大、更新不频繁的基础地图数据需要预先制作瓦片缓存,并创建静态的缓存服务,在系统中作背景地图使用。另一类是动态地图服务如地图定位数据,这些数据更新频繁,需要制作为动态地图服务[2]。

3.3 GPS 定位

GPS 定位是结合了 GPS 技术、无线通信技术(GSM/GPRS/CDMA)、图像处理技术及 GIS 技术的定位技术,在本系统中主要实现跟踪定位和轨迹回放功能。

4 总结

管理方式的转变:将各级河道划分为河道养护管理部门(单位)、养护公司和河道单元网格三个层次,明确每个层次河道管理的责任,通过分区即时监控,随时掌握河道的现状,及时处理河道管理中发生的问题,从而实现河道管理由被动向主动的转变,彻底解决河道中的被动、盲目管理的问题。网格化河道管理可以实现河道管理由粗放方式向高效、敏捷、精确方式的转变,解决了过去河道管理中职责交叉、多头管理等问题,使得河道管理的权责清晰化,为建立河道管理长效机制作了有益探索。

河道管理效率的提高:网格化管理手段有效地提升了管理效率。将区内河道进行网格化划分,能将河道有效地分配给相应的巡视人员,管理人员可以通过巡检系统对巡视人员进行监管,对巡检人员上报的河道信息进行整合,能及时发现问题,并迅速地调度相应的养护单位,快速处理相关问题,使河道能得到及时有效的监督和管理。

河道管理成本的降低:通过对河道的网格化管理,河道的基本信息能够及时、准确地上报给管理人员,管理人员可以第一时间对河道的养护进行决策,并将决策信息分配给相应的养护单位,大大降低闵行区河道部件的维护成本。网格化管理可以有效地降低河道管理的成本,节约人力和物力。

参考文献

[1]闵行区第一次全国水利普查领导小组办公室. 上海市第一次全国水利普查暨第二次水资源普查闵行区普查技术报告[R]. 2013.

[2]钱国民,王骁栋,陈吉. 闵行区水务综合管理信息系统的设计与实现[J]. 上海水务,2014(1):48-50.

[3] 吴松,王翔,应文斌. 上海市海塘网格化巡查绩效考核机制探讨[J]. 上海水务,2014(A01):25-26.

关于申城黄浦江水浮莲整治工作的思考

程　安

（上海市闵行区水利管理所）

摘　要：从黄浦江发生水浮莲危害说起，分析了黄浦江水浮莲危害越来越严重的原因，并提出了整治的措施及工作思路。

关键词：水浮莲　整治　水污染　流域治理　开发利用

近年来，由于水质富营养化程度加剧以及气候等环境原因，给水浮莲的生长繁殖带来了极为有利的条件，致使原先只在农村小河浜偶尔见到的水浮莲泛滥成灾，成为申城水域的主要污染源之一。特别是2014年大量水浮莲涌入黄浦江、苏州河水域，道道防线阻不住“绿毯”进入外滩等景观区域。成片的水浮莲覆盖水面，阻碍了光线对水体的穿透，抑制水底生物的生长，在生长区内形成了优势物种，不仅严重阻塞航道，给航行安全带来隐患，而且还产生视觉污染，影响市容景观。同时，水浮莲还降低水体的溶解氧浓度，增加水中二氧化碳浓度，形成蚊类的滋生地。当时，申城于9月中旬启动了黄浦江干流水浮莲集中整治工作，水浮莲日均打捞量由前期的200 t猛增到2 000 t，10月下旬开始，污染更为猖獗，据统计，自10月底至11月初，连续12天水浮莲日均打捞量突破4 000 t，水域保洁工人凭借人工和机械船同时不停地打捞，依旧难以全部清除干净。水浮莲如此疯狂，给申城市民带来很多不利。

其实对于水浮莲的治理，在申城已有些年头了，早在2002年，市政府就下定决心，力争用3～5年时间，基本解除其危害。虽然有关部门群策群力，想了许多办法，采取了不少措施，但总的看来，治理效果仍不尽如人意。有资料显示，1985年，黄浦江日均打捞水浮莲0.5 t，1995年猛增到50 t。在上海召开APEC会议期间，日均打捞量达到300 t，而2014年秋，日均打捞量突破4 000 t。为何这么多年治理下来，水浮莲的泛滥越来越严重呢？我们在治理水浮莲过程中，还应注意什么问题？在哪些方面应该下大力气呢？下面，就以上问题谈些粗浅的看法。

1　牢牢把握“标本”兼治的原则

目前，申城黄浦江水域整治水浮莲主要采用的依旧是最传统，也是最耗人力、物力、财力的拦截打捞方式，如果光凭这种方式来治理，救救急还可以，但这种头痛医头、脚痛医脚的治标做法起不到根治水浮莲的作用。那么，什么才是治本的做法呢？我们还是先从水浮莲的物种特征来进行分析。此物十分喜肥，尤其是氮肥，水体养分含量高时，则植株高大，根系较短，繁殖快产量高；养分低时，则植株小，根细长，叶色黄，产量较低。13 ℃以上开始繁殖，20 ℃以上生长加快，25～32 ℃生长最快。该物的繁殖能力极其旺盛。一旦有适合它生长的环境，便快速生长，并成为当地优势物种。因此，水浮莲之所以能疯狂生长并泛滥成灾，除气候、环境等原因外，最主要的是水污染越来越严重了。水浮莲原产于巴西，一个世纪前作为花卉引入中国，曾是达官贵人栽种的名贵植物。20 世纪 30 年代作为畜禽饲料引入中国内地各省，并作为观赏和净化水质植物推广种植，直到 60、70 年代，还只能在农村小河浜里看到其身影，而如今却成“生态杀手”。从名草到“毒草”，难道不都是因为任性的人类？因此，要根治水浮莲泛滥，除打捞、使用除草剂或者引进其天敌等相关做法外，根本之策是治理污染，改善水质，抑制其生长繁殖的条件。

2　与上游地区共筑防控大纲

黄浦江市区水域内的水浮莲绝大多数是从上游漂流下来的，如果光是下游治理，好比打一场永远打不完的、效果差的疲劳战，因为上游地区水浮莲的随波逐流，往往使下游的努力前功尽弃。黄浦江是上海的地标河，流经青浦、松江、奉贤、闵行、徐汇、卢湾、黄埔、虹口、杨浦、浦东新区、宝山区，在市中心的白渡桥接纳吴淞江（苏州河）后在吴淞口注入长江，是长江汇入东海之前的最后一条支流，全长 113 km。其始于上海市青浦区朱家角镇淀峰的淀山湖，而淀山湖又接纳了上游太湖流域的众多来水。要使黄浦江水浮莲得到根治，有关部门必须树立“流域治理”的理念，不但流经各区要紧密联手，上下游密切配合，整合各方优势，统一规划，分步实施。而且，有关部门还应该主动走出去，加强与相关流域（包括所涉及的太湖流域）各地的协调，并建立“联防联治”、同步整治的行政机制，从源头上堵住水浮莲的入侵。

3　注重水浮莲的开发利用

水浮莲的泛滥成灾以及根治效果的不理想，使这一植物成了公认的危害最为严重的水生杂草之一，在人们心目中成了“水上绿魔”。但实际上，水浮莲是人类的良朋益友，只是人们对其产生了误会罢了。

首先，水浮莲本身并不是污染源，只不过在有污染源的地方更迅速地繁殖生长，其罪魁祸首是已经营养化了的水体，水浮莲一边迅速消耗水体中大量的营养物质，降低水中氮、磷、钾的含量，改善水体水质，一边生长大量的枝叶。如果不让这些新鲜的水浮莲任其在水中腐烂发臭，把已经净化了的水体又重新变成富营养水体，那么，水浮莲真称得上改善水体水质，治理水污染的功臣。

其次，水浮莲含有多种营养元素，包括人类生存所需的八种氨基酸和丰富的蛋白质。一株去除了水分的干水浮莲含 20% 的蛋白质，含量约是一粒大豆的一半。看似不起眼，但不可小视，假设有 5 万 kg 水浮莲，去除其 90% 以上的水分，剩下约 0.5 万 kg 干水浮莲，相当于 2 500 kg 大豆，极具食用价值。

再次，水浮莲具有一定的药用价值。根据古书《神农本草经》、《本草纲目》、《本草遗》、《滇南本草》的记载，其中描述的浮萍、水葫芦的形象，与现在的水浮莲非常相似，可以医治多种疾病，入药效果极好。《本草纲目》水萍篇说，水萍可医治伤寒、水肿、消渴、吐血、手脚发冷、脱肛、风热隐痛、风热丹毒、汗斑癜风、大风痫疾、毒肿初起，甚至可烧烟去蚊。在今天的中药大字典上也能见到水浮莲的治病作用。

此外,水浮莲也是造纸、沤肥的好原料,人们还发现其碳化后,比煤更能燃烧,不但燃烧时间长,还没有呛鼻的烟味,燃烧值可达7 000多大卡,而标准煤仅5 000多大卡。

既然水浮莲有那么多的优点,那么我们在治理水浮莲的问题上能否利用其众多优点,创出一条切实可行的新路径来呢?方法是有的,那就是开发水浮莲产品,大量消耗水浮莲,这样,既可减少危害,又能带来巨大的社会与经济效益,这无疑是趋利避害的好方法。

资料显示,现在对水浮莲的开发利用主要有以下几种方式。

3.1 鲜水浮莲的简单利用

一是制成蔬菜,其鲜花、嫩叶、根茎,清香甜润可口,可直接食用,也可做鲜汤,配菜食用;二是将水浮莲的叶、茎切碎,用作鸡、鸭、鱼、猪、牛、羊等禽畜类的青饲料;三是将根和枯叶用作复合肥料的原料。

3.2 深度加工提炼,制成食、药类产品

从水浮莲的鲜汁中提取营养素,加工提炼食品、保健品、药品、营养添加剂等。如新近开发的一种水浮莲饮料,因其口感清爽圆润和含有多种微量元素,在短时间内卖出十几万瓶,深受广大消费者的喜爱。

3.3 净化污水

在适宜条件下,1 hm^2 水浮莲能将800人排放的氮、磷元素当天吸收掉。24 h内每千克水浮莲能从污水中去除镉0.67 mg、铅0.176 mg、汞0.15 mg、银0.65 mg、钴0.57 mg、锶0.54 mg。一般情况下,三年时间内,它就可以将污水净化到常用水质标准,而投资成本仅需现行治污工程的20%以下。利用水浮莲净化污水是一种成本低廉、节约能源、效益较高的简便易行方法。

3.4 巧做家具

一种新型的环保家具在上海悄然面世,用经过特殊加工的水浮莲编制成各种家具及装饰品,不仅成本低于藤制品和木制品,而且不含甲醛。经过处理后的水浮莲家具还能将室内多种有害气体分解成水和二氧化碳,起到净化环境的作用。

3.5 制成胶粘剂

武汉一生物公司利用水浮莲制成无毒的生物胶粘剂,广泛用于复合地板中,这项专利技术吸引了众多企业的关注。

3.6 造纸

水浮莲是很好的造纸原料。20世纪80年代,印度海得拉巴地区研究所就开始用水浮莲的叶片生产出写字纸、广告纸和卡片纸等。

3.7 制作燃料

一是固体燃料。水浮莲晒干后可作为干体燃料,若压成块球状,燃烧值可与木炭相媲美。二是液体燃料。采用水解和发酵技术可以产生液体燃料乙醇。三是气体燃料。将水浮莲与其他畜禽类粪便或人的粪尿混合发酵,可增加沼气的产气量与产气效率。

除以上介绍的对水浮莲的开发利用方式外,还有许多新的方式、方法正在探索中,这里就不再一一赘述了。然而,正是这些对水浮莲的开发和利用,为水浮莲"污染问题"的"解困"提供了一条可行之路。试想,只要开发利用水浮莲的企业快速上马,只要开发利用水浮莲的企业多一些,那么,对水浮莲的烦恼就会转化成对水浮莲的需求;则对水浮莲

的需求量必然大增,水浮莲就此成了一种热门资源。在这种情况下,农家受经济收益的刺激,一定争相打捞,黄浦江及相关河、湖的水浮莲泛滥现状就会得到明显改善。

再说,目前采用的一些防除水浮莲的方法或多或少存在一定的弊端,比如化学防除虽然效果比较显著,但大范围的使用成本非常高,而且最要紧的是使用这种方法将产生一系列环境和安全方面的隐患,所以使用时应非常谨慎,以避免顾此失彼,带来其他的危害。而生物防除虽然在一些地区(尤其在国外)取得一定效果,但那只是国外的情况,并不适合全球任何地区推广,正如紫茎兰在墨西哥能跟其他物种和谐共存,但是到了别的生态环境(如中国云南)便表现出强烈的生态入侵,很快成为当地的优势物种,给当地其他物种造成毁灭性的破坏作用。正如水浮莲被引进到我国一样,我们必须谨慎对待水浮莲的天敌(象甲)的引进。至于救急性的单纯人工打捞方式,不但要投入大量的人力、物力、财力,而且,处理大量打捞上来的水浮莲也是一个头痛的问题。相比之下,倒是通过开发水浮莲产品来消耗水浮莲的治理方式最能体现出有利无弊的优势,是治理水浮莲泛滥的众多方式中的最佳选择。当然,政府还应该出台一些吸引企业从事水浮莲产品生产的措施,如扶持相关企业快速上马,给予政策上的优惠等等,一旦产品开发成功,规模成气候,则非但不必担心水浮莲会泛滥,而且能产生一定的经济效益,对社会就业等都有积极的作用。

行文至此,本想继续写下去,但又觉得只是些"鸡毛蒜皮",不写也罢。不过有几句题外话,却忍不住不说不快:自改革开放以来,全国经济发展迅猛,上海更是佼佼者,然而在这飞速发展经济的同时,在一定程度上给黄浦江带来了水质污染。习近平总书记说:"既要金山银山,更要绿水青山"。上海市民既希望上海的繁荣,同样也要黄浦江的美丽与清澈。因此,市政府在大力发展经济的同时,要考虑如何"防止"水污染,请注意是"防止",而不是水质被污染以后再想尽办法投入大量的人力、物力、财力去治理,如"防"得好,何需劳民伤财去"治"。

最后,相信黄浦江一定会得到很好的治理,待到赢得一江清水时,哪来水浮莲兴风作浪?

参考文献

[1]徐在宽. 水葫芦对水质改良的研究[J]. 江西水产科技, 2002(4):116-117.
[2]江洪涛,张红梅. 国内外水葫芦防治研究综述[J]. 中国农业科技导报,2003(3):72-75.
[3]吴文庆. 黄浦江、苏州河水葫芦整治[J]. 环境卫生工程, 2004,12(1):35-37.

闵行区河道长效管理机制浅析

曹俊彦
（闵行区水利管理所）

摘　要：河道长效管理在城市建设发展中发挥着重要的作用，做好河道长效管理具有重要意义。本文根据闵行区河道现状及管理现状，对河道长效管理机制从 6 个方面进行了阐述，期望能为河道长效管理提供参考。

关键词：闵行区　河道　管理

1　前言

水是自然界生物的生命之源，自古以来就与人的栖居环境息息相关。同时水具有亲和力，人对水的喜爱似乎是与生俱来的，居住在依山傍水的地方则是许多人的梦想，尤其对于居住在都市钢筋水泥森林中的人们，对于水环境的渴望更加强烈。随着我国经济的蓬勃发展，人们收入水平和生活水平的日益提高，人们对居住的环境也有了更高的要求。同时，对于水环境的要求与日俱增。

近年来，闵行区发展迅速，新型居住社区不断涌现，越来越多的居民居住到闵行。同时，随着生活节奏的加快、建筑的高度密集、环境的严重污染，居民更加渴望能够与纯朴自然、亲切优美的湖光水色零距离接触和朝夕相处。对于在自己居住地周围的水环境，人们对于水环境的渴望不断提高，已经不仅仅是希望水体污染能有所改善，而是希望整个水环境、水生态得到改善。为进一步巩固和发展人水和谐的新局面，现就闵行河道管理养护工作存在的主要问题及积极构建全区河道养护管理工作长效机制谈一些看法。

2　闵行区河道管理现状

闵行区位于上海市行政区域的腹地，是最靠近市中心的郊区之一，形似一把“钥匙”，黄浦江纵贯其南北，分为浦东、浦西两部分，东与徐汇区、浦东新区相接，南与奉贤区隔江相望，西和青浦区、松江区接壤，北邻嘉定区、长宁区，面积 372.87 km^2。

根据《第一次全国水利普查暨第二次闵行区水资源普查技术报告》成果，闵行区境内共有 1 413 条河道，总长度为 1 112.38 km，其中有 8 条河道为市管河道，未列入普查上报的名录外水体，河道合计 358 条段，水面积为 52 8541.9 m^2。湖泊（景观水体）55 个，主要为景观湖和景观河，湖泊总面积为 0.771 km^2，总容积为 133.8 万 m^3，所有湖泊的平均水深为 1.24 m，其中水深最大的湖泊为锦绣湖，最大水深为 4.1 m。

闵行区全区水面率为 8.203%，其中河道水面率为 7.61%，名录外水体和湖泊（景观水体）水面率为 0.388% 和 0.207%。总体来看，闵行区水面率较好，但仍需进一步维持。

闵行区河道数量及长度基本情况见表1,未列入普查的名录外水体情况见表2,湖泊(景观水体)基本情况见表3,水面率基本情况见表4,主要河道情况见表5。

表1　闵行区河道数量及长度基本情况表

河道级别	河道数量	河道长度(km)
市管河道	8	68.550
区管河道	17	152.977
镇管河道	176	355.033
村级河道	1 212	535.818
合计	1 413	1 112.38

表2　闵行区未列入普查的名录外水体汇总表

街镇名称	名录外水体数量	累计水面积(m^2)	平均水深(m)
华漕镇	110	149 163	1.5
新虹街道	6	470	1.5
七宝镇	12	10 415	0.5
莘庄镇	59	17 972.9	0.4
梅陇镇	18	9 385	1.75
马桥镇	7	23 371	1.5
江川路街道	1	535	0.8
吴泾镇	50	97 870	1.5
浦江镇	95	219 360	2
合计	358	528 541.9	

表3　闵行区湖泊(景观水体)情况表

湖泊级别	湖泊数量	水面面积(km^2)	湖泊容积(万 m^3)
自管湖泊	55	0.771	133.8

表4　闵行区河湖水面率情况表

河湖名称	河湖数量	河道长度(m)	河口面积(m^2)	水面率(%)
市管河道	8	68 551.3	11 679 540	3.132
区管河道	17	152 977.4	4 202 588	1.127
镇管河道	176	355 033.1	5 844 593	1.567
村级河道	1 212	535 818.2	6 641 709	1.781
湖泊(景观水体)	55		770 921	0.207
名录外水体	1	1 387 69.8	1 446 527	0.388
总计	1 469	1 251 149.8	30 585 878	8.203

表 5　闵行区主要河道情况表

序号	河道名称	管理级别	河道长度(km)
1	黄浦江	市管	27.6
2	苏州河	市管	10
3	大治河	市管	7.5
4	淀浦河	市管	8.5
5	新泾港	市管	7.2
6	漕河泾	市管	2.18
7	张家塘港	市管	2.4
8	蒲汇塘	市管	3.42
9	盐仓浦	区管	2.9
10	蟠龙港	区管	5.39
11	蒲汇塘	区管	5.56
12	北横泾	区管	28.4
13	春申塘	区管	8.26
14	六磊塘	区管	14.1
15	俞塘	区管	15.1
16	女儿泾	区管	4.24
17	北沙港	区管	9.37
18	北竹港	区管	15.64
19	淤水河	区管	7.87
20	周浦塘	区管	8.59
21	姚家浜	区管	6.49
22	沈庄塘	区管	7.45
23	东盐铁塘	区管	5.5
24	三鲁河	区管	5.74
25	泰青港	区管	2.43
合计			239.83

3　闵行区河道存在的主要问题

（1）淤塞严重。镇村各地的小河道都不同程度地存在着淤塞、污染的问题，不少自然村的宅河已经沦为天然垃圾场，农村的水生态环境遭到破坏。

（2）河道水系不通。随着经济飞速发展，以及农村多年养成的陋习难改，使得原本通畅的河道形成一个个瓶颈或者变成断头浜、死水浜。这些使得河道水动力不足、水体流动性差。

（3）河道水质较差。河道边违章建筑内的生活污水由于无法纳入市政污水管网，就直接排入河道，加上河道水体流动性差、河道自净能力减弱，导致多数宅河水质较差。

(4)水务设施养护与监管的机制还不够健全,区内各部门间协作联动机制需进一步完善,全社会保护水环境的意识还很薄弱。

4 构建闵行区河道养护管理工作长效机制的对策

对于上述问题,结合日常管理,总结以下几点措施及对策。

4.1 深入开展河道轮疏、科学调水,疏通畅活水体改善水质

以增加河道调蓄容量,改善水质,营造和谐、优美、生态的环境为目标,有序开展河道综合整治。推进区级骨干河道综合整治,按规划规模疏拓河道断面;结合中小河流治理项目区、生态河道治理、水系沟通、村庄改造、农田水利设施建设等项目,实施镇村级河道整治;积极推进年度专项中小河道疏浚工程,切实增强河道的排洪能力,有效提升汛期农田排涝的降渍能力和灌溉水质,进一步改善闵行区水环境面貌。

优化调水方案。探索性开展季节性调水试验,特别是在冬季枯水期,结合季节特点,最大限度地做到"调活水体、提高水质、满足用水、改善生态"。同时,根据各镇在建工程的开展情况,因地制宜地调整部分水闸的调水措施。

落实"泵闸联动、条块联动和区与区联动"调水机制,与浦东新区、青浦区、长宁区、虹桥机场保障部等进行协调沟通,探索实施跨区域联合调水。

4.2 落实河道长效管理措施,全面提升水环境面貌

进一步健全以水务局局长为组长,分管领导为副组长,水利管理所所长、局责任科室科长、各水务管理站站长、河道保洁服务社社长为组员的河道养护管理领导小组,为河道长效管理工作的顺利开展提供组织保障。

河道养护管理的市场化运作,是社会发展的必然趋势,是提高本区河道养护管理水平的重要途径。因此,区、镇两级要结合自身特点,针对合同管理及招投标程序,建立严格规范的市场化准入制度。本着"总体规划、试点先行、分步推进、逐步完善"的原则,自 2013 年起,到目前为止,闵行区对新泾港、蒲汇塘、漕河泾港、张家塘港、淀浦河等 5 条市管河道,以及盐仓浦、蟠龙港、蒲汇塘、横沥港、俞塘等 17 条区级河道的设施、绿化维修养护与日常保洁已全部实现市场化养护,提前一年完成市政府城市基础设施养护作业市场化改革的任务。

根据属地化管理原则,镇、村级河道日常管理养护工作由各镇(街道)、莘庄工业区负责。目前,13 个镇(街道)、莘庄工业区均已不同程度对河道绿化或设施采用招投标方式由专业队伍进行管理养护,并积极开展河道作业市场培育,力争自 2015 年起用 2 年时间通过各镇(街道)、莘庄工业区小型招投标平台,实现镇、村级河道养护管理市场化、专业化、一体化。

结合河道领域市场化改革实际,闵行区正从规范河道养护管理各项工作出发,逐步理清政府与企业关系,完善政府监管措施,配套规范管理制度,形成以"企业运作自主化、市场竞争有序化、资金使用高效化、设施维护全面化、监督管理科学化"为特点的养护作业管理模式。

4.3 建立河道监督、检查、评价体系,提升河道养护管理水平

建立河道监督、检查、评价体系。强化日常检查、季度考核、年度考核及社会评议四级

河道考核机制。每半年对各镇(街道)、莘庄工业区及市场化运作的河道养护中标单位的河道长效管理工作进行严格考核,将日常检查情况、信访投诉、媒体曝光及市、区条线通报等内容纳入考核评分体系,督促各镇(街道)、莘庄工业区及养护中标单位加强河道长效管理工作。

4.4 强化河道养护,改善河道面貌

强化亮点塑造。按区域闵行区将河道分为三个类别,并提出不同的管理标准和要求,一类地域(中心城区、旅游景点沿线或周边河道)重点抓,二类区域(主要道路、交通干线、居民集中区及综合治理的河道)大力抓,三类区域(一般河道)不放松,形成"抓一类,促二类,带三类"的工作模式,做到河道保洁、绿化和设施养护全覆盖,实现"一类河道建景点,二类河道出亮点,三类河道破难点"的工作目标。随着河道养护样板段的建设,以点带面,深入开展星级、生态河道创建,结合文明城镇创建活动,推进镇村级中小河道管理养护示范镇创建工作。

4.5 加大社会宣传力度,营造良好氛围

多形式、多渠道、多载体开展水务社会宣传活动,扩大社会影响力,树立水务人的良好形象。以"世界水日"、"中国水周"为契机,组织开展水生态文明进社区、进校园、进企业行动。组织"亲水团"志愿者服务队,广泛开展河道清捞、河岸播绿、河道巡视、劝止野泳、社区宣讲、义务排水等活动近百次。围绕水务重点工作,积极协调市、区新闻媒体开展新闻宣传报道。号召市民用实际行动改善水环境保护家园,不断增强公众水资源使用忧患意识,形成节约、合理用水的好习惯,在全社会范围内树立水生态文明理念与价值观。

4.6 建立信息系统,加强自控监测

统筹规划现有或在建地表水取水在线监控系统,水质、水量监测站点及防汛预警预报系统、雨污水泵站及水闸远程监控等信息系统建设,加快推进河道巡检信息系统建设,逐步完善闵行区水务管理信息平台,确保河道日常巡查检查责任到位、人员到位、信息记录到位。

5 结语

城市河道的可持续发展是城市发展的重要内容,加强河道长效管理、推进管理体制创新已成为当代河道管理的核心。

闵行区在河道长效管理过程中,将及时发现并总结存在的问题,学习并借鉴先进的管理理念与方法,以期实现河道管理养护目标。

参考文献

闵行区第一次全国水利普查领导小组办公室. 上海市第一次全国水利普查暨第二次水资源普查闵行区普查技术报告[R]. 2013.

上海松江地区河道管理的问题及对策

杨新秀[1]　王鹏飞[2]
(1.上海易丰景观绿化养护有限公司;2.上海市松江区水务管理所)

摘　要:通过近几年河道整治,河道面貌发生了很大变化,水清、岸绿、景美的河道重新回归。随着河道建设标准的提高,绿化、防汛通道等新建设施的养护管理有了新的问题和难点。本文在提出问题后通过对比国外发达国家的河道治理方式,提出了河道管理的对策和建议。

关键词:河道　管理　生态　对策

河流是城市的重要生态资源,是城市生态系统的重要组成部分。推进建设宜居城市,必须大力推进河道综合治理,提高河道管理水平,加快河道基础设施建设,改善河道生态和提升河道环境承载能力。

1　河道管理现状

1.1　河道管理现状

河道综合治理围绕"安全、资源、环境、景观"为中心,对市区级河道主要倾向于工程建设治理,并突出了河道的防洪除涝、河道水生态和引清调水功能,少数河道仍具有航运功能。城区一些景观河道增加了休闲观光娱乐功能。目前管理的河道共计 1 421 条(段),总长度为 1 995.85 km,河道面积 48.01 km^2,其中,市级河道 7 条(段),长 88.99 km;区级河道 66 条(段),长 325.50 km;镇级河道 366 条(段),长 723.92 km;村级河道 982 条(段),长 857.44 km。各个街镇开展河道日常巡检,主要内容涉及河道维修养护管理方面,包括水面保洁、陆域保洁、绿化养护、栏杆维修养护、堤岸维修养护和防汛通道维修养护。

1.2　河道治理历程

松江河道治理大致经过这样的阶段:在 20 世纪 90 年代以前,主要是进行一些防洪工程类的建设。2000 年以后开始对河道进行大规模的清淤,使河道底深达标,提高槽蓄量和过水能力。之后各街镇开始对河道水域进行保洁,并于 2004 年成立了河道保洁服务社,制定相应的制度,落实资金,进行养护。2006 年开始,松江首家开展了黑臭河道治理,后又进行了"万河整治"工作,利用 3 年时间,对全区河道进行了一次规模整治,达到"水清、岸绿、景美"的标准。在这期间,针对黑臭河道,进行了水系沟通、截污纳管、护岸建设、绿化造景等方法进行综合整治,2010 年上海世博会前基本消除了河道黑臭现象。近期,开始强调以改善水环境为主,加强了河道水利设施的养护,注重河道生态功能的修复。

2 主要存在问题

2.1 水污染等涉水突发事件频发

2013 年以来水体污染事件频发:1 月 11 日,金山区朱泾镇掘石港槽罐车排污影响泖港地区,泖港镇自来水厂被迫停水,3 万居民用水受到影响;仅两个月后,黄浦江上游水域又出现大量漂浮死猪;清明时节,泗泾塘漂浮起千斤死鱼;4 月 15 日,一艘渣土船又偷排泥浆进入淀浦河……一系列突发事件,把水安全保障推上舆论的风口浪尖。企业偷排、农村生活污水直排、畜禽饲养场乱排等行为,成为城市公共安全的隐忧。

2.2 河道湖泊水面积不断减少

随着城镇化快速发展,越来越多的河道进行了水系规划调整。由于种种原因,一些区域的水面积减少了。据统计,松江地区在 1990 年底有大小河道 3 905 余条[1],2011 年第二次水资源调查时为 1 421 条(段)。

2.3 河道管理工作仍不到位

河道管理仍然存在职能交叉、多部门共同管理的问题。以河道保洁为例,存在水务局和绿化市容管理局共同负责的情况。一些街镇的中小河道管理责任落实不到位,少数河道存在雨污水混流、非法排污等问题。部分河道存在季节性黑臭,垃圾、水生植物满河的情况。另外,一些居民环境意识较差,向河道内倾倒垃圾,破坏河道设施,污染水体。虽然爱河护河的环境保护理念持续进行,但是类似事件仍然屡禁不止,造成一些河道"脏、乱、差"。此外,在水务执法过程中也存在执法困难。偷倒偷排垃圾废水、填堵河道等问题违法成本低,但是造成的生态损失却是巨大的。

2.4 涉河投诉呈现逐年递增趋势

虽然经过近几年"万河整治"、"村沟宅河治理"、"黑臭河道治理"等大规模河道综合治理工程,河道面貌有了显著改善,但是仍然存在部分河道淤积、水质下降、水力条件不佳及护岸、土坡崩塌,老式护岸破损等,引起居民对河道管理部门的投诉。2010 年涉河投诉 77 起,2011 年投诉达到 72 起,2012 年达到 105 起,2013 年度达到 144 起,2013 年度达到 186 起,呈现出快速增长的态势。

3 国外城市河道主要治理方法简介

3.1 美国河道治理方法

美国制定了多部有关河道治理的法律。如 1899 年就出台的《河川港湾法》(Rivers and Harbors Act),还有 1928 年颁布的《防洪法》(Flood Control Act),并且在 1936 年和 1944 年对《防洪法》进行两次修改,进一步加强了洪水的控制力度,并引发此后大规模的大坝建设,这一时期的河道整治主要是以防洪工程为主,即采取工程措施,通过建设水利工程来减少洪水灾害的发生[2]。1948 年《水污染控制法》的颁布预示水污染控制工作在美国的全面开展,基于水污染的日益严重,美国成立了 EPA,并于 1977 年颁布了联邦水污染控制法的修正案,宣告了美国水污染的控制进入了一个崭新的阶段[3],确立了与自然相协调的可持续的河流管理理念,并进入了大规模反对大坝建设的阶段,但此时相关环境及水资源政策仍过于强调水的化学性质,在很大程度上忽视了河流水资源的生态功能,其结果是水体达到联邦政府要求的水质标准，而河流功能却未得到有效恢复[4]。20世纪90年以后，美国开展了河流生态恢复，将城市河流作为公众体验生活，舒适性的一部分，并在开展河流管理过程中强调公众参与[5]。

3.2 澳大利亚和日本治理方式和理念的创新

在1930年以前，澳大利亚主要以获取水源、灌溉、防洪及水土保持等作为河流利用与整治的重点[6]。随后采取了一些工程措施来进行治理，之后向生态修复进行转变。日本自20世纪70年代开始，河流管理政策发生巨变，河流提供的环境完整性及舒适性逐渐成为日本河道整治和管理政策的中心目标[7,8]。自20世纪90年代初日本开始实施“创造多自然型河川计划”，提倡凡有条件的河段应尽可能利用木桩、竹笼、卵石等天然材料来修建河堤，并将其命名为“生态河堤”[9]。

国内外城市河道整治发展历程比较见表1。

表1 国内外城市河道整治发展历程的比较[4]

阶段	美国	澳大利亚	日本	中国
初级阶段	19世纪末至20世纪初，修建航道，提高河流航运能力	1851～1930年，以航运、防洪以及水土保持等为主	第二次世界大战前，水源、航运以及防洪工程的兴起	20世纪50～70年代，以供水、航运、防洪等基础工程建设为主
工程阶段	20世纪30～60年代，以防洪工程、水污染控制为主	20世纪30～80年代，以供水、防洪等控制工程为主	20世纪40～70年代，以防洪为主，实施了大坝建设、河道渠化等工程措施	20世纪80～90年代，以提高防洪排涝能力为主，利用工程措施控制污染并改善水质
环境阶段	20世纪70年代至今，实行可持续的河流管理理念	20世纪80年代至今，结合生态保护，关注河流环境条件和状态	20世纪80年代至今，恢复河流的环境特性，多自然型河流治理	20世纪末至今，以防洪、改善环境为主，结合景观、生态的河流综合治理

4 采取的对策探索

4.1 提高思想认识，落实河道管理责任

宜居、乐业的城市发展目标，需要各个管理部门共同努力，高度重视，共同做好。河道管理部门只有从贯彻落实科学发展观、建设生态文明的高度，充分认识到河道治理的重要性和紧迫性，齐心协力，统筹兼顾，才能切实抓好河道综合治理工作，才能持续改善民生，持续推进河道建设管理工作步入新台阶。水务主管部门要及时做好与街镇（河道管理主体）的沟通，明确一定时期内的水环境建设和管理任务，并督促完成。执法部门要做好监督工作，严厉查处在河道内、河道边乱批乱建、违章搭建、占用河道的行为，杜绝执法不严、违法不纠、讲究人情、配合不力等不良行为作风。

4.2 市场化河道日常维修养护

水务部门需要监督各河道维修养护部门，实行河道维修养护市场化。各个养护责任

主体可根据各自实际情况,以村组或圩区为单位,划分责任区域,聘请河道维修养护作业队伍,进行河道保洁、绿化养护、河道设施维修养护等。同时要强化监督考核,巩固治理成效。例如持续开展“啄木鸟”行动,通过抽查、督查、重点查、全面查等方式、方法进行考核评比,与市区两级财政补助资金挂钩,持续提高河道管理养护效果。

4.3 定期监测河道水质和安全检查

设置河道监测断面,定期对河道水质进行检测,掌握河道水质变化情况。合理设置雨水、污水、排放口和自来水在河道的取水口,科学进行引清调水。加强对涉河工程建设的安全检查。尤其对护岸、堤防、桥梁等涉河工程设施安全检查,及时拆除河道违法建筑、限期改建不符合工程安全要求的涉河工程设施及建筑物,为河道安全度汛创造条件。坚持涉河工程项目建设安全检查,要求建设单位、施工企业按照涉河工程建设申报审批程序、技术标准、河道管理规定等进行施工建设[10]。

4.4 提高社会公众参与水平

随着我国社会的逐渐发展,公众对自身居住工作环境要求的提高,公民意识的逐渐苏醒,公众参与水环境治理的热情也愈发提高。河流的生态恢复不仅是自然保护,而且还会带来水质改善、洪水控制等社会效益,河道的整治应进一步扩大公众参与的广度和深度,保障规划者、管理者、科研工作者、自愿保护者以及普通公众的知情权、参与权和决策权[11]。此外,对一些涉河问题的投诉处理,要做到耐心、细致、妥善解决,尤其应对网络舆情时,要做到积极引导,加大宣传力度,向社会传递先进爱水护水节约用水等水文化理念,保障社会的和谐稳定。

4.5 体制改革探索

改革优化现行的水务、环保、市政等多头治水局面,优化资源配置。不断优化水务系统内部职能分工。改变河道管理养护水域保洁、绿化养护等分开管理的方式,实行统一管理,形成河道管理高效运作模式。加快引进高素质人才,并提供良好待遇吸引、留住人才。

5 结语

在新形势下,必须坚持河道管理以改善环境为主,保护和完善河道的水生态功能,在河道治理中不断创新,才能拥有优美的水域环境。

参考文献

[1]黄庆,金锦美.松江县水利志[M].上海:上海科学技术出版社,1993.

[2]Cech T V. Principles of Water Resources: History, Development, Management, and Policy[M]. New York: John Wiley & Sons. 2003.

[3]王薇,李传奇.河流廊道与生态修复[J].水利水电技术,2003,34(9):56-58.

[4]吴阿娜,车越,张宏伟,等.国内外城市河道整治的历史、现状及趋势[J].中国给水排水,2008(2):14.

[5]Ann L R. Restoring streams in the cities: a guide for planners, policymakers, and citizens[M]. Washington D C: Island Press, 1998.

[6]Barmuta L A. Imperiled rivers of Australia: challenges for assessment and conservation[J]. Aquatic Ecosystem Health Manage, 2003, 6(1):55-68.

[7]Yutaka T,Juha I U. Evolution of river management in Japan:from focus on economic benefits to a comprehensive view[J]. Global Environ Change,2004(14):63-70.
[8]财团法人河道整治中心.多自然型河流建设的施工方法及要点[M].周怀东,等,译.北京:中国水利水电出版社,2003.
[9]宋庆辉,杨志峰.对我国城市河流综合管理的思考 [J].水科学进展,2002,13(3):377-382.
[10]王建国.河道管理存在的问题与生态治理 [J].科技论坛,2002,6:461-465.
[11]Boon P J. River restoration in five dimensions[J]. Aquatic Conservation:Marine and Freshwater Ecosystems, 1998,8(1):257-264.

关于松江水务行业市场化若干问题的探讨

王鹏飞[1]　杨新秀[2]
(1. 上海市松江区水务管理所;2. 上海易丰景观绿化养护有限公司)

摘　要:当前,随着社会主义市场经济的加快发展、市场体系的进一步完善,水务行业养护的市场化改革基本已经进入了事企分离的关键阶段,深入推进水务养护市场化改革,探索提高养护效率和养护质量,是顺应时代潮流、顺应市场经济的发展趋势,也是水务行业发展的必然要求。本文以松江区水务工程设施养护作业的现状入手,通过分析介绍松江水务工程设施养护作业现状,提出松江水务工程设施养护市场化模式的实施策略,以及市场化进程的建议。

关键词:水务　设施　市场化

1　背景

水作为一种极为重要的稀缺资源,水资源状况和利用水平已成为评价一个国家和地区经济是否能持续发展的重要指标。这要求水务企业在发展过程中将水资源统一管理,达到系统性管理、综合利用的目的,市场化趋势对于松江区水务行业既是发展机遇,同时也存在诸多的威胁和挑战。松江区水务行业现阶段面临的首要问题就是根据现有的业务、资源、能力状况选择未来的发展方向制定发展战略。

水务发展事关城市安全运行、经济社会发展、生态环境改善、现代农业建设的全局。为推进松江水务发展,保障城市防洪、供水、水生态和水环境安全,实现人水和谐、支撑城市的经济社会可持续协调发展。松江水务工作以2011年中央一号文件加快水务改革发展为动力,贯彻落实党的十八大“生态文明建设”理念,全面完成水务“十二五”规划,实现水务工作的可持续发展。

2　松江水务工程设施养护作业现状

松江水务设施包括供水设施、排水设施和水利设施三个方面。松江区供水主要由松江自来水公司和市南自来水公司运营,其中松江自来水公司负责全区大部分地区的供水。新成立了松江西部自来水公司供水企业对各自供水设施日常运行养护实行专业化管理,养护的主要设施包括各水厂、泵站和供水管网。

2.1　河道维修养护市场现状

全区管理养护的市级河道3条(段),长39.27 km;中小河道1 448条(段),总长度为1 713.194 km。其中:区级河道66条(段),长325.5 km;镇级河道418条(段),长755.13 km;村级河道741条(段),长537.39 km;村宅河道223条(段),长95.174 km。

存在3种方式。一是市级区级河道维修养护、大部分街镇绿化养护及设施维修按照政府购买服务的方式操作。二是街镇的河道保洁是由街镇委托公共服务社管理的模式。松江区现有保洁队伍16支,保洁员1 012人,其中含867名“万人就业”项目人员,占全部保洁员数量的86%。“万人就业”项目属于非正规劳动就业,在市、区资金给予补贴的基础上,街道、镇财政筹措了大量资金予以配套,市、区资金经区财政拨入街镇(园区)财政所(科),由各街镇(园区)财政部门监管资金使用,并将资金全部用于中小河道管理养护支出。三是部分河道养护留有与水务局和各街镇(园区)通过签订了合同、协议的方式进行的维修养护。

2.2 水闸设施维修养护市场现状

区管水闸养护管理分为三种模式:一是6座通航水闸由区水利工程管理所在编人员管理;二是有21座水泵闸由区水利工程管理所在编人员责任制承包管理;三是有16座水泵闸为委托承包,由区水利工程管理所与劳务派遣公司签约,由劳务派遣公司派遣人员进行管理。

区管水闸维修工作由区水利工程管理所负责,包括对管理人员进行安全、操作等培训和日常的管理工作并定期对水闸工作做好监督检查。沿江一线水闸维护由水闸员工进行日常的养护工作,主要包括日常设备巡检及简易维修工作。

区管水泵闸的养护工作主要分为水泵的维修养护及日常养护。水泵三年一次的大修及汛前、汛后的两次常规保养区水利工程管理所采取招投标方式,委托有资质的专业养护公司进行养护;日常维护则由水闸管理人员负责做好相应的工作。另外,区管各闸高低压设备非汛期一月一检、汛期一月两检均通过招投标形式,委托有资质的专业公司负责检查,并出具检测报告。自动化系统分为水位监测系统与全球眼系统。水位监测系统通过招投标方式,委托专业公司养护;全球眼系统由电信部门负责日常维修养护。水闸绿化养护亦采取招投标方式,委托专业公司养护。

2.3 排水、供水设施维修养护市场现状

供水设施目前为市场化维修养护。排水设施除个别企业存在自行维修养护外,均实行市场化招投标确定维修养护公司。

3 松江水务工程设施养护市场化模式的构建

3.1 水务工程设施养护市场化模式的内容及特点

水务工程设施养护管理市场化,就是把水务工程设施养护管理工作全面推向市场,各水务工程设施运营管理机构不养自己专门的养护队伍,养护工作实行日常维修保养对外承包,专项工程和大修工程向社会公开招标,择优选择施工队伍。即将水务工程设施养护和管理职能分开,使养护和管理机构都从事各自的单一职能,从而使两方面管理更专业化、系统化、精密化,以便于权责区分,从而提高养护和管理水平。

把养护管理推向市场,是社会主义市场经济发展的结果,在人员设备、效率与积极性、效益和风险等几个方面都具有明显的优势,具体如下:

(1)在人员和设备上,市场化管理模式不设自己的养护队伍;按工程量对外发包,养护中不负担闲置人员和设备费用;仅负担工程造价费用,其他责任推向社会;节省大笔购置养护设备费用;由有相应设备单位承包,减少其设备闲置,增加设备使用频率,降低设备

台班费用;只负担设备使用费,不负担设备购置费和闲置时的任何费用。

(2)在效率和积极性方面,市场化管理模式养护效率高,养护人员积极性强;作业内容专业化分工明细,通过加强专业化管理和竞争手段适应市场,全社会流动,充分利用人员和机械设备。

(3)在效益方面,市场化管理模式根据养护工程需要,优选社会专业化施工队伍,引进竞争机制,提高管理水平和养护质量,同时降低养护成本,减少设备闲置,也相应提高了全社会的经济效益。

(4)在风险方面,市场化管理模式实行单价或总价承包,由养护承包企业分担养护过程中的大部分风险。

在水务工程设施养护实现市场化之后,水务工程设施养护则交由养护承包企业去做。水务工程设施经营单位和水务工程设施养护承包公司各自作为市场经济的一部分。

当然,市场化养护管理的模式也分为多种形式,一种是单价合同模式,这种模式的最大问题是养护工程任务是依据政府财政拨付的计划来确定的,实行任务单的形式下发给承包企业以完成养护任务。承包企业对于投入的人员、设备及是否能创造效益等是无法预测的,是被动养护。业主和承包企业在社会效益和经济效益方面的双赢局面难以形成。另一种市场化养护管理的模式就是养护工程总承包。这种模式中在我国还没有先例,这种模式中水务工程设施养护承包企业的工作是主动的,属于主动养护,但水务工程设施养护承包公司追求经济利益的最大化是其必然目标,这样很容易造成其过分追求眼前的利益,减少养护方面的投入从而造成路况下降,所以必须有健全的监督机制来保障市场化的顺利进行。

3.2 松江水务工程设施养护市场化模式的构建思路

松江水务工程设施养护市场化管理就是要将水务工程设施的养护任务完全推向市场,通过市场对养护资源的有效配置来实现水务工程设施的养护目标,既要保证水务工程设施养护的质量,又要提高水务工程设施养护的效率和降低养护成本。因而,建立松江水务工程设施养护市场化管理模式的总体目标为:紧紧围绕水务工程设施为经济建设和社会进步服务这一中心,建立规范有序的水务工程设施养护市场,实现水务工程设施养护规模化、机械化和市场化,从而降低水务工程设施养护成本,提高养护效益和质量,最终保证水务工程设施养护的可持续发展,发挥水务工程设施在现代化建设中的强大作用。

为完成以上总体目标,需要确立实现该目标的指导思想:

(1)基于市场机制的基本要求,体现竞争性特征,充分发挥市场中一切积极因素参与到水务工程设施养护领域中来,也要采纳一切有利于养护资源配置的有效配置方式,最终使水务工程设施的养护完全按照市场规律来进行。

(2)借鉴水务工程设施建设与经营管理过程中一切有益的因素,走规模化、集约化、效益化道路。

(3)以市场为导向,切实实现养护管理体制由计划模式向市场化模式转变。

要将水务工程设施的维护项目招商推向市场,实现水务工程设施养护的市场化和社会化。

3.3 松江水务工程设施市场化养护管理的组织模式与运行机制

3.3.1 组织模式

不管是采用哪种管理模式,松江水务工程设施的养护管理工作将仍由松江水务管理所负责,通过社会公开招投标,吸收具有实力的社会上的单位具体实施。同时实行二级管理更有利于管理和调度。

3.3.1.1 水务所的组织形式和养护工作职责

水务所设养护科负责养护的宏观管理,水务站负责工程的现场管理和质量控制,聘请有专业资质的社会监理履行质量管理任务。

养护科的组织形式和工作职责:养护科是松江水务管理所的内设机构,设科长 1 名,副科长 1 名,副主任工程师 1 名,工程管理员 3 名。

主要职责是:招标、合同管理、投资控制、进度控制、技术方案审定、设计变更审定、技术仲裁、质量控制、环境保护、技术课题研究、质量检验和仲裁、指导监督外勤工作组和承包人的日常工作、合同支付。

3.3.1.2 水务站的组织形式和养护工作职责

水务站是水务所的基层养护管理单位,接受养护科的业务指导。设站长 1 名,副站长 1 名,技术员 3 名。

主要职责是:具体负责河道巡查与检查以及养护质量检查与评定工作,积累设施资料,建立技术档案,制定养护措施,在授权范围内对承包人和工程施工实施管理、监督;协调监理、养护施工单位中各方关系。

3.3.2 运行机制

运行机制是管理机构、人员、规则相互联系、彼此作用的方式和规律。水务工程设施市场化养护管理运行机制的基本功能就是将水务工程设施养护市场体系的各主体的个别劳动转变成水务工程设施系统内劳动,建立水务工程设施养护生产和供求之间的平衡关系,以实现养护资源的最佳配置。主要包括价格机制、竞争机制、供求机制、监督机制和协调机制等。

3.3.2.1 价格机制

价格机制指水务工程设施养护各独立工程项目价格的确定形式。按当前的实践看,主要通过计划指令、议标承包及招投标等方式确定,符合市场化运作的行之有效的最佳方式应该是招投标。现代产业经济学也提出了许多其他价格机制规则。

3.3.2.2 竞争机制

竞争机制是养护市场化的出发点和基本特征,其主要内容包括水务工程设施养护的价格竞争、质量竞争、技术竞争、经营竞争、设备竞争等。竞争能激发养护企业提高技术、降低成本,增强经营能力,但也具有盲目性。管理部门应注意水务工程设施养护市场竞争中不合理现象的发生,以维护养护企业的合法利益,保证水务工程设施养护市场的健康发育。

3.3.2.3 供求机制

供求机制是指水务工程设施养护市场活动中养护工程的供给与需求在价格、竞争作用下不断从不平衡走向平衡的运行机制。在水务工程设施养护市场中,其与水务工程设施建设的速度、规模、建设质量及养护质量相关，同养护企业的数量直接相关。因此，水务工程设施养护管理部门要加强市场监管，防止恶性竞争及过度消耗，在保护企业利益的前提下，建立养护市场的价格机制及竞争机制。

3.3.2.4 监督机制

监督机制是指项目法人在养护市场的机制运行，充分发挥其管理及调控作用，使整个市场运行处于良性有序的状态之中，在必需的环节实行专项监督、监理。主要包括管理单位内部的监督制约机制、社会监督和政府监督。

3.3.2.5 协调机制

协调机制是指管理机构之间相互配合、相互支持，以实现系统功能的管理机制。它包括情况通报机制、协作机制和调度机制。水务工程设施管理体制作为一个有机整体，应有一种自适应机制，以便协调水务工程设施养护过程中的管理部门的信息通报，加强路政、服务、交通安全部门等之间的协作及调度。

随着改革的不断深入，在水务工程设施养护管理机制的运作，还需要建立更完善的养护决策、养护规划、养护调度及养护监理制度，充分利用社会保障体系并在水务工程设施沿线大力发展第三产业，向养护社会化、专业化、机械化、规范化的方向发展。

4 养护作业的技术经济评价模型

4.1 单位折算费用计算模型

单位折算费用 Z_e 既考虑了机械的运行费用和生产率，又计及了其投资(购置费)与产量的大小，因此是一个较全面的综合性技术经济评价指标，可用于比较不同机械作业的效果，单位折算费用计算模型如下：

$$\begin{cases} Z_e = C_M/Q_M + E_H K_e \longrightarrow \min \\ K_e = \dfrac{P}{Q_M H_b} \end{cases}$$

式中，C_M为机械(或机组)台班费用，元/台班；Q_M为机械(或机组)台班产量，m^2/台班，m^3/台班，…；P 为机械投资总额，元；H_b为机械年作业台班数，台班；E_H为投资效果系数，$E_H = 0.12 \sim 0.15$。

用上述模型可以比较分析不同机械养护作业的单位折算成本，但不能由此确定机械的经济产量界限，即临界产量，此外，也不能比较各养护作业方案的总成本。

4.2 成本效益计算模型

用成本效益分析法可以确定不同机械化作业方案的临界产量界限与不同产量下的总成本，其计算模型如下：

$$\begin{cases} C = VK + F, X \leqslant Q_M H_b \\ F = (P - L)(A/P, i_0, n_0) + L i_0 + F_b \end{cases}$$

式中，C 为年机械化作业的总折算成本，元；V 为单位产量可变成本，元/m^2，元/m^3，…；X 为养护作业的年产量，m^2，m^3，…；L 为机械使用 n_0年后的残值，元；$(A/P, i_0, n_0)$为资金等额回收系数，且$(A/P, i_0, n_0) = \dfrac{i_0(1+i_0)^{n_0}}{(1+i_0)^{n_0}-1}$；$i_0$为年利率(%)；$F_b$为其他固定成本，元。

上述模型考虑了利率变化对成本的影响，因而是一种动态分析模型。设有两个机械化养护方案（C_1, V_1, F_1）和（C_2, V_2, F_2），则决定两方案经济性的临界产量 X_0 由下式确定：

$$X_0 = (F_1 - F_2)/(V_2 - V_1)$$

4.3 投资回收期计算模型

用投资回收期计算模型可以评价机械化养护作业的投资收益和回收原始投资的速度。为简化问题，采用静态投资回收期计算模型：

$$\begin{cases} T = \Delta P / N_B \longrightarrow \min \\ N_B = \Delta C_e Q_M H_b \end{cases}$$

式中，T 为新方案的投资回收期，a；ΔP 为新方案与原方案的初始投资差额，元；N_B 为新方案的年节约额或利润，元/a；ΔC_e 为新方案的单位产量节约额或利润，元/m^2，元/m^3，…。

进行技术经济分析时，同时应用以上三种模型即可全面评价机械化养护方案的单位折算成本，经济产量范围和投资效益。正确应用以上模型的关键在于，各方案的作业质量要有可比性，否则可能会导致错误结论。

4.4 小结

（1）综合应用单位折算费用模型、成本效益模型和投资回收期模型，可以较全面地分析评价机械化养护作业的技术经济性。

（2）应用上述模型时，必须考虑其可比性，并根据实际作业质量和工艺方法对计算结果作出修正。

（3）对各方案的费用计算时，应全面考察并计入方案的直接费用和间接的相关费用，从而保证分析结果的正确性。

5 模型应用

以上模型在某单位防汛通道路面养护作业分析中得到实际应用和验证。

5.1 沥青路面小修作业的三种方案

方案一：人工作业，$C_{e1} = C_{M1}/Q_{M1} = 41.63$ 元/m^2，劳动生产率为 1.29 m^2/（人·工日），$P_1 \approx 0$。

方案二：LZ－C 型综合养护车作业，$C_{M2} = 293.80$ 元/台班，$Q_{M2} = 9.78$ m^2/台班，$P_2 = 56\ 600$ 元，$V_2 = 21.58$ 元/ m^2，$F_2 = 14\ 893$ 元，劳动生产率为 2.45 m^2/（人·工日）。

方案三：ZY－25 型综合养护车作业，$C_{M3} = 440.57$ 元/台班，$Q_{M3} = 13$ m^2/台班，$P_3 = 92\ 800$ 元，$V_3 = 25.79$ 元/ m^2，$F_3 = 18\ 954$ 元，$E_H = 0.12$，劳动生产率为 3.25 m^2/（人·工日）。

各方案技术经济指标计算结果及原始数据见表 5-1。

表1　各方案技术经济指标计算结果及原始数据

指标	方案一	方案二	方案三
台班产量(m^2/台班)		9.78	13
劳动生产率(m^2/(人·工日))	1.29	2.45	3.25
单位折算费用(元/m^2)	41.63	33.90	38.65
经济产量范围(m^2/a)		>743	>1 197
投资回收期(a)		3.0	5.0
收回投资的产量界限(m^2)		4 884	11 990
单位产量节约额(元/m^2)		11.59	7.74
机械投资额(元)		56 600	92 800
修补路面使用周期(月)	<6	>12	>12

5.2　综合对比分析

(1)机械化养护作业的劳动生产率明显大于人工作业的劳动生产率。

(2)机械化养护作业的单位折算费用明显降低,路面修补的质量远远高于人工作业质量。因此,按质量可比性要求,应对单位折算用的计算结果进行修正,修正系数 $K_s = t_1/t_0$,其中 t_1 为新方案的使用周期, t_0 为原始方案的使用周期。按表1的数据,人工作业的单位折算费用修正值为 $Z_{el} = K_s Z_{el} = 2Z_{el}$ 。

(3)第二方案的单位折算费用最小,其原因在于作业工艺的不同,按第二方案作业可以回收和利用一部分旧料,因而节约了材料费,使作业成本降低。但这一工艺方法的适用范围还有待进一步考证。

(4)只有当年产量达到一定规模时,使用综合养护车作业才是经济的。

6　推进松江水务工程设施养护市场化进程实施策略

6.1　建立养护市场准入制度,明确进入养护市场的条件

在完善法律、法规的基础上,严格按照法定程序办理进入水务工程设施养护市场的手续。严肃养护市场纪律,在开放的基础上,政府作为养护市场的管理者和监督者,应当运用行政、法律等各种手段对养护企业的各项经济活动进行行政指导、计划调节、行政管理,监督服务,渗入养护行业的经济运行管理,组织协调养护市场的运转,为养护企业提供各种信息服务。

为了解决进入养护市场施工单位良莠不齐的问题,进一步完善养护管理长效机制,规范养护作业市场,增强养护业务领域交通服务本领,在大力推进贯彻实施养护作业市场化运作的同时,还应推广养护作业单位市场准入和信用评价管理制度。按照诚信激励和失信惩戒的原则,通过实行养护作业单位市场准入登记备案和信用评价管理制度,实施全过程动态管理,及时掌握实施单位各项情况变化,规范和约束各参养单位的养护作业行为,增强施工的质量、安全和效率管理,奖优罚劣,形成健康有序发展的市场机制,提高维修养护质量和服务水平。

6.2 完善养护定额

目前,在上海市一级层面已经出台了相关的维修养护定额。作为试行版本,还存在一定的缺陷。在水务工程设施养护费用的估测上仍然没有形成统一的完善的定量化指标。水务工程设施养护市场化要改变上述状况,降低养护费用及运营管理成本,优化资金使用,编制养护计划,确定养护预算费用,并使这些工作有章可循,得到养护市场主客体双方认可,完成定员养护向定额养护转变,就需要有一个统一的量化标准,即水务工程设施养护维修定额标准。

松江区根据自己实际情况制定了自己的养护工程定额,但这些养护定额涵盖面较狭小,其标准也不尽合理,在折算方面也缺乏综合考虑。与此同时,建立适应市场经济条件下的定额调查测定与编制管理制度。

6.3 大力推行预防性养护管理

预防性养护理念体现了"资源节约、环境友好",是可持续发展的内在要求,应贯穿于水务发展的全过程。

6.3.1 转变养护观念,统一思想认识,建立预防性养护长效机制

加强预防性养护工作,是巩固建设成果,提高服务功能,推动养护作业又好又快发展的重要举措。不断增强养护工作的主动性、前瞻性、服务性,进一步加强预防性养护工作力度,建立完善预防性养护长效机制,提高养护工作效率,降低养护成本,实现养护跨越式发展。

6.3.2 加强培训,提高从业人员素质

要加强人才培养工作,采取多种形式,进行各种培训,要在上下形成学习预防性养护知识,落实预防性养护措施的浓厚氛围,自觉地做好预防性养护工作。同时要加大预防性养护新技术的应用研究,积极借鉴推广应用国内外成熟的预防性养护新技术、新工艺、新设备,更多地依靠科技进步提高养护水平,为全面推广预防性养护新技术提供保障。

6.3.3 严把预防性养护工程质量关

要牢固树立质量就是生命、质量就是责任、质量就是财富的观念,制定技术安全措施和文明施工方案,严格执行安全操作规程,精心组织实施预防性养护工程,确保安全施工、文明施工、环保施工,争创优质养护工程。

6.4 完善养护市场政策法规

在水务工程设施养护市场化进程中涉及的承包合同管理要有法可依、有章可循。

养护企业成为真正意义的企业是水务工程设施养护实现市场化的前提,养护企业成为健康的企业是养护市场有序运行的保证。养护企业的健康发展有赖于养护市场的健康和有序。要保证市场有序化发展,必须健全完善市场规则,实现各竞争主体公平竞争,避免暗箱操作和垄断。明确养护企业进入市场的条件,实行有序竞争。

6.5 建立高效实用的日常养护管理模式

针对现有模式存在的问题建议采用社会公开招标的形式确定承包单位,承担招标规定的工作内容,实行中标人按照招标文件中养护标准在规定范围内自主管理,并全权承担相应的管理和安全责任,以此解决机械化养护和员工工资标准问题。修订完善翔实的考核标准和处罚细则,采用考核加经济处罚的手段,把准管理抓手,从严考核促进提高。管

理中多关注考核和现场实施效果,从琐事中解脱出来,打破大锅饭,提高企业自主管理能力。

7 结论

本文通过分析和研究设施养护管理的作用、特点、任务和现状,针对养护管理体制不顺、养护管理评价体系不完善等一些问题,以松江水务工程设施养护市场化为例,对市场化进程、养护管理评价指标以及推动养护市场化进行了探讨研究。

参考文献

[1]吴季松,黄永基,陈明,等. 全国节水规划纲要及其研究[M]. 南京:河海大学出版社,2003.
[2]吴季松. 循环经济[M]. 北京:北京出版社,2003.
[3]蔡昌. 价值管理[M]. 深圳:海天出版社,2004.

松江区水利工程管理问题和对策研究

姜　斌

（松江区水利工程管理所）

摘　要：随着经济社会的发展，人们对于水生态环境的要求也越来越高，水利工程对水生态文明建设和经济社会的发展起着巨大的推动作用。因此，对水利工程进行科学合理的管理显得尤为重要。笔者通过调研松江区水利工程的管理现状，找出其中存在的问题并分析研究其产生的原因，结合国内外的经验和做法，提出一些关于科学管理水利工程的对策和建议，以期能够更好地管理好城市的水利工程，发挥其应有的工程效益，达到更好地防御洪涝灾害、优化区域水环境、合理调节水资源等目的。

关键词：水利工程　问题　对策

1　松江区水利工程管理现状

1.1　松江区域的水利工程概况

本文以松江区域作为研究探索的对象。松江地处黄浦江干流的上游段，地势低洼，处于太湖流域碟形洼地底部，境内河道均属黄浦江水系。堤防岸线全长 102 km，是抗御台风洪潮的第一屏障。目前，松江境内在大控制片已建成市管水利枢纽 1 座，区管水利枢纽 5 座、船闸 5 座、节制闸 34 座，全区共建有圩区 94 个，控制面积 79.87 万亩，共拥有圩区水闸 647 座，排涝泵站 591 座，动力 5.78 万 kW，排涝流量为 1 007 m^3/s[1]。

1.2　松江区水利工程管理部门的概况

（1）管理机构的职责和范围。松江区众多的水利工程分布在沿江及城区，点多线长，要使众多水闸协调配合，在水利工程中发挥积极作用，水闸管理单位的科学管理起着关键作用。本文以松江区水利工程管理所为例，作为水闸运行管理单位，担负着松江全区防汛防台、引清调水以及水利工程的维修养护等主要工作职能。目前，管理松江境内的 43 座区管水泵闸（其中包括水利枢纽工程、船闸、节制闸、泵闸、橡皮坝等），总装机容量为5 000 多 kW，排水量为 130 多万 m^3/s。

（2）管理方式和现状。在管理方式上，本文从外部管理和内部管理两个方面对水利工程管理部门进行研究分析。在外部管理上：松江区水利工程管理所服从区水务局管理，各项工作由区水务局进行考核和监督。同时也受上海市水利处的双重领导以及水利工程管理方面的行业指导，以促进本单位各项管理工作的开展。在内部管理上：主要体现在人员管理和职能工作方面。截至 2014 年底的统计数据显示，松江区水利工程管理所共有职工 212 名。文化水平和专技结构上是：大专学历及以上 64 人，中专、技校 33 人；此外中级职称 3 人，初级职称 32 人，高级技工 9 人，中级技工 84 人。在管理模式上，除几座通航水闸外，从 2001 年至今，先后有近 30 座小型水闸实行个人承包以及委托管理的水闸管理模式。

2 松江水利工程管理问题分析

2.1 管理单位的体制问题

(1)松江管理单位自身体制的原因。松江区水利工程管理所成立于1974年9月,为具有独立法人资格的全民所有制事业单位。2003年,经上级主管部门审批同意,成立上海浦安水利工程养护有限公司,企业性质为有限责任公司(国内合资),主要负责水利工程管理维修、养护、水电机械设备安装等工作。但是,这种水利工程管养合一的管理体制,对水利工程的管理的规范性和养护的专业性存在一定影响,管理的效率因此也会打折扣。原因在于管理和养护同时进行,由水利工程管理部门一方承担,这样的模式势必会造成管理上的权责不清。另外,水利工程的维修养护由管理单位与养护单位签订维修养护合同,管理单位负责养护工作的监督。但养护单位与管理单位具有隶属关系,甚至是合二为一的一个综合体,监督机制就失去了监督的意义和效果[2]。

(2)双重领导带来的管理层面的影响。对于松江水利工程管理所而言,在管理上服从区水务局,以引清调水为例,松江区水利管理部门需要根据本地区的河道情况,调整水闸调水运行方案,促进引排平衡,调活松江城区水体。但如果全部按照市水利处等部门的调水方案执行,对于松江本区域而言,调水效果势必会受到一定的影响。因此,针对像这种来自区级政府部门的管理影响也需要实际管理单位作出及时的协调。跨区域调水是为了调节上海全市境内河道水的改善,而作为区级管理单位,一方面需要执行全市调水的方案,顾全大局,另一方面也需要根据实际情况以及从本区实际利益或改善当地水环境情况出发,不得不调整一些调水方案,因此与跨区域调水产生了管理上的冲突[3]。

2.2 管理中的冲突问题

(1)防汛管理与调水管理冲突的原因。松江区水利工程管理所管理的区级水闸从功能上而言,兼具防汛、调水功能。一般而言,夏季河水水质容易变差,水生物繁殖较快,因此需要积极调水,使内河水快速流动起来,保持该区域的水质优良。然而,也是在夏季,台风暴雨比较多,尤其上海地处沿海,高潮位影响较大,一般来说,影响上海的防汛因素主要是暴雨、台风、天文大潮和上游来水。在发生台风、暴雨以及“三碰头”、“四碰头”的情况下,防汛安全和内河水质安全谁优先考虑,引清调水模式和防汛调度模式如何转换,或者如何两者兼顾,是水利管理部门需要不断研究和优化的课题。因此,如何协调防汛管理与调水管理的冲突是水利工程管理中的一个重要问题。

(2)通航管理与调水管理冲突的原因。松江区目前有5座沿江(黄浦江)通航水闸,通航水闸通常以套闸形式建造,即一边可以进行船舶的通航,另一边则可以启闭闸门进行调水管理。但是,往往有些时候水闸在进行调水的时候,水流的快速流动会影响船舶的航行和靠泊,有时还会产生安全隐患。正是由于这样的运行方式,造成了通航管理与调水管理的冲突,也给水闸管理单位带来了管理上的难度。

2.3 水利工程设施管理的问题

(1)水利工程设施的自然老化。松江区域内有相当一部分水利工程设备设施陈旧老化,诸多区管水闸运行年限较长,尤其像油墩港、华田泾等大部分水利枢纽建造于20世纪

70年代末至80年代初。以松江西部地区的华田泾水利枢纽为例,该水利工程建成于1979年12月,钢筋混凝土结构,钢闸门使用已有32年,超过折旧年限,同时存在着表面受损、遭受腐蚀和闸门启闭机等机械设施陈旧老化等诸多问题,目前已经在进行除险加固。

(2)水利工程自动化滞后于现实发展。就以松江水利工程管理单位情况分析,水闸操作系统的自动化程度还有很大的提升空间,泵闸信息化水平与其他行业相比,显得起步较晚、发展缓慢、相对落后。信息建设缺乏统一的规划和布局,规划和管理水平不能适应信息化发展的需要,信息化建设中低水平重复建设问题仍然很突出。许多现场操作还需人工进行,尤其是汛期水位变化快,对操作人员的要求较高,无形中增加了水闸管理人为因素的不稳定性。

2.4 内部人员管理的问题

(1)管理效率的原因。目前水利工程管理人员和水闸操作人员的文化层次偏低,对应于逐步现代化管理的高要求、重任务的现实变化已显现出一定的弱势。执行力不强将影响管理效率,因此如何优化年龄结构,提升整体文化素质,提高管理效率是水利工程管理单位需要探索的问题。

(2)管理模式的原因。由于单位所辖的部分水闸规模较小,平常只需一个人即可完成管理和操作,因此单位采取责任制和委托管理模式。这种家庭式的承包管理模式,其实是一个人对一座较小的水利工程进行管理,但由于这些小型水利工程都配备管理房,且设施一应俱全,因此往往都是责任人一家人住在管理房内。当然这种管理模式有一定的优势,但同时也带来了一系列问题,如安全操作问题,如何避免责任人家庭日常生活对管理水利工程带来的影响,这也是这种管理模式带来的一些问题。

3 松江水利工程管理的建议

3.1 树立大局观,协调配合内外部管理

以防汛工作为例,在同时发生台风、暴雨以及天文大潮的情况下,优先考虑防汛安全,将引清调水模式及时转为防汛调度模式,首先确保防汛安全。引清调水工作在雨后尽快恢复,尽早消除大暴雨等极端天气对水环境的不利影响。

以调水工作为例,当区域调水和条线管理要求跨区域联合调水产生矛盾时,积极协调好相邻区县的关系,确保上游来水的质量,更重要的是,加强与区县调水工作管理单位的工作协调,打破地域界限,消除本位主义,放眼控制片乃至全市更大范围,树立全局思想,确保各区域工作统一有序进行,这样才能真正做到流域管理、条线管理和主管部门管理的协调配合,避免产生管理上的冲突。

3.2 维养管理机制

水利工程设施是防汛及调水的重要基础保证,水利工程设施的老化会给管理工作带来一定的影响,使安全保障难度加大。因此,作为水利工程管理单位,一套完整健全的维修养护管理机制尤为重要。在维养管理中,要落实维养管理责任,重视水工构筑物和水闸设施的维修养护,另外,要健全除险加固管理机制,对于使用年限久远的水闸,及时进行水闸的安全鉴定工作,评估其存在的安全隐患,对需要维修的水闸,及时进行除险加固工作。

3.3 加强现代化水利工程的建设

在美国、日本、荷兰以及欧洲其他很多发达国家中，由于在水利工程的设备制造上的技术较高，效率较高，自动化建设起步较早，因此在水利工程管理上也得到了更早的应用，水利工程管理的自动化程度已经达到较高的水平。2012 年 4 月，水利部部长陈雷在全国人大会议上的水利建设工作报告也重点提到了加大现代化水利工程的建设。在松江，高梁泾泵闸的自动化控制系统进行群闸联控的案例也取得了很好的效果。因此，水利工程的管理要面向现代化，要学习国外的先进技术和经验，从水利工程规划开始，直至工程可行性研究和设计施工中，都应提出适合水利工程现代化管理的远程监控与信息系统设计要求[4]。

3.4 优化管理部门的内部机制

科学高效地管理好水利工程，首先自身的管理制度的优化尤为重要，管理单位自身运转高效才能应对来自有关水利工程管理上的各类问题。国外很多国家针对水利工程的管理采用人员精简、分工严密的管理方式，较高的管理人员素质为提高水利工程管理的效率提供了保障。我们的水利工程管理单位必须从提高职工的技术水平出发，抓好人才队伍建设，并且要注重各领域专业人才的培养。在委托制管理中，水利工程管理单位应负责职工的在岗管理和考核，负责其基本技能和提升能力的培训，管理标准需与单位的日常工作管理制度一致，同时进行人性化的制度设计，提高承包制管理者的积极性[5]。

3.5 水利工程养护市场化的推进

水利工程养护推向市场化是提高水利工程管理效能的一项重要措施和尝试，市场化建设能够促进水利工程养护走向更加专业化、更加规范化，合理的市场竞争能够有效促进工作效率的提升，使水利工程的养护管理工作更加科学和高效。国内很多省市正在积极探索和推进水利工程养护市场化改革，做到水利工程设施的管养分离，这也是目前水利工程养护管理体制改革的大势所趋。管养合一的管理体制往往使管理人员与维修养护人员职责不分，外部缺乏竞争压力，内部难以形成监督、激励机制。水利工程养护的市场化可以有效地改善或解决在水利工程养护上权责不清、监督不力的问题。因此，要积极推进水利工程养护的市场化建设，对水利工程进行“物业化”管理，由独立的第三方来承担水利工程的养护工作，以招投标竞争的方式提高水利工程养护的专业性和高效率。同时要引入监督机制，不但能够监督市场化过程中的良性竞争，也能监督水利工程养护工作中的养护质量，保证水利工程发挥最大效益。

4 松江水利工程管理的发展趋势

水利工程管理的发展趋势在政府管理中已占据越来越重要的地位，水利工程的管理不仅要满足日益增长的人民生活和工农业生产发展的需要，而且要更多地为保护和改善环境服务。随着科学技术的不断发展，新材料、新工艺、新技术的发展，更复杂、更现代化的水利工程设施和水工建筑物将随之得到发展，现代化管理将使水利工程管理更先进。

松江区地处黄浦江上游段，由于其特殊的地理位置，松江历来都非常重视水利工程的建设和发展。作为国家水利部命名的生态水利风景区，松江在今后的水利工程管理的发展中，将得到不断的完善和优化。

参 考 文 献

[1]高允础，陈波，等.上海市松江区圩区工程情况汇编[R].上海市松江区水务局，2014.
[2]赵明，冯涛.关于深化水利工程管理体制改革工作的对策探讨[J].水利建设与管理，2012(2)：4-6.
[3]杜晓舜，王春树.上海市引清调水工作研究[J].水资源保护，2006，22(5)：92-94.
[4]朴哲浩，桑崇刚.新时期水利工程管理措施的探讨[J].水利建设与管理，2012(12)：70-72.
[5]孙峰.水利工程管理单位职工队伍建设的思考与对策[J].中国水利，2011(22)：22-25.

上海市青浦区练塘镇农村生活污水长效管理现状分析及建议

向赟旭

（上海市青浦区练塘水务管理所）

摘　要：为改善水环境质量，加快新农村建设的步伐，练塘镇近几年陆续实施了农村生活污水处理工程，即对农村生活污水进行收集处理后再排放，消减农村生活污水直排水体总量。为确保工程效益持续、充分的发挥，练塘镇落实各项长效管理措施，委托专业养护队伍对建成的农村生活污水处理系统进行管理养护，取得了一定的成效，但也暴露出一些问题。本文通过总结梳理长效管理所面临的困难与问题，提出“养护标准化，管理精细化”的目标，并对未来农村生活污水长效管理模式进行探索分析。

关键词：练塘镇　农村生活污水　长效管理　现状　管理模式　探索

1　工程建设背景及基本情况

1.1　工程建设背景

上海市青浦区练塘镇总面积93.66 km^2，下辖25个行政村，共99个自然村，位于青浦区的西南角，地处太湖流域下游，是上海市重要的水源保护区和生态涵养区。该区域周边水系的生态状况和水质直接影响到上海的饮用水质量，是上海市民的生命之水。同时，随着全国新农村建设步伐的推进，上海郊区农村建设进入了一个崭新的时期。解决郊区农村生活污水处理问题，不仅有利于改善周边水域的水质，也是实现人居环境良好的重要举措。

1.2　工程建设基本情况

练塘镇自2008年开始陆续实施了农村生活污水处理工程，即对农村生活污水进行收集处理后再排放，消减农村生活污水直排水体总量。根据《上海市农村生活污水处理工程出水水质暂行规定》，系统出水水质考核指标为COD_{Cr}、BOD_5、NH_3-N、TP共4项指标，水源保护区内参照一级标准考核。练塘镇属于水源保护区，其出水水质采用一级标准，具体指标见表1。

表1　水质排放标准表

水质指标	COD_{Cr}（化学需氧量）	BOD_5（五日生化需氧量）	NH_3-N（氨氮）	TP（总磷）
一级标准值（mg/L）	≤60	≤20	≤8（15）	≤1

注：括号外数值为水温＞12 ℃时的控制指标，括号内数值为水温≤12 ℃时的控制指标。

截至2014年，练塘镇先后实施了2008年、2009年、2010年、2012年、2013年农村生活污水处理工程，工程共涉及22个行政村53个自然村，自然村覆盖率为53.5%。已实施情况见表2。

表2　练塘镇已实施农村生活污水处理工程情况

工程年份	涉及行政村个数	涉及自然村个数	处理户数	总投资(万元)
2008	3	5	1 416	1 344
2009	9	12	3 451	3 662.23
2010	11	20	4 350	4 295
2012	3	6	789	1 080.34
2013	6	10	1 663	2 302.6
合计	22	53	11 669	12 684.17

2　长效管理现状分析

2.1　长效管理所做工作

(1)落实专业队伍养护。2011 年实施长效管理之初,练塘镇就委托熟悉污水处理工艺、有专业资质的单位承担系统日常运行养护,基本实现养护全覆盖。

(2)开展常态检查考核。按照区管理养护办法要求制定镇检查考核办法,坚持执行月评季考制度,及时落实问题整改。

(3)加强服务接受监督。通过印制发放便民服务卡、公示监督电话、发放村级监督反馈表等方式拓宽社会监督渠道,加强沟通形成有效互动,系统投诉整改反馈率100%。

(4)推动示范系统创建。按照示范系统的创建要求,从规章制度、环境整治、台账建设等方面着手,推动创建示范系统。

2.2　日常运行养护情况

运行养护单位按《青浦区农村生活污水处理系统管理养护考核办法(暂行)》开展日常养护工作。同时,由练塘水务所对养护工作做好日常监督指导,镇有关部门联合开展季度考核。

通过养护单位的日常巡查、养护,包括定期检测进出水质、管道疏通、窨井维护、污泥沉渣处置、污水处理站内设施维护等,基本保证工程设施在使用周期内安全、稳定的发挥作用,并及时处理各类报修事件,确保各处理站运转情况基本平稳。历次水质抽检的水质主要指标基本达到《城镇污水厂污染物排放标准》(GB 18918—2002)一级 B 排放标准。

2.3　长效管理存在的主要问题

因系统设施面广量大,长效管理仍存在较多问题,可概括为 3 个方面:

(1)系统运行方面。一是人口变化造成系统运行问题较多,如练塘工业园区周边村庄外来人口急剧增加,原系统管网不能满足实际生活需求,造成部分污水直排河道、窨井管道凿洞、直排堵塞管道现象较普遍。二是村民违章排放造成系统运行问题较多。如练东村、浦南村个别村民把猪粪、豆腐渣直接倒入污水管道内,造成堵塞恶臭,卫生执法部门虽进行过现场执法,但成效一般不能杜绝该类现象发生。三是村庄建设造成系统运行养护问题较多。如北埭村等村庄浇筑水泥路、村民开垦荒田、新建房屋等掩埋管道窨井、破坏主干管道等,建设过程中未能征询系统管理养护单位意见,信息对接不及时,严重影响系统正常运行。

(2)建设工艺方面。一是工程问题造成系统运行养护问题较多,如练东村、蒸浦村污水管网走向不合理,坡降不足,窨井内污水经常冒溢,村民意见较大;二是部分分散工艺渗滤池堵塞严重,如金前村、浦南村、练东村、朱庄村等多座处理站渗滤池堵塞,污水冒溢后漫入农田,并对周边环境造成一定影响。

(3)管理养护方面。一是系统管养监督力度不足,练塘镇农污系统数量多、分布广,在日常养护实施、养护质量监管、养护成效反馈等方面光靠水务所很难监督到位、考核制约机制也不够完善;二是养护人力、物力投入不足,目前练塘镇农污系统养护由一家公司承担,因管道被挖断、窨井被掩埋等不属于系统常态养护的情况经常发生,养护队伍要投入大量人力、物力去解决该类问题,在常态养护方面投入人员偏少,养护巡检覆盖程度欠佳,同时,随着部分处理站运行时间增长,面临大修等问题,仅靠财政补贴的资金已显不足。

3 长效管理工作建议

针对管理养护中存在的问题,从提高管养成效的角度出发,为实现"养护标准化,管理精细化"的目标,提出如下建议。

3.1 总体思路

掌握需养护的设施总量,细化养护范围及标准,量化养护指标;完善考核标准,改进考核机制,加强考核结果的应用;推动村委共同参与,落实相关责任。通过各项措施多管齐下,进一步提高管理养护水平,确保农村生活污水的工程效益充分发挥。

3.2 工作措施

(1)量化养护指标。根据养护设施总量,结合养护范围及标准,量化月度、季度、年度工作目标。养护量在处理站养护方面可以从环境面貌、房屋整洁、设备维护等环节上明确;管网养护方面可以从管道疏通、窨井清淤、警示柱铺设等环节上明确;入户纳管方面可以从接户纳管、管道维修、化粪池清理等环节上明确。要求养护单位按要求编制全年养护计划,按相关时间节点上报实际完成的工作量。水务所每月对养护成果进行核实,镇考核小组每季度对养护成果进行核实,核实结果作为考核的重要指标。

(2)改进考核机制。组织镇有关部门进一步讨论完善考核细则,明确扣分依据和标准,使考核结果能够全面直观的反映养护成效,从而对养护单位工作进行评估。评估等级(优秀、良好、合格、不合格)与养护资金支付挂钩,并作为养护续约参考。

(3)落实村委责任。通过与镇政府沟通,落实受益村村委会共同参与协调、监督、管理,明确相关责任。由村委会落实人员(卫生责任人员)承担系统设施的日常巡视,发现问题应及时反馈并协助解决,对于村民乱接、乱搭、乱排等可能损害污水系统的行为,应及时制止。同时,村委会应做好相关宣传工作,并倾听老百姓的意见,正确行使村级监督权(村级监督结果为考核的组成部分),对养护单位的工作做出客观公正的评价。

3.3 未来考虑将农村生活污水统一纳至镇污水厂

由于污水厂设施齐全,处理工艺成熟,出水水质达到《城镇污水厂污染物排放标准》

(GB 18918—2002)一级 A 排放标准,高于目前农村污水处理系统的出水标准,若农村生活污水统一纳至镇污水厂,则将有助于进一步改善水环境。

在练塘 2013 年农村污水处理工程中,北庄自然村已纳入污水厂管网。未来若统一纳至污水厂管网,现已建成的农村生活污水管网系统仍可继续使用。

未来几年,可通过委托专业机构,对农村生活污水统一纳至镇污水厂这一方案进行充分论证和评估,从而确定具体实施方案。

青浦区农村生活污水处理系统应用与管理

杨之文[1]　刘林华[2]　王乃安[1]　殷　健[1]
(1.上海市青浦区河道水闸管理所;2.上海市青浦区华新水务管理所)

摘　要:本文简述了常见农村污水处理工艺,分析了青浦区青西地区农村生活污水处理系统及管理现状,并从加强组织与责任体系建设、管理机制建立、养护能力建设、检查和考核等多方面提出了建议,以期提高农污长效管理水平。

关键词:农污　长效　应用　青浦

青浦区处于太湖流域下游,河网众多,青西地区湖荡星罗棋布,生态环境条件较好。青西地区农村生活产生的污水无序排放、直排河道对青西水环境产生不利影响。农村生活污水处理系统建设作为太湖流域水环境治理项目之一,对改善青西地区水环境质量和农村生态环境,提升黄浦江下游的水环境,提高居民生活水平,促进农村经济和社会的可持续发展具有重要意义。

1　常见农村生活污水处理工艺

农村地区居住分散,污水收集难度大,水量不均。同时,一些农村地区土地资源较为丰富,可以建设既经济合理又安全可靠的处理系统。常见的农村生活污水处理技术一般可以分为生物处理技术、生态处理技术及其他组合工艺。

1.1　生物处理技术

农村生活污水生物处理技术有生物滤池、接触氧化法、MBR(膜生物反应器)法、A/O法、A^2/O法等。生物滤池工艺是污水经化粪池、格栅等预处理去除悬浮物后,进入生物滤池,通过滤料截留及填料表面生物膜氧化作用达到净化,它可以用于处理要求较高的农村地区。接触氧化法利用填料上附着的微生物降解污染物;MBR法可以维持较高的污泥浓度,有效降解大部分有机物,截留反应池中污泥及大分子有机物;A/O工艺通过厌氧和好氧处理组合,A^2/O法在A/O工艺前增加1个A单位,组成厌氧-缺氧-好氧工艺,这样使得缺氧-好氧单元可以维持较低的污泥含量,减少剩余污泥的产生[1]。

1.2　生态处理技术

生态处理技术是利用土壤-植物(动物)-生物复合生态系统,通过物理-化学-生物作用对污水中的资源加以利用,对污水中的污染物进行降解和净化的工艺[1]。土壤渗滤、人工湿地、生态塘等是较为常见的生态处理工艺。土壤渗滤技术是经预处理的污水,流入土壤的渗滤管,在复合生态系统的综合作用下分离水与污染物;人工湿地技术主要利用湿地基质的过滤吸附、湿地植物的根系吸收、微生物的分解达到污水净化的目的;生态塘处理系统的污水净化过程类似于天然水体的自净过程,主要通过在污水中存活的微生物的代谢活动和塘内水生植物及多种生物的共同作用使有机污染物得到降解[2]。青西地区采用地下土壤渗滤污水处理分散系统,其工艺流程见图1。

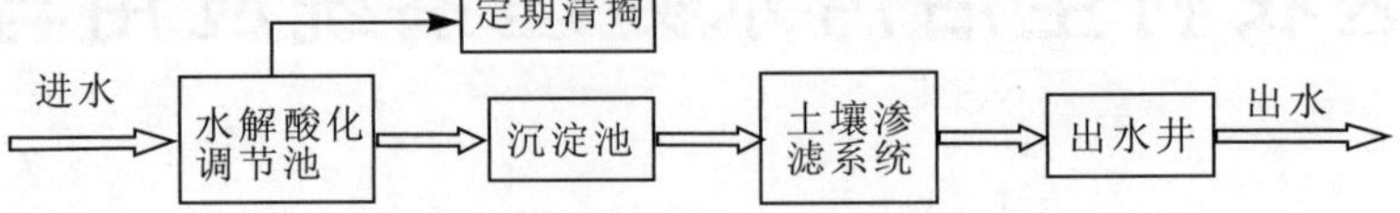

图1 土壤渗滤污水处理分散系统

1.3 其他组合工艺

生物-生物组合、生态-生态组合及生物-生态组合等多种组合处理工艺,如接触氧化-生态塘、SBR-人工湿地、生物滤池-人工湿地等。青西地区采用了复合生物滤池-活性生物滤床处理工艺,其工艺流程见图2。

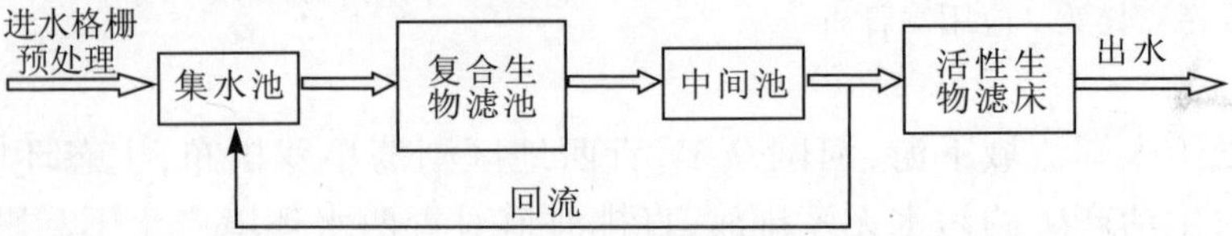

图2 复合生物滤池-活性生物滤床处理工艺

青浦区农村生活污水处理系统出水水质标准执行《上海市农村生活污水处理工程出水水质暂行规定》的要求,处理后水质均可达标排放(见表1)。

表1 上海市农村生活污水处理工程出水水质评价标准

项目	标准值(mg/L)	
	一级标准	二级标准
COD_{Cr}	≤60	≤100
BOD_5	≤20	≤30
NH_3-N	≤8(15)	≤25(30)
TP	≤1	≤3

注:括号外数值为水温>12 ℃时的控制指标,括号内数值为水温≤12 ℃时的控制指标。

2 运行管理

2.1 基本情况

2010年起,青浦区对已建并投入运行的污水处理系统开展长效管理,并编制了《青浦区农村生活污水处理系统管理养护实施办法》,明确责任和养护标准,加强监督管理。管理养护工作为了保持污水处理设施的完好、安全正常运行,其工作重点部位包括污水管线及窨井、格栅井、集水井、调节池、生物滤池、湿地及土壤处理池、排水检查井及其后排水管理。目前,青西地区已基本实现市场化养护目标和设施管理维护全覆盖(见表2)。

表2　青浦区农村生活污水处理设施管养情况统计表[3]

序号	街镇名称	处理站(座)			受益户(户)	市场化养护公司
		分散工艺	复合工艺	其他工艺		
1	朱家角镇	44	61	0	5 478	春顺养护公司
2	练塘镇	38	43	4	10 037	畅力管道公司
3	金泽镇	7	63	7	12 934	浦西建设公司
合计		89	167	11	28 449	

2.2　长效管理措施

2.2.1　加强组织与责任体系建设

农村生活污水处理系统管理须明确监督管理责任主体，建立有效的管理组织网络。监督养护单位建立养护组织体系、责任体系、制度体系，明确日常养护责任人，将养护任务落到实处。青浦区农村生活污水处理系统由区水务局、农委负责制定落实相关制度，督促和指导各镇开展运行养护工作；由区环保局负责设施出水水质监控；由区财政局负责监督各街镇运行养护资金的落实和使用。农村生活污水处理系统管理责任主体为各镇人民政府，实际运行管理委托街镇水务管理所管理。

2.2.2　建立健全长效管理机制

农村生活污水处理设施长效管理要确保有章可循，规范化管理。青浦区通过出台《青浦区农村生活污水处理系统管理养护实施办法》，制定《农村生活污水管理养护工作手册》，形成了检查、例会、通报及整改制度。建立后续新建的房屋纳管机制。立足于实际，结合养护项目部规范建设和系统信息上图工作，创立农污示范窗口，推进规章制度、成效监管、投诉整改等一体化管理要求。

2.2.3　加强监管与养护能力建设

积极推进市场化管理模式，养护作业由专业养护单位承担，水利部门负责监管。培育养护作业市场，不断规范养护市场化，形成竞争机制。对养护公司进行信用评级，作为养护工作招标的重要参考依据，逐渐形成市场退出机制。青浦区农村生活污水处理系统，通过公开招标的方式择优录用有相关资质的养护单位。通过采购拖车移动式泥浆泵、超声波流量计、多参数水质测定仪等设备，切实提高处理站沉淀池、主管管网窨井等环节设施的清理能力，统计实际污水处理量，通过比较，预判系统处理能力，检测水样，预报系统养护的成效。

2.2.4　加强日常检查和考核工作

青浦区设施长效管理实行月评、季考、年度考核以及社会满意度测评，严格日常监督检查，促进各项制度落到实处。一是日常巡查检查，包括各镇水务管理所对养护单位日常养护情况的监督检查，以及养护单位对施工班组的检查。二是行业管理督查。区河道水闸管理所每月组织开展设施养护督查，针对检查发现的问题下发整改单，并将检查结果以通报形式发给各街镇及养护单位。针对检查过程中发现的养护不到位的河段，可以采取扣除相应养护经费的措施。三是根据考核评分细则开展季度、年度考核工作。考核评分与养护费用挂钩,养护工程款根据年度实际完成工程量拨付。

2.2.5 落实长效管理养护资金

农村生活污水处理系统长效管理养护工作由政府开辟长效管理专项经费,实行专款专用。青浦区按每户每年 200 元标准补贴管养费用,不足部分由当地政府承担[3]。

2.2.6 开展设施保护宣传教育活动

开展农村生活污水处理设施保护和管理的宣传教育活动,不断提高居民对设施管养工作的认识。2012 年,依托 GEF 上海农业和非点源污染减轻项目,区水务局与上海市农业广播电视学校联合在金泽镇金龟岛组织开展农村污水治理技术培训活动,培训一线管养从业人员 53 名,不断提高养护队伍专业化水平。从 2014 年开始,制订 3 年完成 239 座处理系统管道警示柱铺设计划,起到了管道保护的作用。

参考文献

[1]马琳, 贺锋. 我国农村生活污水组合处理技术研究进展[J]. 水处理技术, 2014, 40(10): 1-5.

[2]何新生, 耿颖, 徐洪斌, 等. 我国农村生活污水处理技术评析[J]. 广东农业科学, 2010(10): 169-171.

[3]叶飞. 浅析上海市青浦区农村水生态环境现状[A]//华东七省(市)水利学会协作组第二十七次学术研讨会论文集(下册)[C]. 2014.

青浦区农田水利基础设施试点养护探索

殷　健　杨之文

（上海市青浦区河道水闸管理所）

摘　要：在2013年前三季度组织开展的青浦农田水利设施基础调查“一图一表”调查成果基础上，开展农田水利基础设施的试点养护，测算长效管理养护和维修的相关费用，探索青浦区农田水利管养模式。

关键词：管养　试点　测算

1　青浦区农田水利设施概况

1.1　基本情况

青浦全区灌溉面积23.69万亩，实灌面积20.65万亩，其中耕地有效灌溉面积为19.60万亩，占全区灌溉面积的82.7%。青浦区626处灌区共有灌溉泵站626座，水泵678台，配套动力9 654 kW。灌溉渠道种类有地下渠道、衬砌明渠、土渠三种。共有地下渠道367.49 km，衬砌明渠388.34 km，土渠660.06 km。共有排水沟725.57 km。

1.2　管理现状

青浦区农田水利基础设施管理未形成系统管养模式，而且资金来源不明确，例如来自区农委，镇财政、村配套，自筹等。有些是用水农户自发管理其使用部分，有的是村里组织农户管理本辖区田间工程，存在管理不到位的问题。这样的管理体制严重影响到小型农田水利设施的使用寿命延长和使用效率提高，更严重影响到整体水利工程效益的发挥。

1.3　研究目标

在2013年前三季度组织开展的青浦农田水利设施基础调查“一图一表”调查成果基础上，开展农田水利基础设施的试点养护，探索青浦区农田水利管养模式，推动农田水利设施长效管理工作。

2　试点养护

2.1　试点方案

通过实施先期开展农田水利基础设施包括灌溉站、水泥沟渠、地下管道、水泥道路的维修，灌溉排水沟渠的清淤和除草，实施期间对维护质量进行控制，实施后期对维护费、人工费进行测算，对养护成效进行评估，对设施养护单价进行测算，形成青浦区农田水利设施养护标准。

2.2　试点概况

2.2.1　试点对象

在相关镇人民政府和村委会的支持下，基本上按照青东、青中、青西分片选择华新镇杨家庄村、重固镇新丰村、朱家角镇张马村，作为本次农田水利基础设施养护试点村。

2.2.2 农田数量统计

三个试点村合计有农田 6 904 亩，其中设施菜田 1 522 亩，设施粮田 2 468 亩，普通农田 2 914 亩（见表 1）。

表 1 试点村农田数量统计表

街镇名称	试点村名称	农田类型	农田面积（亩）
华新镇	杨家庄	设施菜田	220
		设施粮田	1 395
重固村	新丰村	普通菜田	842
		设施菜田	490
		设施粮田	1 073
朱家角	张马村	设施菜田	812
		普通菜田	99
		普通粮田	1 973
合计			6 904

2.2.3 灌区设施量统计

三个试点村共涉及灌区 11 个，有电灌站 11 座，总控制面积 4 512 亩（见表 2），其中朱家角镇张马村因面广量大，本次试点以莫家浜灌区、文浜灌区为设施重点维修区域兼顾其他灌区农田沟渠清理。重固镇新丰村以东湾灌区、和尚浜灌区为设施重点维修区域兼顾何家木桥灌区农田沟渠清理。

表 2 试点村养护涉及灌区设施统计表

序号	行政村	灌区名称	总控制面积（亩）	灌溉泵机（台）数	渠道状况		排水沟道（m）
					干渠（m）	支渠（m）	
1	张马村	文浜	490	1	2 000	5 500	3 000
2		莫家浜	340	1	750	3 050	1 700
3		二龙	220	2	1 250	1 250	1 000
4		星光	250	1	350	2 600	1 000
5		月潭	560	1	1 000	4 000	2 000
6	杨家庄村	陆家湾	670	1	600	2 400	0
7		杨树溇	490	1	900	2 500	500
8		柴塘	595	1	2 200	4 300	0
9	新丰村	东湾	319	1	3 600	900	200
10		和尚浜	200	2	3 570	750	150
11		何家木桥	378	1	3 300	1 000	200
合计			4 512	13	19 520	28 250	9 750

2.3 养护概况

2.3.1 养护进度

9月中旬,在初步确定张马村、新丰村、杨家庄村为试点对象后,河闸所、水务所、村委会相关人员对农田设施现场进行查看,共同制订试点初步实施方案,明确实施节点。至12月初,河闸所、水务所、村委会共同完成现场维修养护资料收集,统计施工费用,初步完成试点工作报告,历时近三个月。

2.3.2 养护范围

2.3.2.1 清理类

包括沟渠清淤、除草作业,沟渠清理主要对沟渠内淤泥及两岸杂草的清除,对有条件的土沟边坡整修。

2.3.2.2 维修类

(1)水泥明沟、水泥道路维修。水泥明沟整修工作主要有压顶修复、明沟板勾缝、过路板补缺及明沟溢水补高。水泥道路维修需拆除爆裂段路面混凝土,重新浇注水泥路面。

(2)电灌站维护。电灌站维护主要内容包括:内墙、屋檐粉刷;门窗油漆及破损更换;灯具及线路整修;配电板整修;机泵检修板更换;配电板整修;出水渠道加高、机泵常规保养等。

2.3.2.3 新建明沟

对水泥明沟进行窨井、闸门砖砌,闸门板、过路板、水泥管嵌入等;对地下渠道铺设排管。

3 试点成效

3.1 养护成效

清理类完成了沟渠清淤及除草作业,实现沟河相通、沟渠相通,达到田间沟渠排水通畅,及时排除农田地面水的目的。

维修类通过压顶修复、明沟板勾缝、过路板补缺及明沟溢水补高,消除了渠道渗漏水现象,节水效果良好。

新建类对水泥明沟进行窨井、闸门砖砌,闸门板、过路板、水泥管嵌入等;对地下渠道铺设排管,完善系统结构,提高了使用效率。

3.2 费用测算

本次试点养护费用包括沟渠清淤除草费用、沟渠路维修费用、电灌站维护费用,经测算总费用为83.83万元。其中重固镇新丰村30万元,朱家角张马村30.27万元,华新镇23.56万元。

3.2.1 沟渠清淤除草费用

三个试点村共清理沟渠34 000 m,清理费用合计11.62万元,因华新镇杨家庄村个别农田沟渠淤积严重,在清淤挖潜过程中使用小型挖掘设备,故整体单价上升(见表3)。

表 3　试点村沟渠清理费用统计表

序号	镇	村	沟渠清理长度(m)	单价(元)	费用合计(万元)
1	重固	新丰村	2 500	2	0.5
2	朱家角	张马村	16 500	2.2	3.62
3	华新	杨家庄村	15 000	5	7.5
合计			34 000		11.62

3.2.2　沟渠路维修费用

三个试点村共维修水泥明沟 4 768 m,维修水泥道路 124.2 m^2,维修地下管道 95 m,新建水泥明沟 752 m,新建地下管道 82 m,维修费用合计 64.96 万元(见表 4)。

表 4　试点村沟渠维修费用统计表

序号	镇	村	项目	单位	数量	单价(元)	费用合计(万元)
1	重固	新丰村	水泥明沟维修	m	2 018	50	10.09
			水泥明沟新建	m	752	220	16.54
			地下管道新建	m	82	350	2.87
2	朱家角	张马村	水泥明沟维修	m	2 500	80	20
			水泥道路维修	m^2	90	200	1.8
3	华新	杨家庄村	水泥明沟维修	m	250	300	7.5
			水泥道路维修	m^2	75.2	250	1.88
			地下管道维修	m	95	450	4.28
合计							64.96

3.2.3　电灌站维修费用

朱家角镇张马村维修文浜电灌站、月潭电灌站,华新镇杨家庄村维修杨树浟电灌站,合计维修费用 7.25 万元(见表 5)。

表 5　试点村电灌站维修费用统计表

序号	镇	村	电灌站名称	费用合计(万元)
1	重固	新丰村	—	0
2	朱家角	张马村	文浜	1.75
			月潭	3.1
3	华新	杨家庄村	杨树浟	2.4
合计				7.25

4 研究结论

本次在三个试点村开展的农田水利基础设施的养护，促使区域内农田水利设施得到了很大的改善。同时基本达到试点目的，为下阶段实施农田水利设施长效管养提供了参考依据，主要成果如下。

4.1 沟渠清淤除草 2 ~3 元/m

本次农田养护沟渠清淤、除草部分由承包户自行实施，部分由养护队伍同步实施，因青浦西部区域与东部区域人工成本有差异，经测算，如开展常态清淤除草后，养护单价预计可为 200 元/80 m，即约 2.5 元/m。

4.2 电灌站维护费用 1.75 万 ~3.1 万元/座

本次维护电灌站有部分维护也有整体维护，所以维护费用相差较多，但都属一次性投入，如开展常态养护，参照泵站养护标准，预计年维护费用约为 6 000 元/座。

4.3 沟渠路新建和维修费用

本次试点灌区内的沟渠设施因常年失修，设施损坏程度比较严重，明沟、道路维护费用占总费用的 65% ~75%，水泥明沟新建和维修单价估为 200 ~250 元/m，地下渠道新建和维修单价估为 350 ~400 元/m，将根据审计报告再行调整。如开展常态养护，维修养护单价也会降低，预计沟渠维修费为 150 元/m。

5 讨论与建议

在试点过程中，由于养护作业的不成熟、模式的不规范等，发现了诸多问题，需在今后的长效管理工作中予以克服与完善。

5.1 发现的主要问题

一是养护标准不高。体现在土明沟养护上，挖潜力度不够，未能做到两面光，田埂宽度不够。水泥明沟均无底板，勾缝易脱落，水泥板后水土流失严重。

二是种植侵占现象多。张马村在开展沟渠养护过程中，沟渠内、沟渠边乱种植现象较普遍，如沟内种茭白、沟边种毛豆，见缝插针给沟渠清理和养护带来较多困难。

三是面貌改观不显著。在设施养护后，田间堆物等现象有反复，稻草、秸秆等乱丢行为未改变，田间环境面貌有改善但未根本改观。

5.2 管养工作建议

一是清理类由当地村委实施，避免与村民矛盾。本次杨家庄村试点养护，由村委会作为实施主体，既明确了养护责任，也避免了在设施维护过程中与村民的矛盾，值得肯定。

二是维修类由专业队伍实施，相对比较规范。试点养护先期设想全部由村委会组织维护队伍完成，但因村委会在电灌站维护、沟渠路维修上缺乏经验，后由水务所协助村委会安排施工班组完成维修任务，说明在长效管养实施后，需对养护门槛进行规范，建立有资质的专业养护队伍，在养护队伍的建设和规范方面继续加大力度。

三是管理维护需多方协作，强化日常监管。在设施管理方面，需依靠镇农业服务中心、水务所、村排灌站等多方协作。在养护质量监管方面，特别是维修类项目需聘请监理单位负责施工进度把握和质量控制。

金山区亭林镇农田排涝设施管理的调查和思考

袁红彦[1]　俞勇江[2]
(1.上海市金山区水利管理所;2.上海市金山区亭林镇水务站)

摘　要:综合分析了亭林镇农田排涝设施的管理现状、存在问题及相应对策。

关键词:排涝设施　管理　养护　对策

1　背景

亭林镇是金山区的东北门户、工业强镇、商贸重镇,是上海市新一轮城市规划中重点发展的22个中心城镇之一,位于金山区的东北部,距区府所在地金山卫23 km,到上海市中心45 km,区域面积为79.09 km^2。境内土地平坦,地势南高北低,区域面积为79.09 km^2(折合118 754亩),地面吴淞高程平均3.6 m,其中3.5 m以下38 134亩,占总面积的32.11%,属金山区防洪抗灾重点地区之一。

亭林镇地处黄浦江中上游,境内河道常水位为2.5 m,受黄浦江潮汛和杭嘉湖上游河水的影响较大,特别是在每年防汛期间,受台风、暴雨、高潮位的共同影响,河道感潮明显,高水位可达到3.9 m。亭林镇现有排涝控制圩区6个:曹家圩、松九联圩、全渔圩、友谊圩、共和圩、亭西联圩;排涝设施:单闸23座,单泵闸19座,双泵闸27座,共计69座,排涝泵73台套。其中1 m圬工泵5台套,700轴流泵66台套,350轴流泵2台套。近年来,6个圩区在亭林镇防汛除涝如抵御"海葵"和"菲特"台风、暴雨、高潮位"三兄弟"碰头汛情,以及确保农业丰收中均发挥了至关重要的作用。

2　农田排涝设施现行管理模式及工作开展情况

2.1　亭林镇现行管理模式

在亭林镇现有管理环境中的运行管理模式为多元主体合作管理模式。镇人民政府为农田排涝设施长效管理的责任主体,并专门成立了养护管理工作领导小组指导工作。水务站全面负责辖区内镇管农田排涝设施养护的服务、指导、监督工作。对辖区内69座镇管水利设施,以政府购买服务的方式,通过邀请招标形式选择有水闸运行养护资质,具有一定维修养护、运行管理基础的养护公司,全面实施市场化委托管理。

2.2　工作开展情况

为提升农田排涝设施的运行管理能力,根据金山区人民政府办公室转发区水务局、区财政局《金山区农田排涝设施养护管理办法》(金府办发〔2012〕61号)及区水务局的会议精神,2013和2014年度,分别投入资金150.424 5万元、158.9万元(其中市、区、镇补助配套比例为1:1.5:1),以松九联圩、亭西联圩、共和圩等圩区内15座泵闸为试点,进行了提升改造，并于2013年11月落实了15名泵闸专职管理人员到岗到位。

针对管理人员经验不足、技术水平不高等问题，水务站工程科组织其进行岗前培训，使他们能够掌握水闸管理的知识和要点。通过专业技能培训及近两年的专职管理实践，泵闸运行能力及效益显著提高，在汛期到来时，各泵闸专职管理人员在水务部门指导下，及时进行预降水位，对安全度汛起到至关重要的作用。

2.3 管理成效

采用该运管模式两年后，管理成效较为突出。这种模式既解决了水利设施建好没人管理没人经营的难题，同时政府部门又能控制水利设施的灌溉和排涝作用。另外，还改变了管理方式不统一的传统模式，充分调动了一些养护公司的积极性，统一的管理更好地维护了泵闸的运行效益。

3 排涝设施运行管理存在的问题

3.1 管理水平较低，经费不足

目前在我国一些大型的排水站都有水利管理部门进行专职管理，无论是管理人员还是管理经费投入都能够满足排涝设施正常的运行需求。而亭林镇农田排涝设施管理主要借助农村富余劳动力，人员年龄结构偏大，技术和文化水平较低，目前管理人员共30人，平均年龄为60岁，且文化程度均在文盲及小学一、二年级阶段。

泵闸分布范围大且较分散，除15座试点泵闸配备闸口管理员外，其余泵闸皆为一人多闸，并且管理人员队伍不稳定。亭林镇实际共有46座泵闸，2013年度配15人专职管理15座泵闸，仍有31座泵闸无专人管理。若要落实31座泵闸的专职管理，根据2015年上海市最低工资2 020元/月，社保1 375元/月，每人每年考核、劳防、工作服等2 000元，因此运行管理费用每年需增加132.494万元；31座泵闸改造按每座8万元计算，需一次性投入248万元。现有经费并不能满足泵闸人防、技防措施到位的要求，使得农田排涝设施养护不及时并且遭偷窃现象严重。

农田排涝设施的分期分批改造，缺乏统一的改造要求，设计方案层出不穷，结构形式不能满足区域统一标准以及现实管理要求等诸多难题，亟待解决。

3.2 圩内镇村级河网淤积严重

据2011年水资源普查资料统计，金山区河道河口面积39.355 km^2，河面率6.72%；亭林镇河道河口面积3.94 km^2，河面率仅4.98%。由于城市化建设的迅速发展，一度人水争地的局面相对突出，很多镇村级河道淤积严重、村沟宅河河床干涸，阻水坝基普遍存在，水系不通，水体不活。这样就导致河流的自然生态功能弱，河道调蓄能力低，阻碍了汛期农田排涝设施防洪除涝功能的发挥，内涝严重，对农业生产和发展以及居民的日常生活造成一定程度的影响。

4 提高农田排涝设施管养水平对策

4.1 "因地制宜，相机而动"地编制适合区域建设管理要求的水利设施设计方案

设计单位在进行设计方案的编制前，应多去现场了解现状，注重调查研究，并根据设计者的实践经验，参考类似的工程设计，符合当地规划建设，拟订多种设计方案，并进行强

度、稳定、效率等多方面的计算,最后得出最合理方案。此外,还应对此种方案进行优化设计,在保证其安全及使用效能及当地建设管理要求的条件下,使投资或造价最低,节约成本。

4.2 探索切实可行的现代管理模式

应针对这些问题,探索一套切实可行的现代管理模式,实行管理目标责任制,层层落实,横向到边、纵向到底,条块结合,并将其纳入管理人员绩效考核范围。

通过政府购买服务,以市场化形式建立一支稳定的管理人员队伍,提高管理人员的文化素质和技术水平,有计划地进行培训,建立健全考核、奖惩制度,鼓励职工学习文化和技术。

另外,在泵闸区投入监控设备,通过网络平台远程监控水位、设备运行、内外河道等情况,掌握实时动态,确保泵闸处于正常运行状态,充分发挥工程效益。

4.3 及早进行水系沟通、河道疏浚建设,恢复河道自然生态

水系沟通、河道疏浚工程规划必须着眼长远、立足当前、因地制宜,既要充分考虑农业现代化发展的要求,又要满足当前农业生产发展的实际需要,全面规划,分期实施,加大投入,使得原本淤积严重、河床已经干涸的村沟宅河得以疏浚整治一新,水面得以保留,重新恢复河道自然生态的面貌,全面提升农田排涝设施运行能力及效益。

5 思考

农田排涝设施在确保防汛安全、改善区域水环境等方面发挥着重要的功能和作用。为确保泵闸运行效益,加强养护和管理至关重要,我们将按照"建管并举、重在管理"的要求,继续提高思想认识,扎实推进长效管理,总结亭林镇试点养护管理工作经验,逐步建立完善的养护管理体系,健全设施管理考核办法,探索建立水利工程管理机制,实现农田排涝设施运行管理科学化,全面提升其运行效益。

参考文献

[1]陈德亮,夏富洲,等. 水工建筑物[M]. 北京:中国水利水电出版社,2008.
[2]王贵连,吴迪. 辽中县农田排涝工程存在问题及解决措施[J]. 黑龙江水利科技,2012,40(10):324-326.
[3]季盛林,周长全,等. 江苏省排涝泵站现状分析及对策研究[J]. 河海科技进展,1994,14(3):40-46.
[4]李丽. 关于当前农田排涝中的若干问题的思考[J]. 农林科技,2014(1):245.
[5]高立志,关立宏. 辽阳市农田排涝对策研究[J]. 农业科技,2008(20):251.

防汛及应急管理

松江区应对台风“菲特”的几点启示

张　翔
（上海市松江区水务管理所）

摘　要：2013 年国庆假期末，受台风“菲特”的强烈影响，松江区遭受了台风、暴雨、天文大潮“三碰头”的强烈侵袭，全区河道超警戒水位，多处小区、厂房、农田涝水无法排出，受涝严重。本文针对松江区街镇水务管理部门应对灾情的具体情况，分析防汛抢险工作中街镇水务管理所起的积极作用及目前工作存在的不足，由此得出几点启示，希望能够对防汛管理工作有所裨益。

关键词：菲特　水务　防汛　举措

台风是在热带海洋面上生成发展的低气压系统的俗称，是危害极大的灾害性天气。台风在我国被划入了突发公共危机事件中自然灾害的一类。我国政府非常重视应对突发公共危机事件的工作，2007 年 8 月随着《突发事件应对法》的正式发布，台风防御应急管理进入了法制化轨道[1]。

2013 年 10 月 6 ~ 8 日，受第 23 号台风“菲特”及热带低压残留云系与南下冷空气共同影响，松江遭遇台风、暴雨、天文大潮“三碰头”的强烈侵袭，致使全区单日累计降雨量、“一江三支”河道水位、青松大控制片内河道水位均创历史记录。全区 30 个测站累计降雨量均超过 200 mm，黄浦江米市渡实测最高潮位达 4. 61 m，超历史最高水位 0. 23 m，青松大控制片内泗泾测站水位高达 3. 84 m，超历史最高水位 0. 11 m。

“菲特”的侵袭强度，远远超出区域设计除涝能力及堤防水位设防标准，造成外河水位超警戒，内河水位超高无法排除，部分一江三支沿江水闸出现溢闸，多处道路积水、民宅受淹、农田菜田受涝、一线堤防薄弱岸段坍塌等多种险情，灾害损失及影响范围巨大。

在超设防标准降水和内、外河道持续高水位共同作用下，松江区各街镇、园区第一时刻响应部署防汛抗灾工作，启动防汛应急预案，各街镇水务管理站明确责任，周密安排，排涝泵闸及时启闭，提前预降河道水位，加强河道沿线堤防巡查，物资调度及时，在面对强度如此猛烈的暴雨侵蚀下，最大程度地控制圩区内河水位，将受淹面积尽全力降至最低。

1 应对“菲特”的有效举措

1.1 明确责任,加强领导,防汛体系迅速激活

10月6日防御台风“菲特”工作会议召开后,各街镇水务部门按照会议部署要求,明确责任,加强领导,迅速激活以街镇人民政府为主体的防汛应急体系,区、镇、村三级防汛责任人员全部到位,各泵闸设施管理人员及圩区组机泵维修人员全部到岗,24 h专人值守,防汛物资准备充足,由街镇水务部门统一安排、调度,发现问题及时报告,形成上下联动机制保持信息畅通无阻。明确的责任分工与健全的领导体系,加强了防汛应急事件的处置效率。

1.2 周密安排,有效应对,防汛抢险稳中不乱

面对台风“菲特”侵袭,各街镇水务部门积极应对,周密安排,通过多项途径有效应对风、暴、潮对圩区防汛安全的影响。预降河道水位:在暴雨来临前,各圩区排涝口门通过动力排水将内河水位降低至2.2 m,增大河道蓄容量,扩大区域汇水能力;薄弱岸段加固:各水务站采用沙袋对堤防护岸薄弱段进行加固,防止水位不断升高引起倒灌;设施区域监控:街镇圩区负责人分区域对设施进行监控,与各泵闸排水口门保持联系,使泵闸设施时刻处于受控范围,出现停机、断电事故等可以第一时间进行修理。

1.3 加强巡查,及时处置,争分夺秒保安全

受特大暴雨与天文大潮的共同影响,街镇圩区外河水位不断壅高,内河水位激增,对外河圩堤与内河护岸形成严峻考验。各街镇水务部门组织力量分片对圩堤与内河护岸进行巡查,对发现的问题及时组织人员处置,充分调用防汛物资,使用沙袋、木桩等封堵堤岸缺口,将周边居民的损失降至最低。对发生闸门倒灌的水闸,水务站及时组织人员进行闸门加固,防止闸门倾覆造成瞬间外河水涌入带来灾难性损失。

1.4 储备充分,支援及时,紧要关头显功效

在应对“菲特”带来的灾情时,防汛物资储备为防汛工作提供着坚实的物资基础。在巨大的排水压力下,部分区域防汛物资短缺,多区域的积水现象无法同时得到缓解。区水务部门了解情况后及时向石湖荡镇、佘山镇、中山街道及方松街道等街镇调配发电机组及临时抽水泵12台次,及时缓解了区域积水问题,降低了居民财产损失。

1.5 准备扎实,严格标准,防汛工作非一日之功

“菲特”为松江各个区域带来了不同程度的损失,同时也使我们看到了区域防汛工作的薄弱之处,为今后水利设施建设与防汛除涝提出了一个新的标准。但不可否认,在超设防标准的防汛压力下,现有的防汛除涝设施基础仍起到了十分积极有效的作用。区级水务部门及街镇水务部门定期对圩区除涝设施进行保养与维护,并于汛期前加强设施设备检查力度,加高加固河道薄弱岸段,及时更换泵闸受损零部件,组织落实人员值守与检查考核,保证无人脱岗。在此次防汛的巨大压力下,基本未发生排涝设施停机事件,大部分河道堤防能够防御河道超警戒水位,使财产损失降至能力所及的最低限度。

2 “菲特”对圩区防汛工作的启示

面对“菲特”期间台风、暴雨、天文大潮“三碰头”的强烈侵袭,看着小区、道路、隧道、

农田等区域不断受淹,不由会感到无奈。通过此次台风侵袭事件,应当从以下方面着手提高抗击气象灾难的能力。

2.1　加强水利基础设施建设

随着近年来极端天气的不断出现,现有的水利工程设施较难满足高强度的防汛压力,应当进一步加强水利基础设施建设:一是要加高加固外河圩堤,对出现渗漏与破损的岸段进行修复;二是要提高圩区排水能力,科学分析成灾原因,合理制定除涝标准;三是要加大集镇区雨水管网的改造力度,增大管道口径,确保管网畅通;四是提高农田除涝标准,增大农田排水能力。

2.2　重视防汛救灾物资储备

经过"菲特"影响后,要根据各镇、村自身的特点,有针对性地加强对各类防汛及救灾物资的准备,尤其在临时排涝设备、黄沙、草包及木桩等的准备上要充足,积极做好应对突发事件的准备。各居住小区物业、企业也应根据自身条件适当配备沙袋、木桩、小型排水泵等自救防汛物资,第一时间开展自救,降低经济损失。

2.3　提高群众自防自救能力

当前群众对防汛防台知识还比较缺乏,应切实加大防汛防台的宣传力度,提高自我防护意识,特别是针对地势低洼地区的群众,使他们意识到防汛防台不单靠政府相关部门,学会自救也是排除险情的关键[2]。

2.4　增强部门联动协调能力

在此次防汛应急处置过程中,出现了部分区域防汛值守不到位。防汛防台预警信号发出后,部分街镇联动单位未能及时接收防汛指令信号,个别街镇防汛指挥部成员单位值班电话无人接听,防汛责任人手机联络不畅,或者处于关机状态。这些不负责任的行为,严重影响了防汛工作的及时开展,环环相扣的防汛指挥工作因缺失的一环致使各部门联动协调能力大打折扣。各街镇及相关部门应进一步加强防汛应急人员和队伍的管理,增强责任意识,提高联动协调能力,明确管理制度,切实保证防汛应急预案的执行力度。

3　结语

在日益加剧的台风灾害侵袭下,必须坚持强化基础设施建设、提高防汛除涝建设标准、完善防汛防台应急预案、加快抢险救灾反应速度、强化部门协作联动能力,在应对自然灾害时有条不紊、紧张有序、有备无患,才能克服灾害,造福于民。

参考文献

[1]邓玉梅,董增川. 我国台风防御应急管理对策[J]. 灾害学,2008, 8(2): 31-33.

[2]吕振平, 姚月伟. 浙江省台风灾害及应急机制建设[J]. 灾害学,2006, 9(3): 69-72.

金山区水域突发事件应急方案研究

邵益兵

（上海市金山区漕泾镇水务管理站）

摘　要：近年来金山水域频发绿萍暴发、死猪漂浮等突发事件，我区现行处置水务行业突发事件应急预案对此类事件针对性不强，各职能部门在应对突发事件中存在职责不清，应对措施不完善的问题，对此本文提出建立水面保洁应急方案，对金山区处置水务行业突发事件应急预案进行补充。

关键词：突发事件　应急方案

为有效应对金山水域的突发事件，保障金山水域供水水质安全、水面保洁，将水域突发事件对人员、财产、环境及社会影响造成的损失降至最小程度，最大限度地保障人民群众的生命财产安全及生态环境安全，维护社会稳定、确保城市安全运行，研究制订本方案。

1　基本情况

1.1　金山水域概况

金山区地处太湖流域碟形洼地的边缘，南频杭州湾，东与上海奉贤区、北与松江区交界，西与浙江省平湖市、嘉善县接壤。区境域面积为 588.8 km^2，现有市管河道 4 条，长 37.6 km；区管河道 35 条，长 272.14 km；镇管河道 169 条，长 490.4 km；村管河道 1 416 条，长 1 423.9 km。全区河道共 2 074 条段（包括村沟宅河 450 条），总长 2 615.47 km，各级河道水域总面积为 42.3 km^2，占全区总面积的 7.18%。河网平均密度为 4.44 km/km^2，是典型的感潮型河网地区。

1.2　应急处理工作原则

统一领导、分级负责；以人为本、预防为主；条块结合、资源整合；科学决策、反应快速。

1.3　工作目标

当金山区域内发生水污染突发事件时，及时有效控制和消除区域内河道突发性水污染事故，严格控制对下游黄浦江水域的污染。规范水务、海事、公安、环保、街道和当地政府等涉及部门的应急处置机制，建立健全金山与浙江上游部门的协作机制以及与下游松江、青浦等区域各部门间的联动机制，最大限度地降低金山境内水域突发事故的危害程度以及控制危害延伸。

2　应急指挥体系及职责任务

2.1　组织网络

金山区人民政府成立金山水域环境突发事件领导小组，区长为组长，分管副区长为副组长，各委办局主要领导为组员。

各委办局及镇政府（街道）在区应急办的统筹安排下协同作战，共同对区内水域环境突发事件应急抢险工作负责。

2.2 岗位职责

区应急办：负责协调各委办局及镇政府（街道、工业区）之间的工作，同时与上级部门保持信息畅通。

宣传部：负责对上级部门的信息上报，同时如实将事件情况通报给区内居民获悉，杜绝各类谣言的滋生。

区水务局：区政府水务管理的行政主管部门，组织水上作业力量进行处置。

区环保局：区政府环境污染防治的行政主管部门，协调水污染防治有关工作；区环保水环境监测中心做好取样、送检、分析、监测、调查取证，后续对违法排放企业进行行政处罚。

区公安分局：区政府维护社会稳定和保障公共安全的行政主管部门，其所属的地方派出所、水上派出所、交巡警支队和消防支队分别承担维护地方治安、水上治安、维护交通和突发事件处置等应急工作。

区建交委：区政府航道行政管理部门，其所属的区地方海事处负责全区航道的日常管理工作、组织航道应急管理，必要时要断航，实施航道管制，并加强与浙江上游航道管理部门的联系。

当地政府（街道、工业区）：水域突发事件发生地政府应积极配合区有关部门对水域突发事件的处置，做好当地群众和企业工作，防止群体上访事件发生，维护社会稳定。

3 应急响应和预警预防

3.1 应急响应总体要求

应急预案的启动使用，必须在区应急办的统一指挥下进行，一旦发生突发事件，所有涉及部门第一时间赶赴现场组织力量应急。

突发事件发生必须实行以下规定：

（1）由现场负责人组织指挥，同时指定专人向主管部门报告，金山水域环境突发事件领导小组有关人员到现场后，现场指挥移交金山水域环境突发事件领导小组指挥。

（2）严格执行应急预案，抢险队队长有权根据事态变化，提出相应的应对措施。

（3）通过电话、网络等形式尽快向上级主管部门报告，报告险情部位、当前险情、已采取的措施、伤亡情况、简单原因。

（4）事件处理完毕后，72 h 内提交应急处置报告。报告内容包括：事故基本情况、抢险或事故处置过程、事故原因及经济损失、事故责任及处置建议或改进意见。

3.2 应急响应流程

应急响应流程见图 1。

3.3 建立预警机制

建立健全水域突发事件预警机制。区水务局管辖的金山区河道保洁服务社人员现有 375 名，分布在全区 10 个镇（工业区）的市、区管 39 条河道上。成立河道巡查组，负责监

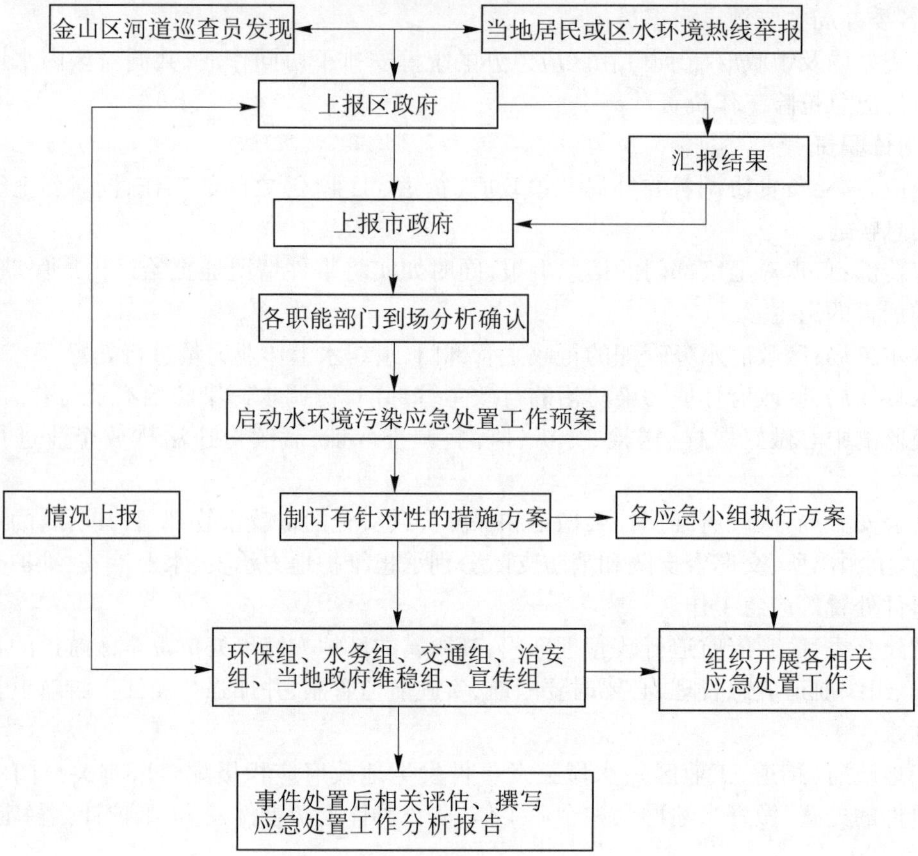

图1　应急响应流程

督河道保洁工作,每日一报。同时发动社会力量,鼓励当地居民发现水域突发事件时,立即汇报水务局或拨打110。

4　突发性事件应急处置措施

以2013年"3·8"黄浦江水域漂浮死猪事件为蓝本,水域突发事件主要采取"拦截、打捞、运输、处置"四个环节的措施。

4.1　多级拦截、重在源头

形成支流与干流、片内与片外、固定与移动、常态与应急多级拦截体系,重在源头控制,拦截尽量前移,圩内的不进入圩外,片内的不进入片外,上游的尽量不流入下游,形成市、区两级之间,部门之间全面完善的联防联控拦截体系。

金山境内设置"三段式"防御体系进行拦截打捞、阶梯控制,是实施应急抢险作业、控制突发事件蔓延最有效的措施。第一道防线设置于与浙江交界处,可以有效控制上游水域突发事件蔓延至金山境内。第二道防线设置于金山中部地区,确保中部居民、工业不受突发事件的影响。第三道防线设置于大泖港口,保证第一、第二道防线失手后,突发事件不至于蔓延至黄浦江。

4.2　打捞

区河道保洁社在接到死猪漂浮突发事件的通报后,由各班组长带队,375 人、69 艘船只集中赶赴突发事件所在位置的沿线河道,进行打捞工作。

4.3　吊运上岸

选择具备装吊设备的码头进行卸装,合理配备运输船只进行不间断运输及吊装上岸。同时配合区农委动物检疫所、卫生防疫及环保的人员进行卫生防疫及检测等相关工作。

4.4　水体检测

区环保、区水务等相关职能部门对突发事件水域进行水质监测,确保周边水源的安全性。

4.5　处置

配合动物检疫所及卫生防疫的专业人员对打捞上岸的死猪进行专业处置。

5　应急物资保障措施

区政府落实应急物资储备专项经费,各部门根据专业特点各自储备专业物资,定点存储,专人负责建账登记、保管。动用应急物资储备,由金山水域环境突发事件领导小组统一调配。

采取有效方式保持通信联络畅通,在应急处置时,为指挥及处置人员提供有线、无线通信保障。

应急抢险期间,在场所有车辆统一调配使用,对处理紧急事务的提供车辆保障。

做好处置人员的卫生防护工作,配备专业防护装备,以防感染危及人员健康。

6　后续处置

(1)组织应急物资盘点整理,对短缺应急物资(设备)及时进行补充。

(2)对负伤人员继续予以救护治疗,对伤员本人及其家属进行慰问。

(3)事故处理过程如下:

①对启用应急预案的原因(事故原因)组织分析调查;

②以书面形式向上级写出分析报告,包括启用应急预案(事故发生)时间、地点、抢救经过情况、伤亡情况(伤亡人员姓名、性别、年龄、工种、伤害程度、受伤部位)、工程设施损坏情况、事故原因、处理建议等;

③完善预案,制定有效的预防措施,防止此类事故再次发生;

④组织所有人员进行事故教育。

7　情况报告与快速反应

(1)发生各类突发事件时,预警人员应当及时如实地将情况逐级向上报告,不得隐报、缓报、谎报或者拖延不报。

(2)发生各类应急情况,预警人员应在 5 min 内向上级部门进行报告。

(3)应急突击队应在 30 min 内到达现场,初步评估事件的重要性,报区应急办获悉。

(4)2 h 内各应急队伍到达现场进行作业。

8 信息发布

（1）发生各类突发事件时，对报刊、电视等新闻媒体的即时采访，应遵循客观、真实的原则，由区应急办、区委宣传部或指定专人负责接待。

（2）初始对外信息发布应以事件发生直接原因和救险即时情况为准，不得以结论性用语和主观臆想误导新闻媒介。

（3）重大事故的信息发布口径，应按上级部门的调查结论为准，并经上级安全生产主管部门同意后方可对外发布。

9 结语

在近年金山水域发生突发事件处置过程中，我区各级部门尤其是水务部门处置方式、应对措施得力，得到了上级部门和社会各界肯定，但我们应进一步完善和细化各类突发事件应急预案，建立相应体制和机制，明确相关措施，以便将来从容应对相似突发事件。

参考文献

谢迎军，朱朝阳，周刚，等. 应急预案体系研究[J]. 中国安全生产科学技术，2010(3)：214-218.

浅谈苏州河防汛智能应用系统设计

李　佼　洪敏慎　李静芳　吕文斌
（上海市防汛信息中心）

摘　要：贯穿上海市中心地区的苏州河具有流域行洪、区域排涝、航运以及环境景观生态等综合功能，防汛安全和生态环境要求越来越高。巩固苏州河综合整治成果和上海智慧城市建设提出新需求，本文拟通过整合数据资源，无缝衔接苏州河水系降雨径流模型和数字河网水量模型，设计集在线监测、预报预警、预案发布于一体的苏州河防汛智能化应用和服务，实现苏州河智能化辅助管理。

关键词：苏州河　智能应用　防汛　上海

1　前言

上海地处长江流域和太湖流域最下游，滨江临海，地势低平，河网密布，属于平原感潮河网地区，易遭受流域洪水、区域暴雨、台风、高潮等多重袭击影响。苏州河（上游称吴淞江）是太湖流域的一条行洪排涝河流，具有流域行洪、区域排涝、航运以及环境景观生态等综合功能，沿线两岸地区人口密集，防汛安全和生态环境要求越来越高。

为了巩固苏州河水环境综合整治工程建设成果，提升市水务部门河道综合管理能力，市水务局于2008年组织编制《苏州河综合信息管理系统项目建设规划》，通过5年建设，苏州河信息化管理建设取得了重要进展，苏州河干流已建成5个水文水质在线监测站，苏州河沿线支流及河口已建有60多座闸（泵）控制工程，中心城区河段两翼地区排水系统泵站约30座，其两翼地区已建成近200个在线雨量站、水位站，60多个积水监测点，围绕沿岸设施监测监控、水文水质自动监测等建立了一系列信息化系统，并取得了较好的应用成效。

随着信息化建设快速发展，以及上海智慧城市建设的不断深入，基于有效巩固苏州河综合整治成果、实现“水清、岸绿、生态友好”的环境整治目标，以及响应上海智慧城市建设的迫切要求，建设智能水网的管理需求日益迫切。但是智能水网建设仍处于探索实践阶段，数据智能处理技术滞后，智能水网专题数据库的建设与智能水网建设的无缝链接要求有差距，缺乏统一的认识和标准模式，偏重于强调实时监测与数据传输等“感知”建设，缺乏水动力模型与降雨量预报模型的无缝链接技术，尚未形成全面、系统、规范的关键技术体系。

本文拟通过整合数据资源，无缝衔接苏州河水系降雨径流模型和数字河网水量模型，对苏州河水位、流量等数据进行预测预判，设计集在线监测、预报预警、预案发布于一体的苏州河防汛智能化应用和服务，实现苏州河智能化辅助管理。

2　系统设计

本文紧紧依托基础设施云服务体系建设升级，充分利用已建信息系统数据资源，设计

“三横两纵”体系架构,为局相关部门、各下属单位、区县相关部门和相关委办局提供苏州河防汛预警智能服务,总体架构设计如图 1 所示。

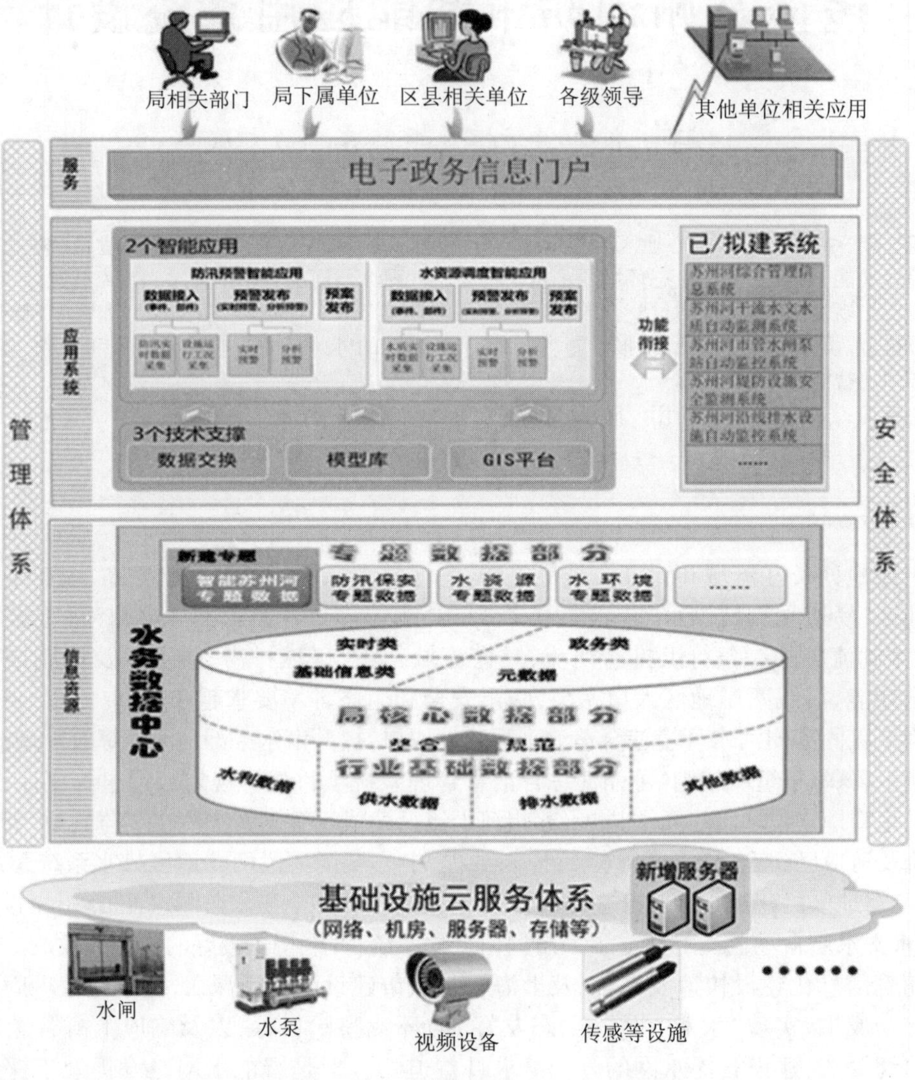

图 1　总体架构图

2.1　技术体系

2.1.1　“三横”

“三横”是技术为主的三个层次,分别是信息资源、应用系统和智能服务。

(1)信息资源。包含系统的数据库资源,即与苏州河相关的所有数据库,涉及内容和领域广泛,主要包括各种类型空间数据库、已建或拟建的各类业务数据库等。按照“一数一源、一源多用”的原则,本项目将充分利用“水务数据中心”资源,按照防汛预警智能应用的需要,扩展数据接入范围,形成智能苏州河专题数据。

(2)应用系统。即围绕智能苏州河管理需要建立的各类应用系统。具体围绕防汛预警智能应用,以及为实现这四类智能服务提供模型库、大数据等 2 个技术支撑模块。

(3)智能服务。指支撑各种服务渠道的门户系统,即现有电子政务信息门户,实现“一站式”访问。

2.1.2 “两纵”

“两纵”是指两个保障体系,分别是管理体系和安全保障。

(1)管理体系。指围绕如何实现智能苏州河管理信息平台建设目标而形成的一系列保障措施,包括管理体制、管理机制、标准规范等。

(2)安全保障。指各种安全管理策略和必要的技术和管理手段。包括信息安全等级保护、安全监管与应急处理、安全基础设施等。

2.2 角色设计

本文将充分利用权限控制机制,依托政务信息门户,按决策、操作、查阅三种主要角色组织服务内容:

(1)决策层:为各级领导和相关业务部门提供实时预警、分析预警等决定服务支撑;

(2)操作层:根据业务性质,分别为各业务操作人员提供操作服务,操作人员将预案处理等信息反馈给相关决策人员;

(3)查阅层:为实现信息共享,允许系统内人员对实时运行数据、工况数据、视频信息等进行全方位查阅。

上述各角色用户所访问应用由系统权限管理进行灵活分配。

3 系统功能

为了进一步提升苏州河防汛预警智能化水平,需要按照防汛预警智能化目标及要求,整合防汛实时数据及相关设施工况数据,对苏州河水位、相关设施运行情况实时预警,科学预测发展趋势,并科学制订应急预案,以有效组织快速响应。防汛预警智能应用主要包括数据整合、模型演算和智能预警三类功能(见图2)。

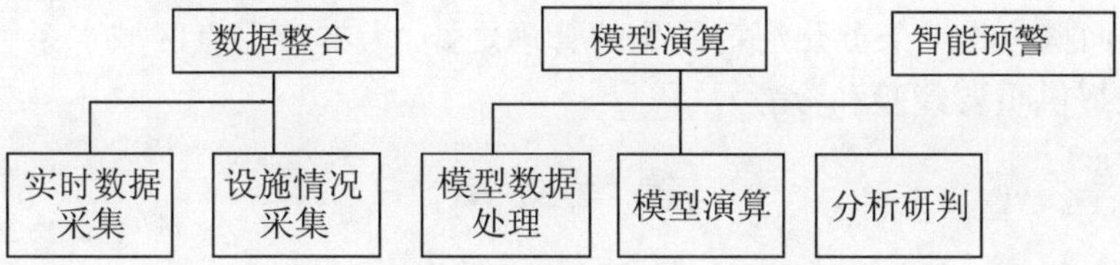

图2 防汛预警智能应用功能结构图

3.1 数据整合

防汛预警的依据和基础是各业务部门采集的实时数据,包括水位、雨量等实时数据和沿线泵站等设施的运行工况实时数据。本研究将依托水务数据中心,整合各部门已采集的防汛实时数据和设施运行工况数据,汇总整合已有气象、水情、雨情、视频监视等信息,实现全面监测,并根据相关指标等进行实时评价。

3.2 模型演算

(1)模型数据处理。系统梳理防汛模型所需的各类信息和数据,通过数据分类、转换、规范,形成苏州河相关模型计算专用数据库,提供模型所需的各类业务数据;开发模型接口,通过数据服务方式与模型交互(见图3)。

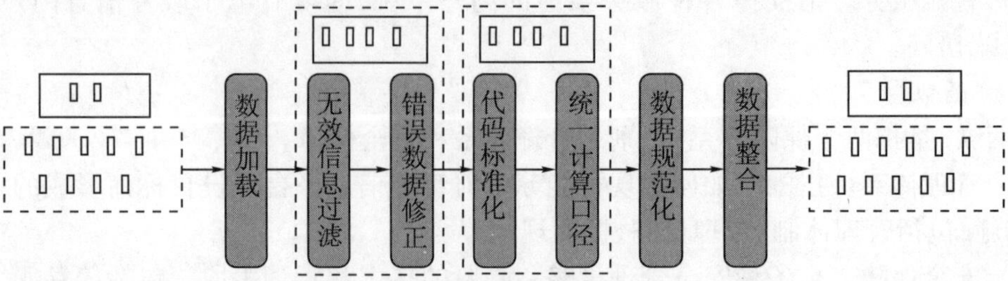

图3　数据整理及预处理

(2)模型演算。建立面向防汛工作要求的专题多维数据分析模型和综合多维数据分析模型,通过防汛数据整理和输入,进行防汛数学模型动态演算。形成模型库、模型参数、模型边界条件、可选条件方案化等,供模型自动识别运算;结果以数据服务方式输出。

(3)分析研判。汇总预警阈值、预案、工作规程,形成预案库,解析预案触发条件,实现实时分析;通过调研采访等方式,收集突发事件相关处置方法、专家经验,形成案例库,用于分析研判;通过模型演算,实现趋势分析。

3.3　智能预警

通过实时监测数据的分析研判实现警戒值、最高值、预案触发等实时预警;通过模型模拟、预测,提供水位涨落、河水漫溢、污染物扩散等趋势预警。

4　结语

苏州河的防汛安全和生态环境备受关注,充分利用物联网、云计算、大数据等先进技术,提高苏州河管理水平,是科技进步和上海智慧城市发展的体现。本文整合防汛信息大数据资源,融合防汛监测、雨量预报、水文水力模拟、智能预警等技术,研究集实时监测、预报预警、预案发布和实时调控于一体的苏州河防汛智能化应用和服务,实现苏州河智能化辅助管理,从而探索出一条苏州河智能化的管理之路,为本市重点区域水系管理以及"智能水网"建设提供重要经验和参考。

参考文献

[1]张小娟,唐锚,等.北京智慧水务顶层设计[J].水利信息化,2014(1):64-68.
[2]胡传廉.基于信息系统技术框架的"智慧水网"规划方法研究[J].水利信息化,2011(3):1-6.
[3]上海市水务信息中心.水务海洋信息化技术架构顶层设计[M].上海:上海科学技术出版社,2014.

水资源

节水型农业园区评价指标研究

吴景社[1]　孙　莉[2]　陈　艳[1]

（1. 上海市水利管理处；2. 中国光大银行股份有限公司）

摘　要：针对节水型农业园区特征、创建目标和要求，遵循科学性、操作性、简捷性和针对性原则，采用频度统计法和理论分析法筛选和确定了5项定量指标和7项定性指标，作为评价节水型农业园区评价考核指标，经验证，基本能够反映节水型农业园区的先进性与代表性。

关键词：节水型农业园区　评价指标　评价方法

随着国民经济的迅速发展，我国水资源总量和水质约束日趋突出，全国年用水总量已经突破6 000亿 m^3，约占水资源可开发利用量的74%；全国废污水排放总量达到750亿t，河流水质不达标率接近40%，其中丧失了利用价值的劣V类水占了20%。为此，国务院于2012年和2013年相继颁布了《关于实行最严格水资源管理制度的意见》（以下简称《意见》）和《实行最严格水资源管理制度考核办法》（以下简称《办法》），以实行最严格的水资源管理制度。为认真贯彻落实《意见》》和《办法》有关精神与要求，上海市水务局和上海市农委拟通过开展节水型农业园区创建工作，促进大力发展高效节水灌溉，提高农业用水效率，以按期达到2015年农田灌溉用水有效利用系数达到0.734的考核指标要求。为规范节水型园区创建，制定相应考核办法，开展了节水型农业园区创建评价指标的研究。

1　基本情况

上海市地处长江三角洲前沿，太湖流域下游，东濒东海，南临杭州湾，西接江苏、浙江两省，北依长江口。全市面积6 340.5 km^2，占全国总面积的0.06%，南北长约120 km，东西宽约100 km。平均海拔4.0 m（吴淞零点高程）左右。崇明、长兴、横沙是辖区内较大的三座岛屿，其中崇明岛面积1 041 km^2，为我国第三大岛。上海市气候属北亚热带季风气候，四季分明，日照充分，雨量充沛，气候温和湿润，春秋较短，冬夏较长，年平均气温16 ℃左右。全年无霜期约230 d，年平均降雨1 200 mm左右，一年中60%的雨量集中在5～9月的汛期。全市河湖众多，水网密布，河湖总面积642.7 km^2，河面率10.1%。

灌溉水源主要为地表水，灌溉方式基本为提水灌溉，共有灌溉泵站6 021座。全市耕地面积 307.5 万亩，灌溉面积 273.68 万亩，其中喷微灌面积 1.68 万亩，管道输水灌溉面积 102.8 万亩，全市灌溉水利用系数为 0.71。2011 年上海市生产总值（GDP）19 195.69 亿元，其中农业产值 314.11 亿元，占生产总值的 1.64%。

上海市农委为加快农业现代化，于上世纪末开始推进现代农业园区建设。截至 2011 年末，全市共有 13 个市级现代农业园区，规划面积 337.98 km^2，其中已开发利用面积 203.8 km^2，累计投资总额达 116.3 亿元。目前，实有企业 433 个，拥有品牌农产品个数 48 个，2011 年实现产值 41.9 亿元，认证农产品个数 61 个，2011 年实现产值 18.6 亿元。园区灌溉方式以喷微灌和管道输水灌溉为主，生产设施先进，组织保障功能强，生产水平高，主要作物为优质水稻、精品花卉及果蔬等，通过加强节水灌溉建设与管理，可起到较强的示范效应。为此，水务部门与农业部门决定在 13 个现代农业园区中开展节水型农业园区创建，以带动全市高效节水灌溉发展。

2　节水型农业园区定义

节水型农业园区是以实现高产高效、节水低耗为目标，融节水灌溉技术、节水农艺技术、节水管理技术为一体，以结构优化、资源节约、生态环保等为特征的节水农业示范工程。园区建设的最终目的是谋求经济效益、社会效益、生态环境效益等综合效应的最佳，即要有可持续性。

3　指标选取原则

指标是评价的基本尺度和衡量标准，建立指标体系是节水型农业园区单项评价的依据，也是总体评价的基础。通常情况下，指标范围越广，指标数量越多，则受评对象间的差异越明显，也就越有利于判断和评价。但同时确定指标的重要度也越困难，偏离评价要求的可能性也越大。按照节水型农业园区的建设目标及所具特征，在设置指标体系时遵循了下列原则：

（1）科学性原则：指标体系力求建立在科学基础上，指标概念和内涵力求明确，能够从各个侧面完整地度量反映评价对象的各个主要影响因素及节水农业现状和发展趋势。

（2）操作性原则：指标的设置尽可能利用现有统计资料，指标具有可测性和可比性，易于量化，并且在实际的调查评价中，指标数据易于通过统计资料整理、抽样或典型调查获得。

（3）简捷性原则：在完备性的基础上，指标的描述要简捷准确，避免指标之间的交叉和重复，尽量选择有代表性的综合指标和主要指标。

（4）针对性原则：指标体系的建立应该针对上海地区节水型园区面临的主要问题。

4　评价指标选取

进行节水型农业园区评价时，建立科学合理的评价指标体系关系到评价结果的正确性。建立评价指标体系的方法通常有频度统计、理论分析、Delphi 法和灰色关联度分析等方法。基于节水型农业园区评价内容较区域单纯等原因，在此采取了频度统计与理论分析相结合的方法。频度统计法主要是对目前有关节水型社会、节水型农业建设的相关评价论文、报告等进行频度统计,选择使用频度较高的指标;理念分析法主要是对节水型农业的内涵、特征、影响效能及存在的主要问题进行分析、比较、综合选择重要的、针对性强的指标。采取上述方法,依据《节水灌溉工程技术规范》(GB/T 50363—2006)、《农田水利示范园区建设标准》(SL 371—2006)、《泵站更新改造技术规范》(GB/T 50510—2009)等标准,并参考借鉴上海市节水型工业园区标准及其他省、市现代农业园区建设标准等相关材料,通过对初选指标的筛选和优化,将其概化为"定性"和"定量"两大类,选择了农田灌溉用水有效利用系数、节水灌溉工程面积覆盖率、单位农田产出效益比、单位水分生产率比、泵站装置效率等5个定量指标,健全的节水管理机构、用水节水管理制度齐全、制订并实施节水规划或工作计划、有节水灌溉设施、用水计量设备和水量记录、经常开展节水宣传等6个定性指标和循环用水或非传统水资源利用、研究和推广使用先进的农业节水灌溉技术等2个附加指标。

5 评价指标内涵与赋值

5.1 农田灌溉用水有效利用系数

农田灌溉用水有效利用系数是评价渠系工程状况、灌水技术水平和灌区管理水平的综合指标,被列入2011年一号文件农田水利发展的唯一考核指标,在本体系中赋值20分。中共上海市委、市政府关于贯彻中央一号文件的实施意见中提出到"十二五"末,农田灌溉用水有效利用系数达到0.73,国家分解给本市的指标为0.734。据实际测算,本市目前工程状况良好、管理较为完善的灌区已达0.74。因此,本方法确定0.75作为园区达标值,每低0.01扣0.5分。

5.2 节水灌溉工程面积覆盖率

节水灌溉工程覆盖率体现节水灌溉的工程覆盖程度,赋值10分。中共上海市委、市政府关于贯彻中央一号文件的实施意见中提出到"十二五"末,全市节水灌溉工程面积覆盖率达75%。目前本市已达74%,本着先进性、示范性要求,本方法确定80%为园区达标值,每低1%扣0.5分。

5.3 单位农田产出效益比

单位农田产出效益是体现园区综合成效的重要指标之一,赋值10分。农田水利示范园区与当地自然、经济条件相当的非示范园区相比,单位农田产出率应提高15%以上,即单位农田产出效益比应达到15%以上。本方法借鉴采用此标准,将园区达标值定为15%,每低1%扣0.5分。

5.4 单位水分生产率比

单位水分生产率指单位面积作物产量(值)与作物全生育期耗水量的比值,赋值10分。农田水利示范园区与当地自然、经济条件相当的非示范园区相比,单位水分生产率应提高20%以上。本方法借鉴采用此标准,将园区达标值定为20%,每低1%扣0.5分。

5.5 泵站装置效率

泵站装置效率是反映泵站电机、水泵、管道、传动等各部分功效的综合指标,赋值10分。本市普遍采用的水泵为扬程3 m的轴流泵,按相关规范要求其装置效率应≥50%。故在本办法中将园区达标值定为50%,每低1%扣0.5分。

5.6　**健全的节水管理机构**

健全的节水管理机构是推进节水工作的重要保障，赋值8分。本指标考虑了两项分指标，即有专职的节水管理人员和工作人员及健全的节水管理网络和明确的岗位责任。

5.7　**用水节水管理制度齐全**

齐全的节水管理制度是落实节水工作的重要基础，赋值8分。本指标考虑了有计划用水和节约用水的具体管理制度、实行定额管理、有健全的水计量管理制度和有用水设施巡检维修制度等4项分指标。

5.8　**制订并实施节水规划或工作计划**

节水规划和工作计划是推进节水工作的重要依据，赋值8分。本指标考虑了制定中长期节水规划和制订年度节水计划、实施节水规划和计划的工作等2项分指标。

5.9　**有用水计量设备和水量记录**

用水计量设备和水量记录是考核节水效果的重要前提，赋值10分。本指标考虑了安装用水计量设备和有近期完整用水计量台账等2项分指标。

5.10　**经常开展节水宣传**

节水宣传是促进人们认知节水意义、参与节水的重要途径，赋值6分。本指标包含节水活动、宣传材料等内容。

5.11　**循环用水或非传统水资源利用**

考虑园区具有的创新、示范功能，鼓励其积极采用雨水利用、中水回用、生活污水无害化处理利用等，赋值10分。

5.12　**研究和推广使用先进的农业节水灌溉技术**

考虑园区具有的创新、示范功能，鼓励其积极应用先进的节水灌溉设施、技术、工艺，赋值10分。

上述12项指标满分计120分。总分90分及90分以上的农业园区可评为节水型农业园区。总评分在100分以上的农业园区可评为节水型示范农业园区。

6　定量指标计算方法

6.1　**农田灌溉用水有效利用系数 η_w**

农田灌溉用水有效利用系数按规范要求应采用“首尾测算分析法”测算：

$$\eta_w = \frac{W_j}{W_a}$$

式中，W_j为园区净灌溉总用水量，m^3；W_a为园区毛灌溉总用水量，m^3。

6.2　**节水灌溉工程覆盖率 p**

以喷灌、微灌、低压管道灌溉、渠道输水灌溉等灌溉方式控制的节水灌溉面积占总灌溉面积的比例。

$$p = \frac{A_{节}}{A_{总}}$$

式中，$A_{节}$为节水灌溉工程面积，亩；$A_{总}$为总灌溉工程面积，亩。

6.3 单位农田产出效益比

单位农田产出效益指单位农田面积上的年产值。

$$\kappa = \frac{W_{农业园区} - W_{非农业园区}}{W_{非农业园区}}$$

式中,$W_{农业园区}$为农业园区的单位农田产出效益,万元/亩; $W_{非农业园区}$为非农业园区的单位农田产出效益,万元/亩。

6.4 单位水分生产率比

单位水分生产率指单位面积作物产量(值)与作物全生育期耗水量的比值。

$$\delta = \frac{\omega_{农业园区} - \omega_{非农业园区}}{\omega_{非农业园区}}$$

式中,$\omega_{农业园区}$为农业园区的单位水分生产率比,kg/m^3; $\omega_{非农业园区}$为非农业园区单位水分生产率比,kg/m^3。

6.5 泵站装置效率 η_{sy}

泵站的输出功率与输入功率的比值。

$$\eta_{sy} = \frac{P_2}{P_1}$$

式中,P_2为某一时段的输出功率,kW; P_1为某一时段的输入功率,kW。

7 结语

本研究确定的节水型农业园区评价指标为《上海市节水型农业园区评价指标和考核办法(试行)》采用,该考核办法由上海市水务局和上海市农委联合发文试行。目前,两局委按本办法对金山区现代农业园区上海市节水型农业园区的创建工作进行了综合考评,据考评结果及与会专家和代表意见反映,评价指标基本能够反映节水型农业园区的特征,有利于促进园区采用高效节水灌溉的积极性,进而推进农业用水效率的提高。

关于青浦区水面率现状和保护的思考

罗　静[1]　袁永坤[1]　金　超[2]

(1. 上海市青浦区水务局;2. 上海市青浦区水文勘测队)

摘　要:本文通过解释水面积和水面率定义的概念,介绍了青浦区水面率的历史与现状,分析了造成水面率变化的因素、保护水面率的意义,并提出保护青浦水面率的管理与工程措施。

关键字:水面率　规划　思考

1　水面积和水面率定义

水面通常指由河流(江、河、渠等)、湖泊(天然或人工湖泊)、水库、湿地(天然或人工湿地)等形成的水体表面。水面率从表面上看是指区域水面积占区域总面积的比率,事实上,同一区域水面积随水文年份、季节、气象条件、地理情况等条件而动态变化,相应的水面率也是个动态变化数值。从水面率研究的背景和便于管理的角度出发,水面率(ratio of water surface area)是指承载水域功能的区域面积占区域总面积的比率。水域功能是指水域的直接提供可利用的水源、调蓄区域水资源、降解污染物和吸纳营养物质、保护生物多样性、休闲旅游、航运、调节气候等功能。因此,水面率不是一个严格意义上的科学概念,而是通俗意义上的管理工具,其目的是保障社会经济可持续发展的一个重要指标。

2　青浦区水面率历史与现状

2.1　历史与现状

青浦区地处上海市西南,东与闵行区毗邻;西与江苏吴江、昆山两市交界;南与松江、金山区及浙江省嘉善县接壤;北与嘉定区为邻。东西长 44.9 km,南北宽 39.3 km,全区土地总面积 668.54 km^2,水面率为 18.35%。

据 1985 年《青浦县水利志》记载,全县河网密度达 4.01 km/ km^2,水面积(河、湖上口面积)计 138.9 km^2,折合 20.84 亩,水面率达 20.5%。

据 1999 年青浦区水资源普查,全区河湖总长度 2 246.1 km,水网密度 3.33 km/ km^2,全区河(湖)口水面积达 112.46 km^2,折合 16.78 万亩,约占全区总面积的 16.65%。

2013 年《第一次全国水利普查暨第二次上海市水资源普查青浦区普查技术报告》,青浦区水面率为 18.3%,是上海市河面率最大的区。河流数量比 1999 年上海市第一次水资源普查增加 117 条,长度增加 253.1 km,河口面积增加 10.05 km^2,河面率从 1999 年的 16.65% 增加到 2011 年底的 18.3%,常水位槽蓄量增加 2 924.36 万 m^3。

2.2　变化原因分析

人为填河、堵坝断流是造成水面积减少的重要原因。前两次普查中的一段时间以来,由于对河道管理处于相对无序状态,经济的高速发展淡化了人们对河道重要性的认识,因此屡屡发生未经批准,与河湖争地,人为断流的现象。据1983年水资源普查资料,全区水面积138.9 km^2,十几年内,全区水面积减少近3万多亩,平均每年减少1 800亩,相当于一个区管湖泊大莲湖的水面积的1.2倍。水面积的大幅度减少不仅减少了调蓄水量,降低了抵御自然灾害的能力,也破坏了青浦江南水乡的水文化底蕴,损害了水生态的平衡性。

河道淤积严重,槽蓄量大幅度减少。河道的淤积是河网中普遍存在且越来越使人们忧虑的一个大问题。造成河道淤积的因素很多,原因错综复杂,但我区比较普遍的概括起来有这几方面:随意向河道倾倒各类垃圾及农作物秸秆,把河道作为天然的垃圾箱;因种种原因如水流或机船冲刷、垦殖、人为破坏等造成河道堤岸坍损严重;河道水体富营养化,有机污染严重,致使河道水生作物繁殖并自生自灭;人为填堵河道、水利工程运行管理不善等诸多因素造成水流不畅,加重了河道的淤积。河道淤浅,过水能力削弱,库容减少,不仅抗灾能力、通航能力受损,河道的水体净化能力、稀释能力也受到影响,河道生态被破坏,"鱼米之乡"难符其实。

近年来,我区加强了水资源保护,实施最严格水资源管理,河湖水面得到较好保护,水面率指标得到控制。

3　保护水面率的意义

3.1　保证一定的水面率是行洪除涝的基本要求

青浦区地处长江三角洲冲积平原,处于太湖流域洪水下泄通道,境内地势低洼平坦,同时青浦为平原感潮河网地区,境内河港多受潮汐影响,东海潮通过黄浦江影响青浦,台风影响和降雨较多,决定了青浦洪涝灾害频繁,风、暴、潮、洪交替影响或组合作用时有发生。河网调蓄能力是影响我区洪涝灾害出现频率和程度的决定性因素之一,因此保有一定的水面积,便是确保行洪除涝安全的重要因素。水面率是河段数、河湖规模的综合体现,我区共有河流1 934条段,大小湖泊(含人工水体)93个,河口面积达63.19 km^2,最低控制水位槽蓄量是7 083万m^3,常水位槽蓄量可达12 039万m^3,最高控制水位槽蓄量是17 767万m^3。由此可见,全区河道蕴藏着"丰厚"的调蓄能力。

数据表明,全区河湖从常水位调蓄到最高水位,调蓄水量约5 728万m^3,相当于142.8 mm的降水量(按产流系数为0.6计算)。由此可见,我区的河网调蓄能力确实在防洪体系建设上有非常重要的基础地位。

3.2　保护水面率是保护水资源的必然要求

青浦区本地水资源总量约为2.70亿m^3,辖区内有几个大水体——淀山湖是上海市最大的淡水湖,位于青浦西部、沪苏边界,上海境内45.26 km^2,约占76.7%。规划建设中的黄浦江上游水源地——金泽水库选址在太浦河北岸金泽地区,利用东白荡、李家荡、乌家荡等湖荡,总占地面积约3.4 km^2,其中利用水域面积约1.65 km^2,占用陆域面积约1.69 km^2,水库有效库容约2 651万m^3,设计最高蓄水位6.0 m,可以满足黄浦江上游西南部青浦、松江、金山、闵行(部分)、奉贤5区最大500万m^3/d连续5天的供水需求。丰富的水面积保障了青浦区所需的水资源总量供给。

通常来讲，水面积越大，水体越多，水环境容量越大，国内外有较多研究表明，水体具有较大的纳污能力和净化能力，水面积越大，在同等排污量条件下，水环境质量就越好。然而，水资源方面存在河网水质不理想的问题，2012年青浦区54个水功能区水质监测断面数据分析，水质类别符合Ⅲ类、Ⅳ类、Ⅴ类、劣Ⅴ类标准的比例分别为38.9%、20.3%、13.0%、27.8%。从维持水域一定水环境容量出发，研究适宜水面率，是确定合理水面率的一个重要内容。影响水环境容量的因素有设计流量，水域的水力特性、本底水质及水体本身容积大小，其中水体容积大小取决于水域的面积大小和水深，在水深确定的情况下，水域容积取决于水域面积大小。因此，除进行大控制引清调水，增加设计流量、增强水域水利特性外，维持或增加水体本身容积大小，能够较好地保持青浦区自身所需的水环境容量。

3.3 保护水面率在水生态文明城市和美丽乡村创建中的重要作用

"百河绕村镇、千桥卧碧波"，这是青浦特色鲜明的真实写照。沪上所有21个天然湖泊包括淀山湖汇聚于此，正是拥有高达18.3%的水面率，青浦才是长三角极具水乡特色的区域之一。这里不仅是上海历史文化的发祥之地，崧泽文化更是海派文化的源头。近年来，青浦区持续推进太湖流域水环境综合整治污水治理，滚动实施环保三年行动计划，逐步推进骨干河网建设、"千河整治行动"、黑臭河道治理、水系沟通和村沟宅河治理、界河整治等措施，一定程度上保有并拓展了一定的水面积，城乡水生态环境得到明显改善。

4 保护青浦水面率的几点措施

4.1 加强规划建设，科学确定水面率

以现状水面率调查评价为基础，借鉴国内外适宜水面率相关技术思路，合理确定青浦区的适宜水面率。从防洪除涝方面，对城区维持或增加的水面率进行充分的论证，合理选出城区调蓄水面的调蓄能力，应将水面率控制的要求全面纳入到区、镇发展规划，在城市化过程中逐步构建体现水面率控制要求的河道长效管理机制。在生态环境改善方面，国内外不少学者研究了人工水体对空气温度和湿度的影响程度和范围，湿地水体对铅以及悬浮物具有一定的环境吸附效应。在涉水旅游景观方面，可以采用人均水面面积指标来衡量和确定维持景观、娱乐水面积和河流流量，结合研究典型区城镇居民对城镇水面的需求状况，从城镇水面积与人居舒适度、水面建设和房产开发、水晶棺与人水相亲等方面着手，同时从维持一定的湿地生态系统结构和功能为切入，对涉水景观适宜水面率开展研究，最终适宜水面率看作是各相关功能要求的适宜水面率并集。根据上述思路确定的水面率值是进行一定时期城市水域发展规划的参考依据。

在圩区建设方面，因为受行政区划、城市化进程、农业种植布局等影响，造成部分圩区控制规模不合理，除涝效率较低，部分圩区水面率指标不达标，调蓄能力不足，部分圩区存在人为割裂水系的状况，总体来说，和规划圩区布局有较大差距。由此可见，需通过圩区的整合，合理圩区布局，最优调控大控制片内外河水面率和圩区水面率的关系，尽可能发挥河网调蓄功能。

4.2 加快工程建设，确保水面率保障

在水安全方面，通过巩固完善堤防岸线保持现有安全水面率，根据流域防洪规划，逐

步完善环淀山湖堤防工程等一线堤防 9.32 km，流域防洪能力逐步达到50 年一遇标准；根据控制片规划，继续开展低洼圩区建设，推进中小河道轮疏，深化千河整治进程，通过建设圩区生态堤防，营造青浦水乡特色水景观，保障优质水面率。在水生态方面，加快“一湖三区五廊”的建设，“一湖”即淀山湖及周边水系，“三区”即农业面源污染区、农村生活污水治理区、农业节水示范区，“五廊”即骨干河道生态走廊，通过确立区域水生态保护格局，使河湖湿地水生态系统质量状况得到提升，水功能区达标率明显提高，城乡水景观靓丽和亲水指数得到提升，通过提升水生态系统质量来保障水面率。

4.3 规范依法行政，加强水面率管理

为确保水面率不减少，并逐步提高至规划要求的 18.46%。我区进一步加强填堵河道的审批管理工作。根据《上海市河道管理条例》规定，禁止擅自填堵河道，确因建设需要填堵河道的，建设单位应当委托具有相应资质的水利规划设计单位进行规划论证。与此同时，加大对填堵河道的动态监测力度，对填河违法行为及时发现，及时制止，及时报告，水面积被非法占用的行为必会得到遏制。同时，积极开展骨干河道和支级河道蓝线的编制，通过纳入规土蓝线平衡管理，确定河道蓝线和水面率刚性指标，确保水面率不减少。

参 考 文 献

[1]张志飞，郭宗楼，王士武. 区域合理水面率研究现状及探讨[J]. 中国农村水利水电，2006(4)：58-60.
[2]J. W. Eaton，欧阳志云. 英国水生态与水管理[J]. 生态学报，1990(1)：81-91.
[3]王士武，杨铁峰，温进化. 行洪除涝的合理水面率研究[J]. 灌溉排水学报，2006，25(2)：72-76.
[4]何俊仕，吴迪，魏国. 城市适宜水面率及其影响因素分析[J]. 干旱区资源与环境，2008，22(2)：6-9.
[5]单俊生，张建. 浦东新区水面积和水面率的研究和思考[J]. 上海水务，2003(3)：29-32.

平原河网地区小型灌区灌溉水有效利用系数测算分析研究

曾艳丽
（青浦区水利技术推广站）

摘　要：本文从灌溉水有效利用系数测算分析工作的重要性入手，总结了青浦区测算分析工作开展情况，着重论述了平原河网地区测算分析工作存在的问题，并详细分析了其原因，以期在以后工作中能够探讨解决途径和改善措施。

关键词：灌溉水有效利用系数　测算分析　平原河网地区

1　前言

灌溉水有效利用系数是在某次或某一时间内被农作物利用的净灌溉水量与水源渠首处总灌溉引水量的比值，它与灌区自然条件、工程状况、用水管理水平、灌水技术等因素有关[1]。2000年以来，不少研究人员对该项指标的测算方法做了相关研究，采用首尾法直接计算求得该项指标，使其从原来的反映灌区“标准状态”渠道系统工程状况和田间灌溉用水水平的灌溉工程规划设计指标扩大到能反映灌溉用水管理在内其他因素的灌溉用水效率评价指标[2]。目前它作为衡量农业用水效率指标是国家实行最严格水资源管理制度“三条红线”管理目标中的一项控制指标，进一步上升到对政府考核的重要指标之一，使得灌溉水有效利用系数成为推动水资源可持续利用和加快经济社会发展方式转变的重要评价指标。这样，灌溉水有效利用系数测算分析工作的重要性不言而喻。

2　测算分析工作开展情况

自2006年起，水利部连续开展了灌溉水有效利用系数测算分析工作，并发布了《全国农田灌溉水有效利用系数测算分析技术指导细则(2013年12月)》(以下简称《技术指导细则》)，2015年上海市水务局也发布了《上海市农田灌溉水有效利用系数测算分析技术指导细则》(以下简称《技术指导细则》)，《技术指导细则》是规范灌溉水有效利用系数测算分析工作的纲领性文献，《上海市技术指导细则》是直接用于指导上海市农田灌溉水有效利用系数测算分析工作的技术手册。

由于青浦区节水型社会建设工作的推进，从2009年开始，已经连续5年开展灌溉水有效利用测算分析工作，主要完成了以下几个方面的工作：第一，根据《技术指导细则》，采用点与面结合方法，已经建立了灌溉水有效利用系数测算框架，确立了20余个灌溉水有效利用系数测算样点。第二，结合青浦区灌区的特点，几乎全部是以灌溉泵站控制的2000亩以下的小型灌区，比较分析了首部毛灌溉量的可行性和合理性，试验了多种测算方法。第三,由于青浦区是平均河网地区,灌溉渠道的比降小,田间净灌溉量测算难度大,进行了田间净灌溉量实地测量与灌溉试验站测坑定位试验的比较。

3 存在问题

灌溉水有效利用系数作为最严格水资源管理制度的重要指标之一,其测算分析尤为重要。但是在实际测算工作中还存在一些方面问题。

3.1 测算成果精度不能保证

灌溉水有效利用系数测算分析工作是近十年来才陆续开展的,相应的组织、技术、资金机制均不成熟,甚至很多地方至今为止,还没有经常实际测算,只是简单的经验估算求得,这样造成测算的部分地区灌溉水有效利用系数测算的精度不高。由于灌溉水有效利用系数成为最严格水资源制度考核的重要指标之一,但是目前没有灌溉水有效利用系数测算分析工作的合理评估机制,不排除一些地方为了达到目标,对样点灌区设置不合理,造成测算成果不能代表当地的平均水平。

3.2 灌区退水扣除不科学

对于平原河网的发达地区,灌区存在大量的退水进入河道。一是由于灌溉设施建设程度远远超过农业灌溉需求,农田灌溉已经习惯于边灌边排,退水又进入附近的河网;二是这些地区的浅层地下水位与河道水相通,每次灌溉水的正常渗漏也会在一个星期内进入河道。而且平原河网地区河道水由于圩区控制,水体交换速度并不快,这样对于灌溉而言就出现了泵站取用灌溉退水问题,其退水利用量计算难度大,目前主要采用人为直接扣除,没有相应的理论支撑。

3.3 渠首毛灌溉用水量计量存在困难

对于平原河网地区而言,渠首毛灌溉量的计算困难。灌溉系统的首部取水泵站非常多,仅青浦区就多达626个,加上历来对于农业取水管理缺位,因此所有的首部取水泵站建设时没有考虑计量设施。该地区的水源形式多为提水泵站,灌区规模小,渠道小,可进行量水的水工建筑物少,进行流速仪测流操作烦琐等。首部为泵站提水—明渠输水的灌区可以采用在渠道内设置量水堰量水,首部为泵站提水—管道输水的灌区可采用电磁流量计量水,但是这两种量水方法都必须进行必要的工程改造,装备一定的试验仪器,需要一定的资金投入。因此,目前渠首毛灌溉量计量一般通过记录灌溉期间的水泵运行时间和电表用电量等间接法来计量灌溉用水量,但是水泵老化、水位变动、电压波动造成的水泵流量和单位电量提水量变化,使得测算数据的准确性和可靠性无法保证。

3.4 典型田块亩均净灌溉用水量存在技术难点

根据《技术指导细则》,田间典型田块亩均净灌溉用水量优先采用直接量测计划湿润层土壤含水量或者田间水层变化的方法,但这在目前基层技术水平低的条件下是很难实现,因此目前一般采用观测分析法,在典型田块进水口设置量水设施,获得典型田块年亩均灌溉用水量观测值,然后通过是否充分灌溉确定典型田块年亩均净灌溉用水量,但是该方法需要有灌溉试验站的灌溉试验资料,其数据的准确性有一定保证。

3.5 基层观测人员技术水平比较低

由于样点灌区一般地处农村偏远地区,而且比较分散,因此观测人员一般都是就近聘请当地人员。但是一方面现在农村有文化的青壮年多外出务工，另一方面，由于观测的工作量不大，给予的报酬也比较低，聘请的观测人员一般都是年龄比较大的老人，文化素质低，甚至可能人员经常变动，造成基层观测人员的层次比较次，技术水平比较低，直接影响了观测数据的精度。

4 原因分析

4.1 重视程度不够

由于平原河网地区地处流域下游，这些地区一般不缺水，缺好水，节水减排工作正在大力推行。但是由于农业灌溉取用水不受制约，没有农业节水的压力，大多数人认为用不着农业节水，从老百姓到一些领导，其思想观念依然尚未转变，突出表现在对农业面源污染问题认识不够，节水意识淡漠，甚至认为开展灌溉水利用系数测算分析工作有点多余。

4.2 资金投入不足

由于重视程度不够，通常造成相应的资金投入不足。该项工作需要建立一个全新的覆盖所有灌溉面积的监测网络，应该是一个常态的工作，因此持续性资金投入开展该项工作，但是目前来看，该项工作还没有形成固定经费保障机制，往往作为临时性项目，或者植入其他项目来落实经费。

4.3 灌溉用水管理粗放

近年，在第二、三产业快速发展的形势下，农业 GDP 贡献率低，加上农业节水灌溉的管理成本高，致使灌溉管理模式和方法还和十几年前差不多，用水体制落后，灌溉用水管理粗放。一是目前实行的水稻节水灌溉技术仅仅是重度间歇灌溉模式，田间灌溉管理仍然比较粗放，有很大的节水潜力。二是农业灌溉打水没有专业打水员，目前一般谁打谁用，加上灌溉水费与用水多少没有直接关系，导致用水户没有节水积极性，灌溉设施维护的主人翁意识不强，农业用水浪费严重，利用率低，这与平原河网地区水质性缺水状况不相适应。

4.4 相关技术支撑和研究不够

灌溉水有效利用系数测算分析工作涉及现场测算与数据分析两个方面。在试验现场检测方面，平原河网地区灌溉水流的比降小，分水口进入田块的流程短，渠道量水通常需要考虑是否淹没、水流稳定、阻碍水流等情况，实际工作中通常考虑不周，造成流量监测的数据可信度不高，甚至由于流量监测工程妨碍了农业用水户的灌水而以失败告终。在数据分析方面，在典型灌区、典型田块选取，退水扣除等方面，需要进行前期细致而有效的分析和研究，实际工作中通常弱化了前期分析，事后为了迎合达到目标值而选择性的适当分析。

5 结语

在一定时期内水质型缺水将是平原河网地区面临的一大难题，农业灌溉用水效率不高会引起造成面源污染问题突出，加上最严格水资源管理制度的实施，农田灌溉水有效利用系数测算分析工作只会越来越受到重视。因此，一定要加强相关方面研究工作，寻求进一步提高系数测算精度的管理和技术措施，早日解决测算精度、退水扣除、首部毛灌溉用水计量、净灌溉用水量确定、基层观测人员技术水平低等难题。

参考文献

[1]水利部.全国农田灌溉水有效利用系数测算分析技术指导细则[R].2009.
[2]冯保清.我国不同尺度灌溉用水效率评价与管理研究[D].北京:中国水利水电科学研究院,2013.

水利科技

浅谈生态清淤技术在城市中小河道的应用

方芳芳
（徐汇区市政和水务管理署）

摘　要：城市中小河道是城市社会经济发展不可缺少的要素，是城市水系的载体。通过分析国内外生态清淤技术的研究成果，从生态清淤技术概况、国内外研究进展、存在的主要问题和展望等方面介绍了城市河道底泥生态清淤的基本情况，力求对我国城市河道的生态修复提供一定的理论基础，为我国城市河道污染控制工作提供技术借鉴。

关键词：城市河湖　生态清淤　底泥　生态修复

城市中小河道多处于城市中心区域，周围居民密度较大，夏季高温时污染底泥上翻浮于水面，造成水质恶化和水体视觉效果较差，成为阶段性的百姓投诉焦点。断流施工方法容易影响周边建筑和岸坡的稳定性，传统的抓斗式清淤方法弊端显现。生态清淤作为近20年来发展起来的新兴技术，是水利工程、环境工程和疏浚工程交叉的边缘工程技术，不仅能够降低底泥中的污染物浓度，还可为水生态系统的恢复创造条件。

1　城市中小河道生态清淤概况

1.1　淤泥性质

淤泥的特性是颗粒细小、含水量大、流动性强、富含多种有机物与无机物，如果处理不当，在清淤的同时，将对环境造成二次污染。需要清淤的水体大部分水质指标接近或超过《地表水环境质量标准》(GB 3838—2002)中V类水标准。淤泥表面以上2~7 cm厚的一层半悬浮胶体状物质中污染物含量较高，且存在大量藻类残体和部分活体。

1.2　生态清淤技术特点

生态清淤对技术和方法有更高的要求，应尽量避免由于底泥搅动和有害颗粒物质扩散产生的二次污染。相对于一般清淤工程，生态清淤的特点主要有以下四点：一是为了防止挖泥过程中污染底泥扩散，对传统挖泥船进行改造，开发新型环保型绞刀头和防污屏等环保设备；二是在清淤船上配置全球定位仪、污染监视仪等仪器，以提高疏挖精度，避免漏挖与超挖；三是为避免对环境产生二次污染，对输排系统进行改造，减少输泥过程中的泄漏；四是在清淤基础上，采取多种措施兼顾修复水生生态系统的更高目标。

生态清淤的基本流程见图1。当河道内存在大量体积较大的粗垃圾时,可前置粗垃圾清除环节,以有效避免清淤设备的堵塞等问题。

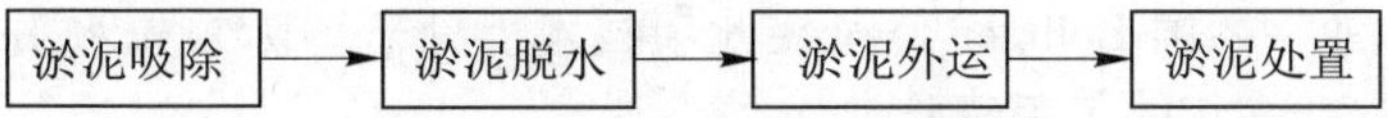

图1　生态清淤技术基本流程

1.3　清淤技术与设备

城市中小河道内存在大量建筑垃圾、生活垃圾等杂物;河道靠近居民区,对降低噪声要求较高;为了确保周围建筑物的安全,应尽量减小对水体的扰动;为了桥梁安全,船舶在低水位时过桥,或者采取措施降低船体水面以上高度,这些特殊性对生态清淤的设备提出了更高的要求。

基本的生态清淤设备是绞吸清淤船,生态环保绞吸船是整个生态环保清淤的关键,其主要功能是通过搅动河底表层20～40 cm的淤泥层,然后由污泥泵直接输送到污泥水池。其特点是体积小、功效高、性价比高,较适应城市中小河道的生态清淤。

目前市面上有多种改良后的新型多功能环保清淤船,通过更换不同施工设备(环保螺旋绞刀、吸泥头、铲斗、耙具)实现环保绞吸施工、吸泥、反铲挖泥、水下垃圾收集、打桩作业、清理水面油污等多种功能。各功能在施工作业时可以相互转换,不同作业方式之间可以进行切换,能满足多种清淤施工方式要求。其机动灵活和应用范围广泛的特性,特别适用于城市内陆河道水环境综合治理。此外,螺旋绞刀本身对淤泥扰动小,绞刀周围再加装防护罩,可实现环保挖泥,通过调整绞刀角度可进行河道边坡挖泥施工。

1.4　脱水技术与设备

国内淤泥脱水一般采用自然干化、机械脱水、污泥烘干及焚烧等方式处理,脱水所需设备有真空压滤机、板框压滤机、带式过滤机及离心脱水机等。国外发达国家比较重视城市环保清淤和淤泥的脱水处理,其脱水方式主要有中固化处理、分级压榨脱水、移动式连续脱水、高压脱水等。城市中小河道周边建筑较密集,没有足够的场地供干化和脱水,因此目前较好的解决办法是购置船载压滤机,经絮凝后过压滤机,然后进行后续处置。

1.5　淤泥外运与处置

吸除的底泥一般是带水的粒状或絮状物质,结构疏松,体积庞大,含水率一般在96%～98%。经脱水处理后的底泥含水率仍高达70%～80%,可采用陆路运输和水上驳船运输方式,其中陆路车辆运输成本较高,容易造成环境污染。底泥处置以减量化、无害化和资源化为原则,目前底泥处置的方式主要有以下几种:综合利用(堆肥、焚烧利用、制造建筑材料等)、填埋等。城市中小河道由于历史原因,污染物较多,因此以运至垃圾填埋场填埋为主。

2　城市河道生态清淤国内外研究动态

2.1　国外研究进展

目前,国外的生态疏浚主要以去除河流、浅水湖库和港湾的重金属及PCBs等持久性有机污染物为目的,因此对河流、浅水湖库和港湾的研究较多,而对城市中小河道的研究较少。国外普遍采用“绞吸挖泥 + 机械脱水”方式，不占用土地资源，处理效率高，综合成本低。如日本开发了奥村式底泥连续脱水系统，采用轴式脱水机与绞吸船相衔接进行连续的清淤脱水作业。德国 Bellmer 公司在此项技术上处于国际领先水平，对河道的机械化清淤脱水已有 30 多年的工程经验。

尽管生态疏浚具有很多优点，但国际上对河道和湖库底泥生态疏浚工程多持慎重态度，尤其重视生态疏浚方案的制订，在欧美和日本等国，对河道、湖库等底泥生态疏浚工程的论证极其慎重，施工过程中及时监控，边施工边研究，总结成功经验后再逐步推广。

2.2 国内研究进展

目前国内普遍采用的清淤方法主要有“抓斗挖泥 + 自然干化”和“绞吸挖泥 + 围堰自然干化”两种方式，工程实施较粗放，占用大量土地资源，并且对土壤造成二次污染，处理效率低。生态清淤技术在我国已经开始采用，并取得了一定的成果。滇池草海、广西省南宁市对南湖、西安兴庆湖、南京玄武湖、安徽巢湖、太湖五里湖湖区、上海市苏州河等相继开展了生态清淤工作，为清淤事业的开展积累了重要的理论和实践基础。国内对生态清淤的开展，集中在对生态清淤设备和城市特殊条件下淤泥减量化处理设备的研发，力求通过技术的进一步精细化，使生态清淤技术得以大力推广。

清淤可以削减内源污染而被认为是治理河湖的一种重要措施，通过去除污染底泥，可以增大河道容量，减少河道内氮、磷等营养盐的总负荷。清淤对水质的影响效果可能受到河道点源污染等因素的影响，无法从根本上解决水体富营养化问题，因此水质问题仍需进一步采用生态措施，在清淤的同时控制废污水的排放。

3 技术实施过程中存在的问题

(1)为了确保工程的顺利实施，防止不良后果产生，城市河道清淤前应对工程范围内的建筑物和构筑物作全面调查，为清淤工程提出依据。对可能因清淤工程而构成安全隐患的建筑物，应针对工程实际情况在清淤前提出防护和加固措施，并加强沉降观测工作，确保建筑物安全使用和人民生命财产免受损失。

(2)城市河湖水质较差是长期环境污染累积的结果，影响水质的因素较多。为了更好地巩固清淤的效果，在清淤后应采取科学有效的措施进行生态修复。通过多种渠道进行综合治理，才能从根本上解决城市水环境的问题。

(3)由于淤泥的成分、结构复杂，直接进行脱水往往达不到预期的处理效果，因此需要对淤泥进行前处理，前处理的方法决定着淤泥脱水的速度和程度，也影响了后续的脱水效率和运输成本。目前前处理主要有冻融处理、热处理、添加化学絮凝剂、添加表面活性剂、添加生物制剂等，絮凝剂法使用范围较广，物理法和生物法以其对环境影响较小为优选，但技术针对性强，工艺复杂。

(4)国内在清淤精度控制方面与国外先进水平差距较大，影响了生态清淤技术的应用和推广。我国多采用常规清淤设备，研制水平相对落后，垂直精度只能控制在 20 cm 之内，与发达国家存在着较大的差距。为提高清淤精度，可在挖泥船上配置先进仪表设备，如传感器、水位遥报系统、断面监视仪(DPM)、污染监视仪(DRM)、全球定位仪(GPS)、差分全球定位仪(DG－PS)等，但国内实际的清淤工程中使用较少。

4　结语

生态清淤作为生态修复工程,符合无风险环保安全的要求,是一种于最佳施工期(生物休眠期)进行的清洁生产工艺,注重生物多样性和物种保护,清淤后可为后续生态的修复创造条件。因此,尽管此项技术在国内的应用时间相对较短,清淤深度精确控制较难,但仍不失为一种环保、高效的河道污染控制技术,以其独特的优势有望成为我国清淤的主流技术。

参 考 文 献

[1]许平增. 城市清淤设备淤泥脱水技术的探讨[J]. 建筑机械技术与管理, 2004(3):64-66.

[2]曹承进, 陈振楼, 王军,等. 城市黑臭河道底泥生态疏浚技术进展[J]. 华东师范大学学报:自然科学版,2011(1):32-42.

[3]戚仁海, 徐亚同, 刘赞. 苏州河底泥疏浚对围隔中水生生态系统的影响[J]. 华东师范大学学报:自然科学版, 2006(4):127-133.

[4]钟继承, 范成新. 底泥疏浚效果及环境效应研究进展[J]. 湖泊科学, 2007, 19(1):1-10.

[5]朱敏, 王国祥, 王建,等. 南京玄武湖清淤前后底泥主要污染指标的变化[J]. 南京师范大学学报:工程技术版, 2004, 4(2):66-69.

加强型生态修复技术在江场河、先锋河的应用

薛黎铭[1]　陈琦晟[1]　郑如霞[2]　韦联平[2]

(1. 闸北区河道管理所;2. 上海同瑞环保工程有限公司)

摘　要:随着城市的发展,河道污染问题越来越突出,由此带来的其他问题也层出不穷。本文以上海市示范河道——江场河及先锋河为例,分析了河道的现状及影响因素,阐述了河道治理的常用技术,针对河道治理理念及技术进行探讨,从而提出了适合的处理手段——加强型生态修复技术,并总结了实际应用情况。

关键词:河道　治理　生态

从古至今,人类的生活就与河道紧密相连,也正因为如此,人们的足迹对河道产生了深远的影响[1]。河道是城市繁荣和文明发展的载体,随着城市化进程加快,人口剧增,产生的污染日益增加,给河道带来了极大的冲击,同时也影响了人类健康和城市形象。上海丰富的河道资源是城市生态环境的重要组成部分之一,给这座城市增添了妩媚柔美的气质。然而不是所有的河水都清澈见底,风景怡人,原应体现城市灵性的水系,变成了城市机体的"毒瘤"。

因此,人们对河道的治理越来越重视,河道治理经历了从单纯满足行洪排涝基本功能到充分重视其生态功能的发展历程[2,3]。尤其是近三年来,上海市以"安全、资源、环境、景观"四位一体的现代化水建设理念为指导,同时,以"清、疏、建、拆、绿、管"为主要内容的全市中小河道综合整治也在全市铺开,并取得一定效果。

1　江场河、先锋河原状

江场河、先锋河位于闸北区彭浦镇科技工业园区内,江场河东西走向,东至沪太路支路,西接先锋河;先锋河为南北走向,南连江场河,北端连接走马塘水闸,江场河全长 245 m,河道平均宽度在 10 m,河道驳岸为硬质驳岸;先锋河全长 250 m,河道平均宽度 12 m,河道两侧驳岸为螺母块堆砌护岸。先锋河东西两侧分布煤化工厂、混凝土搅拌厂,周边为外来人口聚居区及小饭店。随着经济的发展,对河道环境要求的逐步提高,江场河、先锋河的治理势在必行。

河道面临的主要问题是:①河道自身生态环境遭到破坏:河流的生物链被破坏,导致生态环境恶化,而在河道治理过程中,一味地依赖人工干预,未能从根本上解决问题。②水体问题严重,水质恶化:工业废水、生活污水未经处理,直接排入河道,超过了河道的

自净能力,造成河水浑浊、乌黑,蚊蝇滋生,臭不可闻。

2 河道治理技术探讨

江场河及先锋河于2012年列入上海市生态治理示范河道。这也在一定程度上预示着上海市在河道治理观念上的重大改变。一是,河道治理不再单纯注重感观效果,而是逐渐重视生态修复。原先河道治理总是依赖物理、化学等方法,如:机械除藻、引水换水、加入化学药剂杀藻等[4]。这些方法虽然在短期内效果较好,但治标不治本,成本较高,且化学药剂容易造成二次污染。如今河道治理技术逐渐侧重于生态法,即通过在水体内构建一个接近完整的食物链系统,实现水体内动态的生态平衡,从而恢复河道的自净能力。该方法运行费用低,操作管理简单,无二次污染,但生态系统建成初期处理效果欠佳,而且适应的污染负荷小。二是,河道治理不再紧握大河不放,而是转战中小河道。这一战略性转变意义重大。其实大河大湖水质之所以不好,归根结底是由于其"源头"水质不好,即汇入的支流支叉水质不好。着重治理中小河流,控制好"源头"水质,那么"终点"水质自然就好了。

追本溯源,分析江场河、先锋河的污染问题就如上文所说可以归结为两大问题,一是河道内生态系统遭到破坏;二是外源污染的进入。因此,对症下药,宜重点恢复河道内的生态系统,而对于外源污染,单纯的生态法不足以应对,故需要少量人工干涉。即需选用以生态修复技术为主,辅助部分人工干预措施,这就是加强型生态修复技术。

3 加强型生态修复技术

3.1 加强型生态修复技术主要思路

由于一般的生态法,在生态系统建立初期处理效果欠佳,甚至在重污染河道生态系统构建都有一定困难,且应对突发污染的效果不理想。

加强型生态修复技术是在生态修复技术基础上辅助高效水处理技术,削减污染物,控制污染浓度,为生态系统发挥正常功能创造良好的条件。其既保留了生态法的优点,又克服了其不耐污染的缺点。加强型生态修复技术的基础是生态净化系统。生态净化系统的设计和构建的核心是依据生态原理,形成多层次的水生生物系统,通过构建食物链,降解、固定或转移污染物和营养物,达到净化水质的目的。

生态净化系统的核心是构建沉水植物系统。沉水植物净化水质的功能非常强大。沉水植物根茎能吸附、分解、吸收水体营养负荷,其分泌物及其叶片使水体中的悬浮颗粒与胶体絮凝、沉淀,可快速提高透明度,从而大大改善水体中、下层光照条件,增加溶解氧。某些水生植物根系能分泌出化学信息素,有效地遏制藻类的恶性增殖,避免水华发生。

3.2 加强型生态修复技术主要措施

(1)高效的水处理设备进行水质调控。通过高效的水处理设备可以在短时间内将水质调控在一个较好的状态,有利于生态系统的构建,是河道生态修复初期污染情况严重的情况下十分有效的一种措施,是加强型生态修复技术的核心技术。其水处理设备的结构原理见图1。

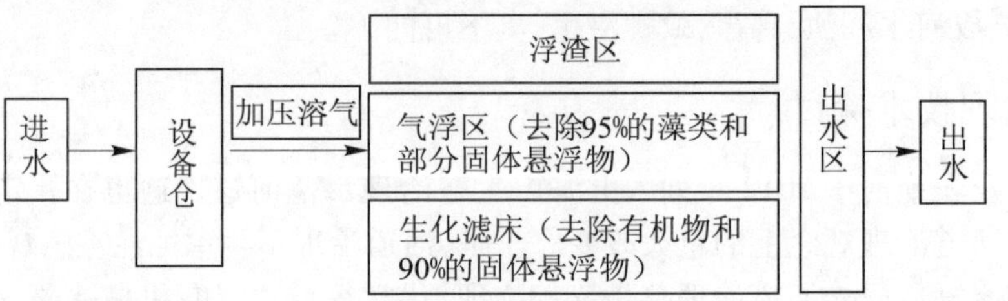

注:加压溶气,即采用加压的方法将空气溶解于水中,在减压的条件下释放出的微小气泡黏附于悬浮物上,使其整体比重小于水而上浮于水面,实现固液分离。

图1　高效的水处理设备结构原理

高效净化设备的突出特点如下:①效果好,系统出水浊度通常可以控制在4NTU以下,透视度可以达到1 m以上。处理出水溶解氧高,有利于水中鱼类的生长。②适应性好,净化装置既能满足富营养化水,又能满足受有机污染的水的处理。③见效快,一般2~3 d就可以使水质明显改善。

(2)底泥处理措施。由于河道污染物沉降形成底泥,氮、磷、有机物等沉积在底泥中,在适当条件下,氮和磷从底泥中释放出来,进而加剧水体的富营养化。底泥中的硫和氮含量较高,就会使内河形成黑臭,因此必须对河道底泥进行处理,包括底泥清除和底泥稳定两大措施。底泥清除即对河道进行清淤疏浚,用物理的方法对底泥进行清除。底泥稳定则通过化学手段来改善底泥黑臭问题,可采用包含碱性钙离子类化合物、氧化性电子受体、固化类物质和电解质等成分的稳定剂,能有效提高底泥中的氧化还原电位,改善底泥中的还原性环境,并可刺激底泥中异养微生物的活性,通过微生物的降解作用减少底泥中有机物含量,降低挥发性硫化物的含量,对于改善底泥黑臭有一定的效果。底泥稳定剂持续作用时间较长,一次投加后在数月内起到持续的改善效果,辅以曝气等措施后对于底泥稳定效果更为显著。

(3)曝气增氧措施。由于河道中溶解氧含量不高,而污染物的转化需要大量的氧气,必须对河道进行增氧。人工增氧是城市水环境生态修复的重要措施,被广泛应用于黑臭河道和水体富营养化治理。它是通过一定的增氧设备,增加水体溶解氧,加速河、湖水体和底泥微生物对污染物的分解,为水体中各种水生动物呼吸提供氧气,促进系统生物多样性的发展。

(4)水生动植物重构河道生态链。通过生态修复技术种植和恢复水生植被特别是沉水植被,改善水质,使水体清澈,并通过修复后的沉水植被的光合作用把大量的溶解氧带入底泥,使淤泥中的氧化还原电位升高,促进底栖生物包括水生昆虫、蠕虫、螺、贝的滋生,进而使水体生态系统恢复多样性;最后有序地放入鱼、虾、蟹类等原有土著水生动物,平衡沉水植被的生产力,同时优化水体水生生物的多样性,形成良性循环的水生生态自净系统,全面恢复水生生态系统。

4　加强型生态修复技术在江场河、先锋河的应用

江场河与先锋河属于封闭性重度富营养化水体,水体发绿,含有大量藻类,尚有少量污水排入河道;另外底泥污染逐渐释放,特别在一定的气候和水文条件下,有可能集中爆

发，再加上生态系统建设初期，非常脆弱和不稳定，极易被污染破坏，而恢复又代价高昂。生态治理前，江场河及先锋河无论冬夏均呈不健康的水色，标志着水体呈从黑臭状态向富营养化状态转化的中间态，其中冬季呈暗灰色，夏季则呈黄绿色，能见度不足 30 cm，部分区域有臭味。水质状况见表 1。

表 1　江场河及先锋河治理前水质监测结果

河流	监测时间	COD_{Mn} (mg/L)	BOD_5 (mg/L)	NH_3-N (mg/L)	TP (mg/L)	DO (mg/L)
江场河及先锋河	2010 年 10 月	9.76	8.7	2.34	0.50	2

利用加强型生态修复技术，通过水处理设备调控水质、底泥处理、曝气增氧、种植水生植物等措施，水质得到明显改善，浊度降低，透明度达到 1 m 以上，几种主要的水质指标均明显降低，可达到地表水Ⅲ、Ⅳ类水标准。监测数据见表 2。江场河及先锋河的生态治理实施如图 2 所示。

表 2　江场河及先锋河治理后水质监测结果

河流	监测时间	COD_{Mn} (mg/L)	BOD_5 (mg/L)	NH_3-N (mg/L)	TP (mg/L)	DO (mg/L)
江场河及先锋河	2015 年 1 月	6.24	2.21	0.46	0.025	8

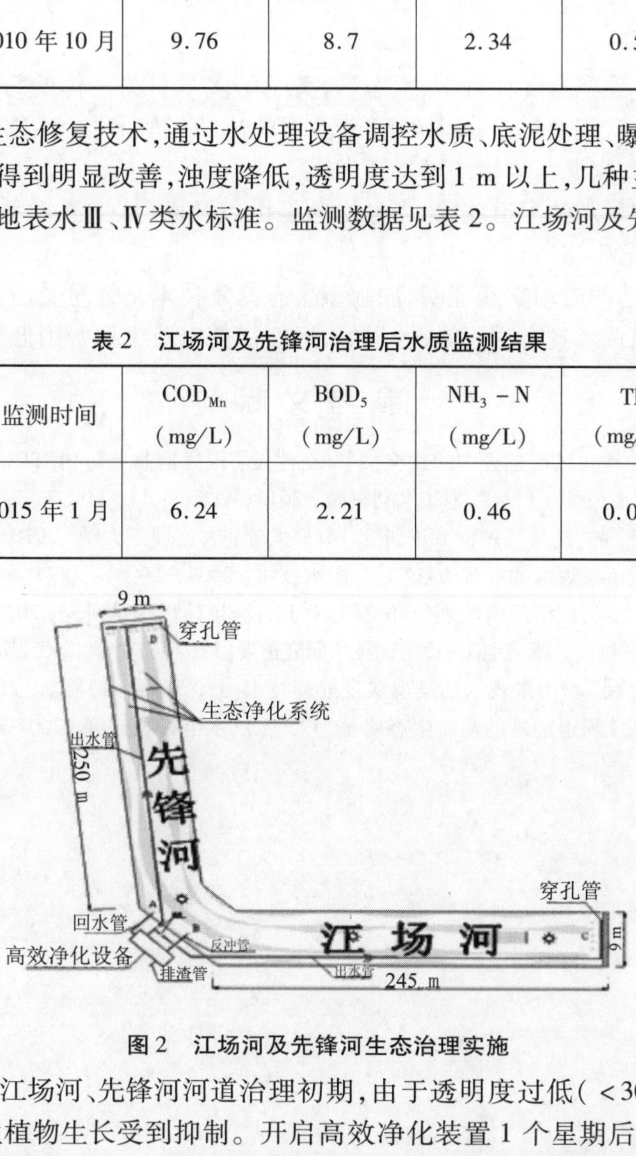

图 2　江场河及先锋河生态治理实施

2014 年 6 月，江场河、先锋河河道治理初期，由于透明度过低（ <30 cm，河道平均水深约 1.5 m），水生植物生长受到抑制。开启高效净化装置 1 个星期后，水质得到明显改善（透明度 >1.2 m，NH_3-N：1.5 mg/L，BOD_5：6 mg/L），此时沉水植物生长明显加快，适应情况良好。

2014 年 10 月至 2015 年 1 月，江场河发生了两次突发性大污染，第一次由于先锋河东侧工厂排污,污染浓度骤升 NH_3-N:5.36 mg/L,BOD_5:14.7 mg/L,开启高效净化装置,3 d后,将氨氮指标降到2 mg/L,BOD_5降到10 mg/L,成功避免了因生态系统超负荷而引起的水生植物大量死亡的局面。第二次突发情况,也正是因为高效净化装置的及时开启,快速削减污染物,控制污染浓度在生态系统可承受的范围内,保护生态系统免受破坏。

在治理初期,由于河道生态系统还比较薄弱,而其间经常有雨水、污水等进入,一段时间后水质会变差。此时,间歇性开启高效净化装置,河水水质就可迅速改善,为生态系统正常发挥功能提供保障,也能确保河道常年清澈,满足各种功能要求。

5 小结

河道整治是一项融合环境科学、生态学、美学等多学科为一体的跨地区、跨行业的综合性系统工程[5]。我们要结合国内外河道治理的成功经验和技术,因地制宜,建设生态型的河道,保持城市资源与环境的可持续发展。

对于目前不容乐观的河道现状,当务之急是由点及面,从支流入手,选用合适的治理技术,全面改善河道生态。

江场河、先锋河的应用实践证明,加强型生态修复技术是针对受污染河道进行生态修复的有效手段。该技术具有耐污染、效果好、运行简便以及维护费用低等优点。

参考文献

[1]陈俊. 河道综合治理在城市建设中的意义[J]. 新建设:现代物业上旬刊, 2012(4):108-109.

[2]王勇. 河道生态治理分析[J]. 黑龙江水利科技, 2013, 41(3):113-114.

[3]韩黎. 生态河道治理模式及其评价方法研究 [D]. 大连:大连理工大学, 2010.

[4]杨猛, 刘振鸿. 城市景观水的处理方法[J]. 净水技术, 2004, 23(6):18-20.

[5]吴熙栋, 杨乃琛. 浅析城市河道治理与环境影响[J]. 城市建设理论研究, 2014(9):99.

[6]张捷鑫, 吴纯德, 陈维平, 等. 污染河道治理技术研究进展[J]. 生态科学, 2005, 24(2):178-181.

[7]杜文华, 芮旻, 徐斌. 城市景观水污染现状及处理技术[J]. 环境保护科学, 2006, 32(2):11-14.

[8]钟春欣, 张玮. 基于河道治理的河流生态修复[J]. 水利水电科技进展, 2004, 24(3):12-14.

水下 LED 光照沉水植物处理河道富营养化的探讨

陈琦晟　李滢莹　薛黎铭
（闸北区河道管理所）

摘　要：我国河道水体富营养化问题日趋严重，大量生产生活污水排入河道造成水体富营养化，严重影响到社会经济可持续发展。在治理河道污染的实践过程中，利用沉水水生植物吸收水体富余的氮、磷等元素，从而解决水体富营养化问题被认为是行之有效的方法之一。但由于在河道治理初期水体透明度较低，不利于沉水植物生长。本文试图在利用水下 LED 灯光照射沉水植物促进其生长方面进行探讨，为沉水植物在水底光照不足的情况下处理河道水质提供新思路。

关键词：沉水植物　LED　河道生态　环境修复

随着人类活动的日趋频繁，人类对河道生态环境的破坏日益增大，我国多个地区的水环境发生了水体富营养化的问题，大量的氮、磷等污染物排入江河湖泊，对水环境造成了严重影响。这些年，水生植物在治理水体环境和防治河道富营养化方面的应用得到广泛重视和逐步完善。水生植物净化富营养化水体的生态工程方法相较于传统的物理、化学修复法以其见效快、成本小、能耗低、污染少、简单便捷等特点，在治理河道污染过程中被广泛运用。水生植物分沉水植物、挺水植物、浮水植物，其中沉水植物是水体中重要的初级生产者，对水体的功能具有非常重要的影响，它能大量吸收水体中的氮、磷等物质，是恢复和构建水生态系统的重要环节。但由于受污染河道水体透明度普遍较低，不利于沉水植物的生长，从而影响了沉水植物净化水体的功效。本文试图分析探讨利用 LED 光照沉水植物以改善河道水底光照不足影响沉水植物生长的不利因素，进而促进沉水植物生长，改善河道水质，为用沉水植物改善河道水质的新方法提供参考。

1　沉水植物对修复河道生态的作用

实践表明，利用沉水植物吸收水体富余的氮磷等元素，从而解决水体富营养化问题被认为是行之有效的方法之一，尤其是沉水植物，被认为是构建水生态系统的核心，其净化水质功能非常强大，能大量吸收氮、磷，提高水体溶解氧并释放生物素遏制藻类的生长。

沉水植物通过有效增加空间生态位，抑制生物性和非生物性悬浮物，改善水体溶解氧条件，为形成复杂的食物链提供了基础条件。沉水植物的茎、叶和表皮都与根一样具有吸收作用，且皮层细胞含有叶绿素，能进行光合作用。这种结构对水中的氮、磷等污染物有良好的吸收作用，因而在净化水质，改善河道水体富营养化方面有良好效果。有研究表明，金鱼藻、苦草、伊乐草、黑藻等沉水植物对水体水质有良好的净化效果，可有效去除水体中的氮、磷等物质，同时可显著改善水体透明度，提高溶解氧，且有利于土著微生物进行协同作用。此外，沉水植物还能通过与藻类争夺营养、光照以及释放化感物质遏制水中藻类等浮游生物的增殖，避免发生水华现象。

2 光对沉水植物生长的影响

虽然沉水植物在河道水体环境生态修复、构建生态链和净化河道水质等方面表现突出，但是在利用沉水植物修复河道生态过程中也有许多阻碍因素，其中光照就是一大因素。大多数受污染的河道水体透明度很低，水体光线的减弱可能是沉水植物不易存活的主要原因。

众所周知，光是绿色植物进行光合作用不可缺少的能量来源。光在绿色植物生长中起着至关重要的作用，只有在光照条件下，植物才能正常生长、开花和结实；同时光也影响植物的形态建成和地理分布。光对植物影响可分为3个方面：光强、光质、光周期。光强就是光的强度，过强或过弱都不利于植物生长。光质就是光谱构成情况，自然状态下的光谱往往是固定不变的，这就不能满足不同生物在不同时期对光谱的特定需要。例如，一些海藻在夜间需要按照特定的波长配置蓝光、红光。光周期就是在生长过程中光照时间的要求。植物并非24 h都需要同样的光，其需要的光照时间长短是不同的。通过光强、光质和光周期调节，可以控制植株形态建成和生长发育，如调节光周期、人为调控瓜类的性别表现等，这已经成为设施栽培领域的一项重要技术。

同样地，光对于沉水植物而言也是不可或缺的，光合作用是沉水植物重要的代谢活动。在水中，由于水体溶解物、悬浮颗粒以及水深的影响，来自太阳的光能迅速衰减，加之在空气与水交界处的损失，光照不足的现象在水体中最易发生，水体光强是沉水植物生长的必需环境因子。一般认为，水底光照不足射入光的1%时，沉水植物就不能定居。另外，光在水中的衰减依赖于波长、光强和光质，它们均随水体深度而变化。有研究表明，随着水深增大，红光与远红光的比率会增加，这将影响沉水植物的形态发生。

3 利用LED光源为沉水植物补光的设想

如何解决沉水植物生长过程中面临的光照问题，目前采用的方法主要有以下几种：

一是通过降低水位的办法来改善水下光照条件。中科院南京地理与湖泊研究所在太湖300亩湖滨生态重建区即采用此种方法，将水体最低降至0.3 m。该工程耗资巨大，历时长，且在恢复水位以后，由于水体透明度下降导致植物又大量死亡，效果不理想。

二是通过提高水体透明度来改善光照环境。通过物理化学措施、微生物制剂以及工程措施的综合应用，降低污染负荷，提高水体透明度。但是水体环境的改善，透明度的提高需要长期的过程，且一些措施容易造成二次污染，不利于水环境的整体修复。

近年来，也有人曾提出采用渐沉式浮床种植沉水植物。通过将沉水植物种植在特殊浮床装置里，根据沉水植物生长特性在水中逐步沉降来克服富营养化水体透明度低、沉水植物不利于存活的难题。但该方法仍然存在装置结构复杂、操作性较差等问题。

在思考如何有效克服沉水植物光照不足问题的过程中，笔者觉得利用 LED 灯进行水下补光或许是一个良好的解决方法。在利用 LED 光照培养植物的多个研究中，都表明 LED 能有效促进植物生长。如 Bula 等用红、蓝光 LED 灯构成复合光源，模拟植物光合作用所需的自然光进行莴苣培养并取得了成功。Tanaka 等研究 LED 照射下植物栽培实用化问题，分析了 LED 光照周期以及占空比对植物生长的影响，认为在一定条件下，用 LED 光调节光照时间的植物生长速度明显加快。美国国家航空航天局率先在太空使用 LED 灯栽种，这些栽种专用灯经特别设计，其光波刚好是叶绿素吸收的波长，促进生长之余，亦减少植物不吸收的光波，避免造成浪费。种种研究和实践表明，LED 不仅用于照明，更可以广泛地应用于各种植物及农作物的培养。不难想象，如果利用水下 LED 灯作为模拟沉水植物所需要的光源，完全能克服水体透明度低、光照不强的不利因素，促进沉水植物生长，进而吸收水体中氮、磷等富营养化物质，达到改善河道水质的目的。有试验表明，沉水植物伊乐藻通过白色 LED 灯光照射，能够很好地吸收利用养殖水体中的氨、氮，促进自身生长，同时光合作用产生的氧气，能够基本满足鱼类生长的需求。这对利用沉水植物重建生态链，改善水环境而言是至关重要的。

4　利用 LED 光源的主要优势

LED 是 21 世纪具有竞争力的新型光源，具有节能环保、使用寿命长、光谱稳定、控制灵活等特点，是未来照明系统发展的大势所趋。其在植物栽培、农业种植领域具有独特优势。

4.1　节能

LED 单管功率 0.03 ~ 0.06 W，采用直流驱动，单管驱动电压 1.5 ~ 3.5 V。电流 15 ~ 18 mA，反应速度快，可在高频操作，用在同样照明效果的情况下，耗电量是白炽灯的万分之一，荧光管的二分之一，日本估计，如采用光效比荧光灯还要高 2 倍的 LED 替代日本一半的白炽灯和荧光灯，每年可节约相当于 60 亿 L 原油，同样效果的一支日光灯 40 多 W，而采用 LED 每支的功率只有 18 W。

4.2　环保

LED 为全固体发光体，耐冲击、不易破碎，废弃物可回收，没有污染，可减少大量二氧化硫及氮化物等有害气体以及二氧化碳等温室气体的产生，改善人们生活居住环境，被称为“绿色照明光源”。

4.3　波谱窄

LED 光源在农业领域的一大优势是其波谱线较窄，因而可以根据不同的植物的特性选择相应特定波长的 LED 进行光照，以实现与植物光合作用吸收峰值波长完全吻合。相较其他光源会产生植物不吸收的光波，造成能源上的浪费，LED 的这一特点使其在植物栽培方面具有明显的能效。

4.4　方便调控

LED 灯的一大优点是方便调控，它的调光、调色、安装等相对更方便，我们可以随意控制 LED 灯,对其进行调光调色和控制光照强度。这一特点在景观灯领域被广泛运用,我们看到许多建筑物外面色彩斑斓、不断梦幻般变换着颜色的景观灯就是 LED。目前 LED 进入智能时代,手机也可调控 LED。

4.5 易与太阳能接驳

LED 另外最重要的一点是可以用直流驱动，这点用在太阳能上尤其重要，因为太阳能发的电也是直流的，可以省却逆变器这一环节的成本和能量损耗。太阳能 LED 照明系统广泛用于路灯、草坪灯等方面。随着太阳能光伏技术的发展和进步,太阳能 LED 产品在环保节能的双重优势的作用下具有极为广阔的发展前景。

5 讨论与展望

综上所述,LED 光照沉水植物处理河道富营养化可以作为河道生态修复的新方法,发展前景较好。本文对 LED 光照沉水植物处理河道富营养化问题做了初步探讨,对于沉水植物种类的选择、LED 特定光照波长、强度以及光照时间等因素的确定等,还有待进一步研究。

此外,在国家大力推进节能环保的政策下,太阳能发展前景极为广阔。根据国能新能〔2015〕73 号文,我国 2015 年全国新增光伏电站建设规模要达到 1 780 万 W。不久前“两会”期间全国政协委员刘汉元表示,我国具备大力发展“渔光一体”的基础和条件,拟大力推广“渔光一体”新模式,即在丰富的养殖水面上架设光伏组件进行发电,形成“上可发电、下可养鱼”的创新发展模式,在水产养殖和光伏产业上实现领域共享。2015 年 3 月 20 日,全球光伏电站开发运营商 Solar Power, Inc.(简称“SPI”)宣布与水上清洁能源公司(Aqua Clean Energy)签署战略合作协议,将在美国的加州、亚利桑那州、新墨西哥州、德州和墨西哥联合开发浮动式光伏电站。在诸如水库、石矿湖、灌溉水渠、尾矿水库等大面积水上区域,联合开发至少 50 MW 的浮动式光伏电站。这些浮动式光伏电站在安装标准光伏组件的同时,还将在系统安装中使用可循环环保材料,因此在生产清洁能源的同时,还能减少水体的蒸发量,并且把光伏电站对环境的影响降到最低限度,从而在充分保证水利灌溉需要的同时,有效地减缓水藻的生长,保证当地居民饮用水的水质。

种种迹象表明,水上光伏产业正在悄然升温。如果在发展水上光伏产业的同时,结合 LED 光照沉水植物来去除水中的氮、磷等富营养化物质的技术,在发展新能源的同时,也不断改善河道富营养化的问题,势必会有广阔的前景。

参考文献

[1]韩世成,等.工厂化水体 LED 光照沉水植物对氨氮的吸收[J].水产学杂志,2013,26(4):47-50.
[2]苏睿丽,李伟.沉水植物光合作用的特点与研究进展[J].植物学通报,2005,22(增刊):128-138.
[3]赵启蒙,等.LED 植物补光照明系统对拟南芥萌发率的效用探究[J].照明工程学报,2012,23(3):64-68.
[4]闫芊.沉水植物黑藻在水生生态系统修复中的应用研究[J].北方环境,2013,25(8):94-96.
[5]任南,等.环境因子对东湖集中沉水植物生理的影响研究[J].武汉大学学报,1996,42(2):213-218.

PLC 技术在液压启闭式闸门的运用

沈一斌　姜　斌
（松江区水利工程管理所）

摘　要：PLC 技术应用于液压启闭式闸门控制系统中，可以提高水闸运行与维护的可靠性、安全性和自动化水平。相比传统的继电控制电路，具有操作简单、及时、准确、系统稳定、维护成本低等优势。本文主要介绍松江区紫石泾水闸船闸闸门控制中运用 PLC 控制技术，实现液压启闭式闸门的自动化控制、闸门启闭过程控制、闸室内外水位的监测、闸门闸位和设备状态监控等。

关键词：PLC　信号采集　自动控制

1　采用 PLC 控制技术的液压启闭控制系统

1.1　固定式液压启闭机

液压启闭机具有液压传动的基本构成：动力元件、执行元件、控制元件和辅助元件[1]。

图 1 为紫石泾水闸的液压启闭总装图，图中 4 是一个安装在柱塞管支撑座 6 上的油缸，它是用来启闭闸门的起升机构，在液压系统中是执行元件。图中 2 是油泵装置，它由电动机和油泵组成，是动力元件。图中 3 是液压阀组，是控制元件。油泵装置、液压阀组和油缸之间由油管 5 相连接，它们与油箱一起构成一个封闭的液压循环回路。油管、接头、油箱等都是辅助元件。

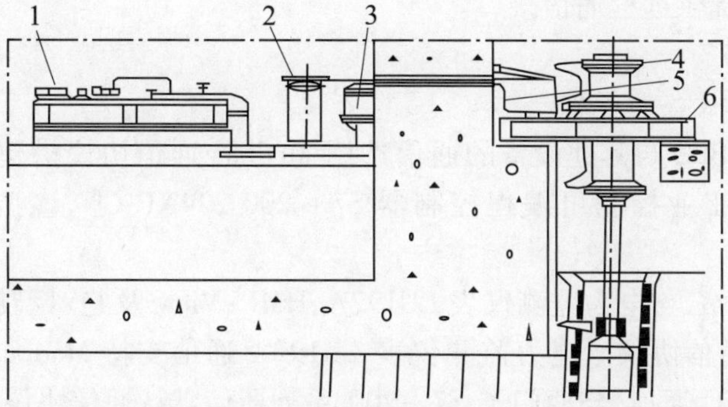

1—油箱；2—电动机及油泵；3—液压阀组；4—油缸；5—油管；6—柱塞管支撑座

图 1　液压启闭总图

1.2　液压启闭控制系统

液压启闭控制系统是水闸闸门启闭的一种比较常用的方式，它由液压系统和电气控制系统组成，整个系统以液压缸为执行元件，油泵、电动机、油箱、液压控制阀组成一个整体。在液压启闭系统中采用 PLC 监控技术，实现了更多的功能，包括闸门的自动控制、数据采集、状态监控等，而且更加安全可靠。在传统的电气控制系统中，使用了大量的继电器和传感器，这些电子器件对振动、发热、受潮等不良环境非常敏感，容易产生传感器位移、继电器触点接触不良、各类控制模块间的接线容易松动等，因此更容易引起电气故障，导致闸门不能正常运行。

紫石泾水闸位于黄浦江松江段，由船闸和节制闸组成，主要用于防汛、通航、调水和收费。船闸的上下游闸门采用 PLC 控制的固定双吊点液压启闭机，这种基于 PLC 控制的闸门控制系统，摒弃了传统的继电器控制模式，大大提高了工作可靠性、安全性及平均无故障时间等，维修成本大大降低。通过该系统，操作工可及时了解闸门的运行状态、闸门的开度、上下游水位情况，分析故障原因等，并及时根据现场需要对闸门进行现地自动控制或者现地手动控制。

2 液压启闭机 PLC 监控系统

2.1 液压启闭机 PLC 监控系统构成

液压启闭机的电气控制系统硬件包括 PLC、E - view MD204L 人机界面、智能电力监测仪表、旋转编码器、接触器、继电器、指示灯、断路器等。人机界面、电力监测仪表及绝对型旋转编码器通过 Modbus 通信协议方式与 PLC 相连接，上位机或远程主机通过 Modbus 通信方式与 PLC 连接。由电力监测仪表检测电机功率、电流、电压等参数，输入到 PLC 中；旋转编码器将测量的脉冲信号输入到 PLC 中，在 PLC 中通过软件采用人工智能控制技术，实现数据的采集，完成各种信息处理，从而实现对系统的控制，过电流、过电压、欠电压、缺相保护、过载保护、荷载预警等，对液压启闭机升降全过程提供安全保障，并在人机界面上显示相关信息。

开关柜表面由开关按钮（升、降、停、手动/自动设置）、人机界面显示器（高度、荷载、参数设置、报警类型）、相应的指示灯组成，以便用户使用，内部由开关、交流接触器、传感器、PLC 等组成，并提供远程通信接口。

2.2 系统通信网络

2.2.1 PLC 与其他设备的通信

本系统选用的 PLC 与其他设备的通信选用 Modbus 通信协议搭建通信网络，通信方式的选择为西门子工业控制可编程控制器 S7 - 200 224XP CN，该型号 PLC 有两个通信口。

选用 PLC 作主站，与电力监测仪表 LU192A、HMI eView 及绝对型旋转编码器进行通信，根据要求选择通信协议。电力监测仪表 LU192A 通信支持 Modbus 协议，HMI eView 支持与多个厂家 PLC 通信，与西门子 S7 - 200 系列通信默认通信协议为 PPI 协议。系统通信选用 PPI 协议时，PLC 可以不用编程，而且可读写所有数据区，快捷方便。

在水闸实际运用中，为了能更充分利用 PLC 通信端口，解决实际问题，使系统更利于扩展，基于 Modbus 协议的 S7 - 200 PLC 与人机界面及电力监测仪表的通信模式，将 HMI eView 及电力监测仪表 LU192A 通过 Modbus 连接到系统中，系统仅使用了一个工作于 Modbus 方式的 S7 - 200 PLC 的通信端口，而另一个通信端口供计算机编程调试或 PC 远程监视使用。

2.2.2　系统通信网络

PLC 与其他监测仪表、设备间的通信均选用 Modbus RTU 协议,其物理层为两线制的 RS-485 接口。PLC 在系统中起核心作用,PLC 作主站与电力监测仪表、人机界面及绝对型旋转编码器通信获取数据,通过编程实现系统功能,系统网络接线如图 2 所示。

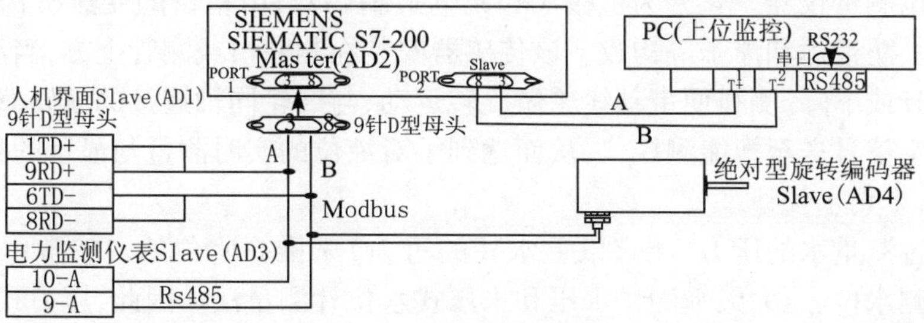

图 2　系统网络接线图

2.3　PLC 监控系统的信号采集

2.3.1　闸门开度的测量

测量闸门的开度一般选用绝对型编码器测量。相比较增量型编码器,绝对型编码器测量精度更高、分辨率更高、可靠性更好,能实现闸门高度的精确监控。

本系统中选用 RS-485 串行通信模式的绝对型旋转编码器,将编码器的并行数字信号转换成串行通信信号输出,这种输出方式一般用于编码器输出信号远距离传输,传输距离可达 1 200 m,本系统中采用 Modbus-RTU(远程终端单元)模式进行通信的好处是不占用 PLC 的端口资源,使得不同扬程的编码器均可采用统一的极其简单的硬件连接。

当闸门做启闭上升下降运动时,绝对型旋转编码器通过与闸门联接的钢丝绳带动编码器的转轴,将闸门的位移信号转换为格雷码形式的数字量输出,传送给闸门开度仪,通过一定算法间接测量出闸门开度;如图 3 所示为闸门开度仪与编码器、PLC 接线图[2]。

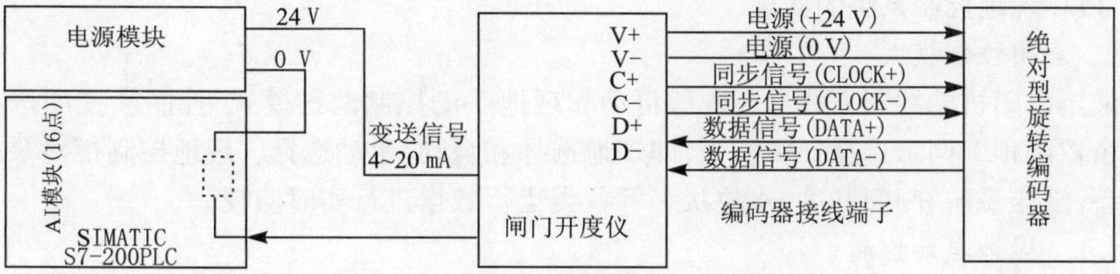

图 3　闸门开度仪与编码器、PLC 的接线图

2.3.2　水位的测量

常用的液位传感器有旋转编码浮子式传感器(机械式和光电式)、超声波传感器、压力式传感器、磁浮子式传感器等。其分辨率从毫米级到厘米级不等，测量范围从几十厘米到几十米。

2.3.2.1 旋转编码浮子式传感器

它是利用浮子跟踪水位升降，以机械方式直接传动记录。用浮子式水位计需要有进出水管的测井设备，适合岸坡稳定、河床冲淤不大的低含沙河段。浮子式水位计为一种应用较广的水位测量仪器。它分为机械式和光电式编码器，由精密的变速机构、线轮、不锈钢丝绳、重锤、防浪锤和浮子等构成。该传感器安装在测井口或测管上方，当液位变化时，浮子随之上升或下降，测绳便带动线轮做旋转运动，与线轮同轴连接的编码器就输出与液位对应的数字信号送至智能测控仪，从而达到了对液位的实时测量与显示的目的。

2.3.2.2 压力式水位计

它是通过测量水的压力(测点以上水柱的重力)来推算水位的。较常用的测量水压的方法有电测水位、压力天平测量水压和水压式水位计测量法。因此，压力式水位计带有变送部分，要将测得的水位信号转换成标准电流信号(4 ~ 20 mA)。这种水位计的优点是不需要建造测井。安装不受地形限制，室外设施简单，但要求水的比重稳定，因此不适用于水的比重变化的地区。

2.3.2.3 超声波水位计

它是由微处理器控制的数字液位仪表，它的工作原理是传感器(换能器)发射的超声波脉冲，超声波脉冲由传感器(换能器)发出，声波经液体表面反射后被同一传感器接收，根据超声波在空气中的传播速度和接收到水面回波所需的时间来测定所经过的距离而计算水位。这类水位计的特点是不需要建造测井，仪器结构简单。但是，由于超声波盲区的影响，因此应用时需要有一定的水深以保证观测精度，同时泥沙、风浪、水流中漂浮物等都会对超声波有干扰作用，因此不适用于泥沙多、风浪大、漂浮物多的河流。

2.3.2.4 磁浮子式水位计

这类水位计的原理是，当液位变化时，磁浮子将随液位在测杆上滑动，继而引起电路中电阻值的变化，检测电路电阻值就可以获得液面位置。

水位检测要求精度较高，综合上述比较，所以选用压力式水位计测量闸门上下游水位。

2.4 PLC 现地控制系统的实现

2.4.1 启闭控制模式

液压启闭机的控制方式分为现地自动和现地手动控制两种模式，控制模式的选择和转换由控制柜上两个选择开关实现，即现地选择和自动/手动选择。现地控制柜对泵站主要设备、液压系统、闸门开度、水位状态等各类运行数据进行实时监视。

2.4.1.1 现地自动控制

系统接到开、关闸门命令信号，PLC 执行预先设定的程序，自动进行闸门的开启和关闭。在自动运行中，当闸门开到设定高度或下降到设定位置时会自动停止。

2.4.1.2 现地手动控制

这种控制方式，一方面用以系统正常运行前参数整定，如现地手动模式下设置下限位、零点位、上限位高度等，另一方面用以满足在 PLC 失电或损坏的情况下进行闸门的开启、关闭，整个开启或关闭过程，需要人工参与，该项功能保证闸门在系统自动功能故障的情况下能进行操作。这种控制模式可以使操作人员能独立于 PLC，直接对闸门和油泵进行操作，具有整个闸门启闭机控制系统中最高优先控制级别。

2.4.1.3　保持控制

在现地自动控制状态下，当闸门开启到设置的开度停止后，控制系统自动监测闸门实际开度，当实际闸门开度下滑到某一数值时，闸门自动执行开启，恢复到闸门的原来设定位置。

2.4.1.4　保护功能

在液压启闭控制系统中，有各类保护功能，如防止闸门偏转卡阻保护、防止液压系统过压保护、手动急停保护[7]等。

2.4.1.5　故障信息显示及报警

系统实时采集各类检测信号，包括液压系统油压信号、PLC 电池电压信号、电动机过载信号、过滤系统过滤器堵塞以及油箱回路过滤器堵塞信号等，当闸门在启闭过程中出现闸门卡住或者其他设备故障时，控制柜上的 HMI 界面会显示相应的故障信息。

2.4.2　系统保护程序设计

本系统中对电机的各项保护，除采用传统意义上的保护装置外，还使用程序“软保护”方式，即编程实现电机的保护，包括欠电压保护、缺相保护、过压保护、过载保护[3]等。

液压启闭系统采用的油泵电机使用三相电源，在电机运行的过程中由于断路器接触不良、触点连接不紧导致高温烧断电线或者安装维护不当等原因会造成一相断线，都会造成三相电机缺相运行。长时间运行后会烧毁电动机，造成设备损坏，存在安全隐患。为了确保电动机的安全运行，使其在发生缺相后能及时停止电机的运行，电动机都装有缺相保护。

以本系统中的电机缺相保护程序设计为例，系统检测各相电压、相电流综合判断，判断缺相的依据是：如果某相电压低于额定电压值的 80%，同时判断此相电流，若电流值低于额定电流的 20%，则立即进行缺相保护断开电机。先进行保护动作，再进一步判断是否为缺相保护，继续判断另两相电压值是否正常，若另两相电压值均为正常值，则断定为缺相，向 HMI 发出缺相保护报警信息。

2.4.3　现地控制系统硬件的实现

本系统采用西门子 SMATIC S7 - 200 系列 PLC，它具有完善的自我诊断、自我保护功能，其配置的模块具有过程输入/输出、数据处理和外部通信功能。可以通过现地触摸屏对所控制的闸门进行准确、无误的操作，PLC 具有自诊断功能，根据采集的各类运行数据检测出的故障的位置，并显示在 HMI 界面。

如图 4 所示，SMATIC S7 - 200 系列 CPU，由一个文本显示屏（TOD110，4 行文本显示）、一个 16 点数字量输入的数字量模块、一个 ModBus - DP 总线模块以及闸门开度编码器、水位计、油位油温的信号输入，中间继电器构成的闸门开度控制回路和电机控制回路组成，形成了一个具有完备控制能力的、相对独立的本地控制系统。该系统具有完善的控制启闭机和采集数据功能。

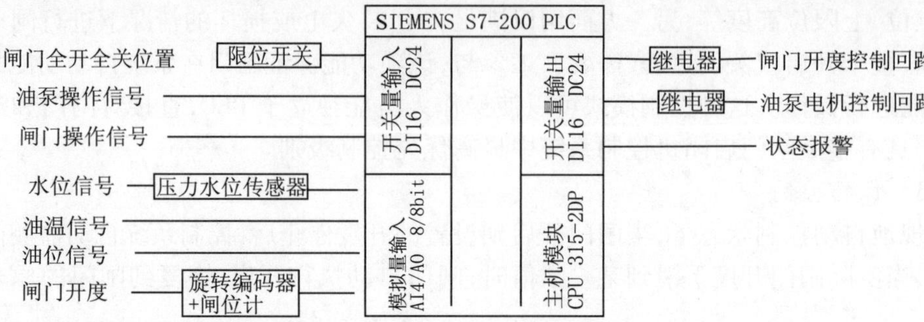

图4 PLC的硬件配置及主要的输入输出信号

2.4.4 PLC控制程序流程图

闸门自动启闭控制程序如图5所示，闸门启闭流程如下：

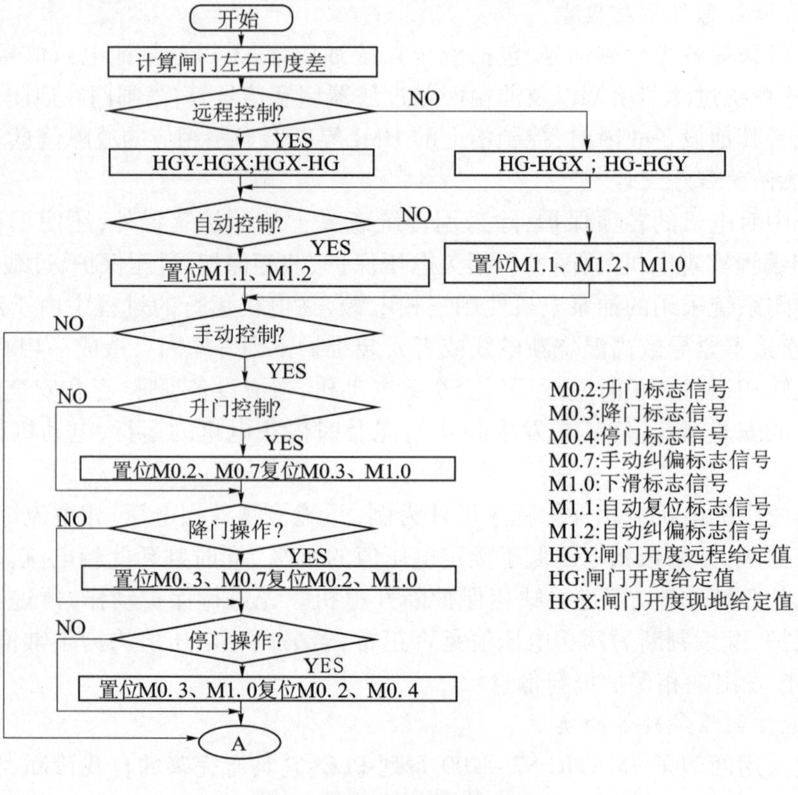

图5 闸门启闭控制流程图

(1)计算闸门左右开度差，置闸门纠偏标志。

(2)判断是远程还是现地控制，对应比较闸门实际开度值与给定值，比较的结果就决定了闸门是升门、降门还是停门。

(3)判断是自动控制还是手动控制，若为自动控制，则根据程序中已置位的标志直接去执行相应的程序。而若为手动控制则根据相应的操作手动给相应的标志置位，最后调用相应的程序，完成操作。

参 考 文 献

[1]王作高.船闸设计[M].北京:水利电力出版社,1992.
[2]谭振国.浅谈编码器在闸门开度测控系统中的应用[J].2006(1):61-63.
[3]黄瑞梅.启闭闸门开度的测量与控制[J].红河学院学报,2006,4(5):57-61.

基于水、泵闸控制系统的智能化研究

李屹硕　沈一斌
（上海市松江区水利工程管理所）

摘　要：智能控制就是具有相对智能化的控制，在无人干预的情况下能自主地驱动智能机器实现控制目标的自动控制技术。

对于水、泵闸控制体系的Matlab仿真可以更加详细地对此类控制系统进行深化了解和透彻研究。经过对各类数据的分析后得出数据的特征、规律和周期性，通过研究制订水、泵闸控制系统的研究方案。在先期完成的数据采集的情况下，对原有数据进行提取、分析，得到内、外河水位的规律变化。着重对内、外河水位的规律变化进行分析。总结得出相应的算法，利用算法控制水、泵闸的开关，达到智能控制的目的。

关键词：水、泵闸　智能控制

1　水、泵闸控制系统

1.1　水、泵闸控制系统背景介绍

近年来我国在水利事业的投入逐年扩大，"十二五"期间国家正在大力建设水利基础设施，水利设备在技术方面也得到很大的提高。与此同时，智能控制技术已经成为水、泵闸控制系统较为先进技术，不断得到应用与普及。出于此，对水、泵闸智能控制系统的研究也是一门新兴的产业。

水利工程发展日新月异，在建造和管理水利设施方面的科技含量也不断增加，各种先进的控制体系不断布局在当今的水利控制中。对水、泵闸控制系统的研究是着眼于水利事业发展的趋势，加强对控制的认识，提升水、泵闸控制的可靠性、稳定性以及安全性。本文对水、泵闸控制系统的Matlab仿真也可以更加详细地对此类控制系统进行深化了解和透彻研究，为水、泵闸智能控制系统在水利设施上的应用和再创新打下基础。

1.2　控制系统研究对象

上海市松江区水利工程管理所管辖的百花港水域内水、泵闸共有11座，是上海市青松大控制水利体系中松江主城区北片圩区的主要调水设施，百花港水域内水、泵闸中主要由高梁泾泵闸监控室控制其余10余座大小水、泵闸。本文主要对上海市松江区高梁泾水、泵闸自动控制体系的仿真与研究。

2　水位数据的采集

2.1　水位的监控

水位是水体在某一地点的水面离标准基面的高度。标准基面有两类：一类为绝对基面，指国家规定的、作为高程零点的某一海平面，其他地点的高程均以此为起点。我国规

定黄海基面为绝对基面。另一类为假定基面,指为计算水文测站水位或高程而暂时假定的水准基面。常采用河床最低点以下一定距离处作为本站的高程起点,在测站附近没有国家水准点,或者在一时不具备条件的情况下使用。

常用的有水尺和水位计。水尺是传统的有效的直接观测设备。实测时,水尺上的读数加水尺零点高程即得水位。水位计是利用浮子、压力和声波等能提供水面涨落变化信息的原理制成的仪器。水位计能直接绘出水位变化过程线。水位计记录的水位过程线要利用同时观测的其他项目的记录,加以检核。

2.2 内、外河水位的采集

上海市松江区高粱泾水、泵闸位于松江新城区以北,属于典型的城区内河圩区,其控制区域内的内、外河水位变化相对规律,且具有一定的周期性。通过这个特性,本文使用电子水位计对高粱泾水、泵闸内、外河水位数据进行相应的提取与分析。

通过仿真软件读取相应的内、外河水位数据,具体方法如下:将上位机提供的水、泵闸内、外河数据进行格式转换,因为水、泵闸操控系统提供的水位数据是 Excel 格式的文件。对 Matlab 的水位数据的提取,在水位数据表转换成 txt 简单的文本格式 txt 之前,是一个纯文本格式,这种格式是流行的,存储都是普通的文本,方便用于数据的提取。经过 Matlab 提取的数据后,如图 1 所示,图片中显示的数据是第一天的内、外河水位数据图。

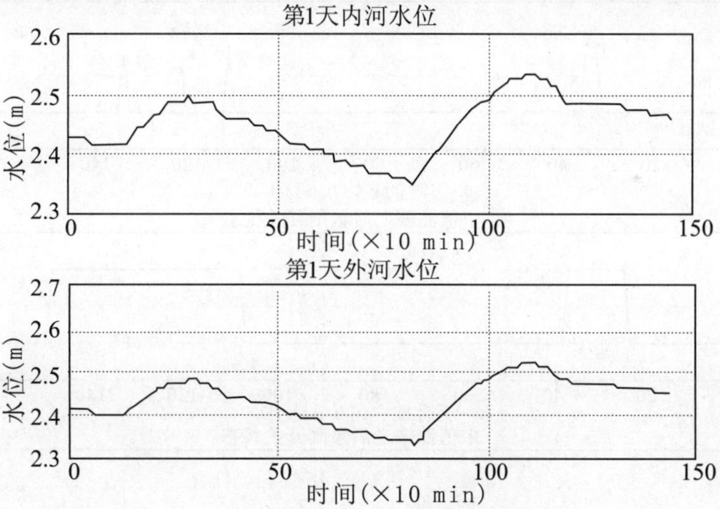

图 1 内、外河水位数据图

图 1 中横坐标代表时间,每 10 min 一次的数据采样。采样一天就是 24 h,所以总共是 144 个数据采样点。纵坐标代表水位值,单位为 m。

3 水、闸泵站监控系统的数据分析与处理

3.1 数据的滤波分析

在内、外河水位数据分析与处理中,常常会遇到数据发生跳变或者失真的问题。这些数据跳变和失真是穿插在正常的内、外河水位数据中同时产生的,这些数据的跳变有时是由于传感器的数据传输问题产生的,有时是水位瞬时的波动产生的。因此,从接收数据中

削弱或消除干扰数据，已成为信号传输和处理的一个非常重要的问题。消除无用的数据，提取有用的数据的过程称为数据的滤波分析。滤波技术是数据分析处理的重要分支。同时，采集、处理、交换或传输数据都离不开对数据的过滤技术，它是安全的、可靠的和灵活的，对数据传输的有效性起着重要的作用。

本文采用中值滤波的方法对数据进行滤波（见图 2），中值滤波是一种非线性信号处理方法，与其对应的中值滤波器是一种统计排序滤波器，用像素邻域内各灰度级排序的中值来代替该像素的灰度级，一定条件下，可以克服线性滤波器（如邻域平滑滤波等）所带来的图像细节模糊，而且对滤除脉冲干扰及图像扫描噪声最为有效，中值滤波的输出与输入噪声的密度分布有关，对随机噪声的抑制能力，中值滤波比平均值滤波要差一些；但对脉冲干扰，特别是脉冲宽度小于窗口一半、相距较远的窄脉冲干扰，中值滤波的效果较好[1,2]。

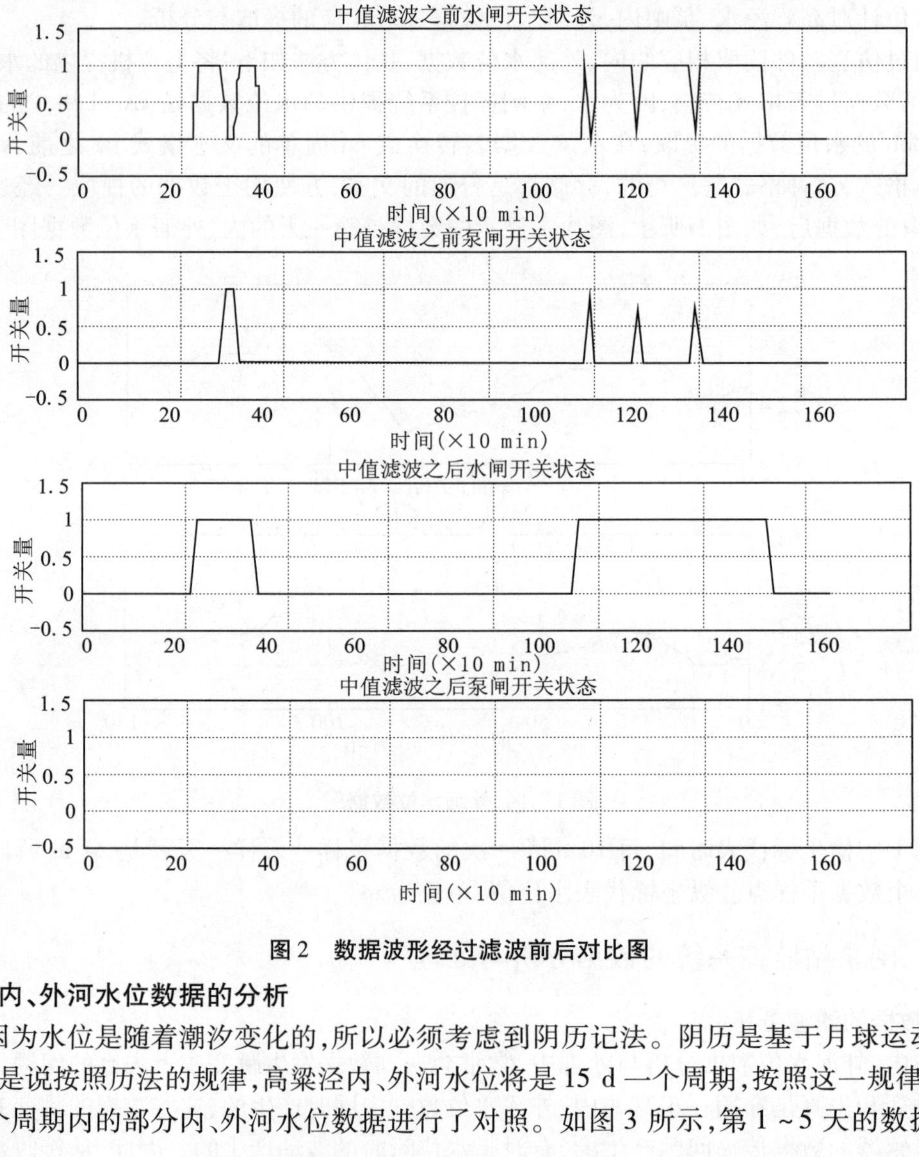

图 2　数据波形经过滤波前后对比图

3.2　内、外河水位数据的分析

因为水位是随着潮汐变化的，所以必须考虑到阴历记法。阴历是基于月球运动的规定，就是说按照历法的规律，高梁泾内、外河水位将是 15 d 一个周期，按照这一规律，本文对两个周期内的部分内、外河水位数据进行了对照。如图 3 所示，第 1 ~ 5 天的数据与第

16～20 天的内、外河水位数据几乎是相同的。

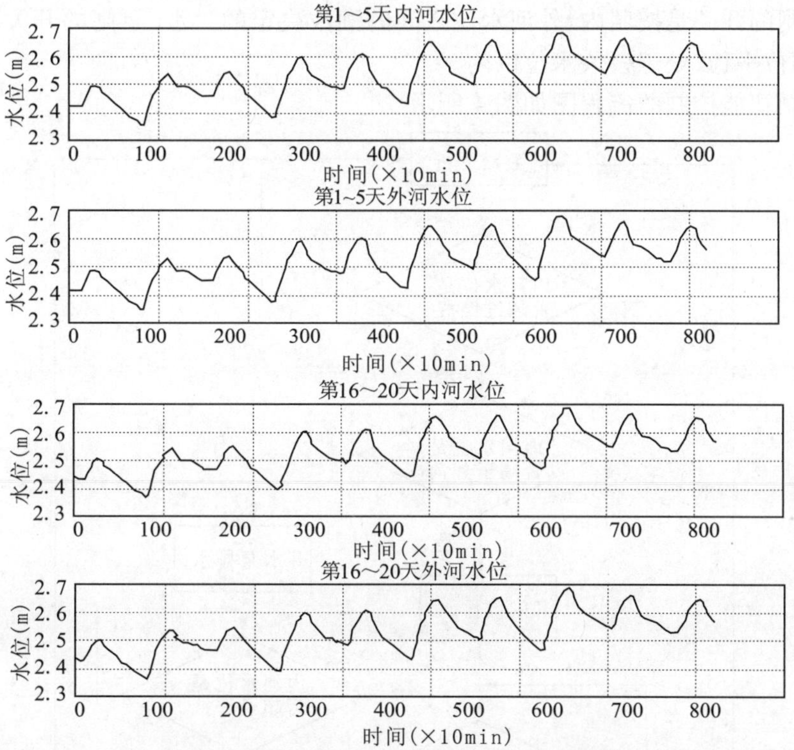

图 3　通过 Matlab 对水位数据分析对照图

通过水位数据的对照，同时结合上海地区的潮汐时间，最终得出了高梁泾水、泵闸内、外河水位的规律，即按照半个阴历月(15 d)为周期的循环规律。由图 3 可以清晰得出在没有特定干扰的情况下，周期内水位变化呈现上升趋势，而在两个周期间比较发现，此趋势是两个周期所共有的。这进一步说明了，高梁泾内、外河水位呈现为 15 d 一个周期的循环规律。

4　水、泵闸智能控制设计方案

4.1　智能控制方案

水、泵闸的控制，按照常规的方法：是水、泵闸管理人员观察水位变化，发现内河水位超过警戒水位后，通过汇报，由上级部门统筹观察外河水位变化，然后再下达开关水、泵闸的指令，再由水、泵闸管理人员进行相应的操作。

本文的智能决策控制可以使得原有的水、泵闸自动控制体系变得更加智能、可靠。其设计理念为：在先期完成的数据采集的情况下，对原有数据进行提取、分析。数据的提取和分析主要采用 Matlab 软件，得到内、外河水位的规律变化。主要对内、外河水位的变化规律进行合理分析。总结得出相应的算法，控制水、泵闸的开关，达到智能控制的目的。

智能控制是指具有相对智能化的控制，在没有人干预的情况下，自主地驱动机器设备得以实现目标的控制技术称作智能控制技术。本文采用对以往数据的提取和分析得出的相应算法来达到最终的控制目的[3,4]。

4.2 智能控制仿真试验

水、泵闸的开关是按照内、外河水位之间的潮汐决定的。水、泵闸的开关主要目的是确保内河水位平稳,处于警戒水位以内。

水、泵闸智能控制的流程图如图4所示。

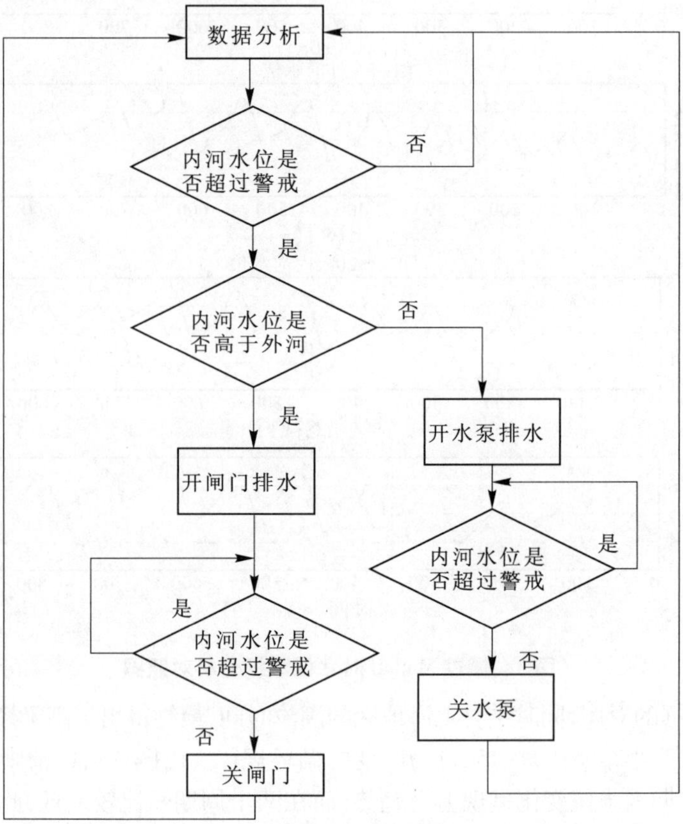

图4 水、泵闸开关流程图

由水、泵闸开关流程图可知,当内河水位处于警戒水位以上时,才会触发闸门和水泵的开关。闸门的开启需要观察内河水位是否高于外河水位,如果内河水位高,那么就可以开闸门泄洪;水泵的开启同样需要参考内外河水位之间的高度,当外河水位高时,开闸门泄洪的话只会将外河的潮水引入内河,此时开启水泵对内河进行抽水才能有效的降低内河水位,排除险情。

根据前文所述的水、泵闸开关的要求,使用 Matlab 编写相应的算法程序[5],部分Matlab程序如下:

```
data = xlsread('113.xlsx');
in_h1_5 = data(1:720,1);
out_h1_5 = data(1:720,2);
subplot(211)
plot(in_h1_5);
```

```
grid on;
title("1 -5 天内河水位数据");
subplot(212)
plot(out_h1_5);
grid on;
title('1 -5 天外河水位数据');
```

通过上述程序的编写，得出对于内、外河水位的水、泵闸开关量，如图 5 所示为一个水位变化周期内的内、外河水位曲线与水、泵闸开关量的变化曲线。

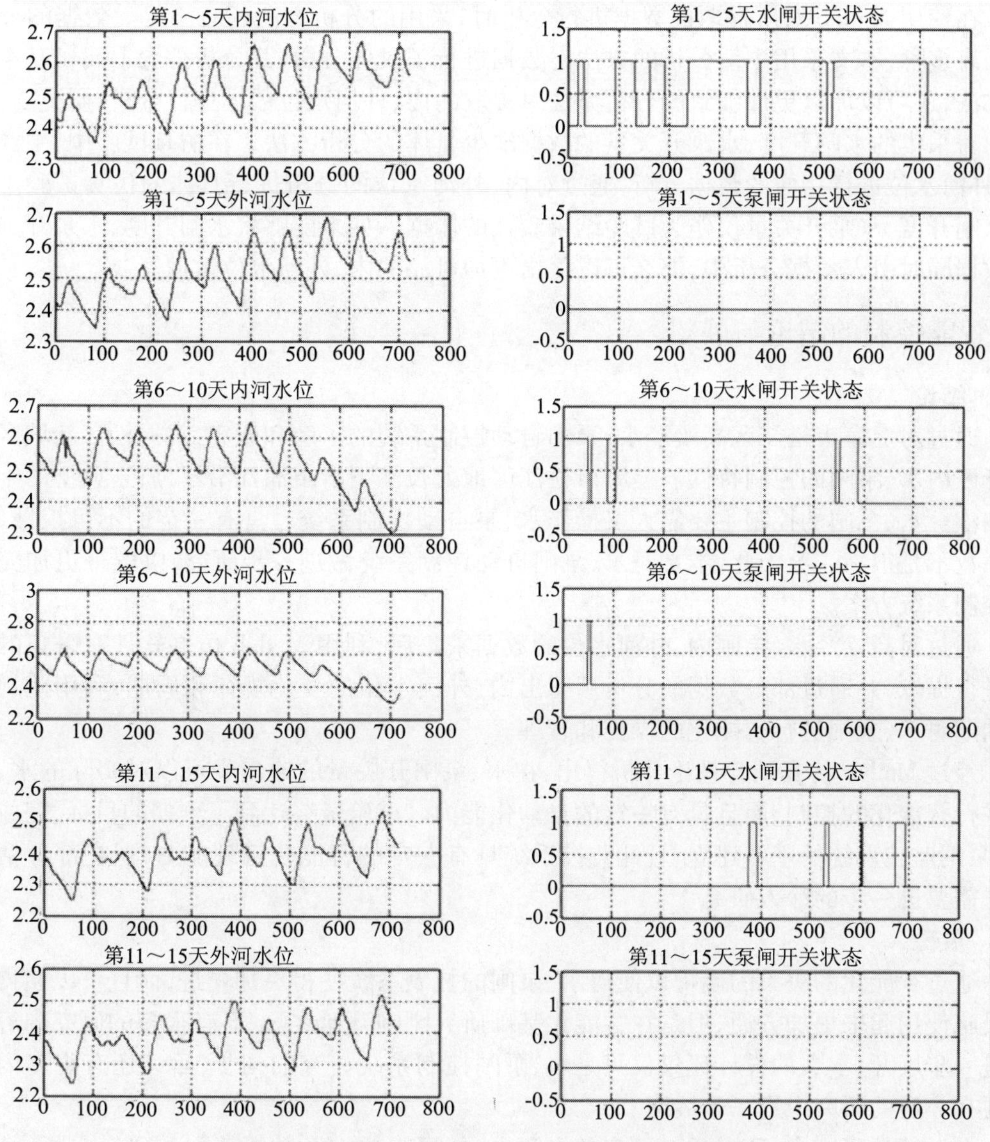

图 5　15 d 内、外河水位与水、泵闸开关量曲线图

（横坐标为时间（×10min）；纵坐标左为水位（m），右为开关量）

图5中将一个周期15 d分成三个部分，每个部分为5 d。这样可以避免因为将一个周期15 d所有的数据都放在一个曲线图中难以辨认的麻烦。其中水、泵闸的开关量曲线图中，横坐标代表时间，同样采用10 min一个数据的输出；纵坐标代表闸门的开、关。1代表水闸、水泵的开；0代表水闸、水泵的关。

4.3 仿真试验理论分析

通过以上的试验，基本可以得出内、外河水位相应的数据以及水、泵闸的开关量，达到试验的预期目的。但是本文中的仿真试验还是有部分欠缺的地方。具体表现在数据分析方面：

在使用Matlab对所提取的数据进行分析时，采用的分析方法还有不足。数据的分析方法有多种，本文采用中值分析的方法对数据进行了具体分析，其分析理念上属于基本分析方法，还可以加以更加细致的分析方法对提取的内、外河水位数据进行分析、研究。

对采集的水闸开度、水泵开关量的数据缺少具体的分析方法。在仿真试验中，主要对内、外河水位进行相应的数据分析，通过对内、外河水位的分析进行具体的仿真试验。对于水闸开度、水泵开关量仅作为试验结果验证的依据。如果能够将水闸开度、水泵开关量的数据同时引入数据分析中，那么可以得出更加可靠的内、外河水位数据。

5 智能控制的结论与展望

5.1 结论

通过对上海市松江区高粱泾水、泵闸自动控制系统的了解和研究，掌握松江新城区以北圩区内水、泵闸的控制特性。上海市松江区地处长江下游黄浦江沿岸，属于典型的半月型潮汐。水、泵闸的控制主要靠人工操作水、泵自动控制系统。具有一定的不可控性，稳定系数不是很高。鉴于此，本文对水、泵闸自动控制系统做进一步研究，以取得更加完善的控制系统方案。

通过对高粱泾水、泵闸内、外河水位的数据采集后，利用Matlab仿真软件对采集的数据进行提取，并通过部分数据的分析后得出内、外河水位的变化规律和周期，利用此规律和周期对水、泵闸进行智能化的操控和管理。

经过Matlab仿真试验理论分析得出，在水、泵闸开关量的输出中可以对实际的水、泵闸进行智能化的控制，而且具有一定的自动化能力。试验最终达到了预期的目标，完成了水、泵闸监控系统的基本建立，且此监控系统具有一定的智能化管理能力，但在部分情况下还需要进一步的深入研究。

5.2 展望

通过智能化的决策的确可以使得水、泵闸的控制系统变得更加先进，而且可以使得水利设施使用起来更加方便，但是在智能化基础研究刚刚开始之际，还有很多的研究内容需要进一步展开，本文的设计还仅仅只是水、泵闸控制系统研究的初步，后续还有很多内容需要在今后的研究中进一步展开。

在后续的研究中，还需要对更多的水闸内、外河水位进行数据读取和研究分析，从而得出更加完备的数据规律变化，在此期间，必定会有更多的水位变化规律被得出，也会有更多的不稳定因素在数据规律总结的时候被发现，如果更好的总结数据，把数据规律做得更加细致，这是达到水、泵闸控制系统智能化的基础，也是本文为将来的设计、研究所提供的重要路线。

参考文献

[1]程佩青. 数字信号处理教程[M]. 北京：清华大学出版社，2009.
[2]赵光宙，舒勤. 信号分析与处理[M]. 北京：机械工业出版社，2005.
[3]王万森. 人工智能[M]. 北京：人民邮电出版社，2011.
[4]韦魏. 智能控制技术[M]. 北京：机械工业出版社，2005.
[5]薛定宇，陈阳泉. 基于MATLAB的系统仿真技术与应用[M]. 北京：清华大学出版社，2002.

浅析中官塘北泵闸自动化监控系统

施赛虎　王冬梅

(1. 金山区水利管理所;2. 金山区水务建设工程安全质量监督管理站)

摘　要:本文介绍了结合计算机网络技术、自动化技术、通信技术、传感器技术设计开发的中官塘北泵闸水闸监控系统。通过有机组合各子系统的功能,提高了水闸监控及管理效率。

关键词:水闸自动化　视频监控　数据采集　通信

1　引言

水闸是水利工程中的基本组成部分,对于该流域的灌溉、防洪等起着非常重要的作用;在以往的水利工程中,各大中型的水闸普遍使用传统的监控办法,依靠人力完成观测数据的采集以及人工报告水闸的运行状况,按照调度室的命令对水闸进行操作;随着我国经济以及科学技术的发展,越来越多水利工程中选择使用了自动化监测系统,该系统主要包括闸门数字化视频监控、闸门自动化控制以及水情工情的自动观测等功能;水闸自动化系统的合理配置对于水利设施的安全运行起着重要的作用,而且对于提高水利工程的管理质量有着特殊的意义。

2　系统设计原则

为了提高闸站的效益和管理水平,适应现代化水利的要求,利用计算机技术、通信网络技术及自动化监控技术形成闸门和水泵控制、维护和管理的综合自动化系统。这有利于对闸站的工况准确、可靠地进行监测和控制,建立实时和历史数据库进行分析统计。结合闸门及水泵的监控要求,系统设计原则如下。

2.1　实用性与先进性

采用成熟的自动控制技术、计算机技术、安全技术以及网络通信技术,使自动化系统实用可靠,在开放性与标准化方面,设计采用开放型结构,便于系统的升级、扩展和互联。

2.2　可靠性与安全性

在系统设计中,始终强调系统设备的可靠性与安全性,主要是采用高可靠性的控制设备和传输设备,设置系统控制权限等手段。

2.3　经济性和可扩展性

在满足工程需要的前提下,选用性价比高的控制设备和通信设备,采用的设备充分考虑易升级换代,并且在升级时可最大限度地保留原有的硬件设备和软件资源。

3　系统结构

中官塘北泵闸监控系统采用典型的中央监控管理和现场设备控制二级控制结构,中央监控管理级由工业控制计算机、交换机与打印机等相关设备组成,布置在管理房中央控制室内。现场设备控制级由 2 套 PLC 和数据采集监控设备组成,布置在设备现场。管理级和控制级及各现场控制级之间通过以太网联接,由此构成一个完整的控制系统(见图 1)。

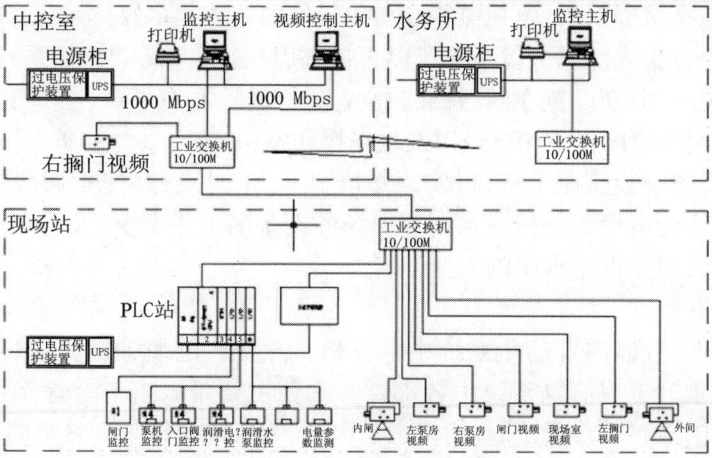

图 1　系统结构

系统电源采用 UPS 在线式不停电电源装置,电源容量满足系统供电的要求。在电源入口设置过电压保护装置,消除外界电源的过电压威胁。

3.1　主要系统组成

3.1.1　水闸网络通信系统

通信网络是水闸泵站控制系统的基础平台,它为各级用户提供及时、准确、优质的信息服务,在本次工程中将担负监测数据、监控图像的综合传输。建设高效、安全、可靠的网络传输平台是整个工程成功实施的基础。

在设计时,我们将充分考虑工程的可靠性、可用性、可维护性、可扩展性以及网络的安全性,建立一个完善的安全管理体系。

泵站内部通信采用以太网通信方式,PLC 控制柜与现场站计算机采用工业网络交换机联接,所有数据信息统一汇总至现场站计算机。

3.1.2　水闸自动化监控系统

中官塘北泵闸监控系统采用现地控制、中控室控制和远方控制三种控制层次。中控室控制层设备布置在中控室内,主要由系统服务器、监控工作站、打印机等设备组成;现地控制层主要由主机房的 PLC 控制屏、现场传感器组成。正常情况下整个水闸控制在中控室的监控工作站上,操作人员通过水闸运行流程图、水闸运行模拟显示图监视整个水闸运行状况,通过软件发出主控指令,现地 PLC 和相应的开关设备将按照主控指令控制现场设备自动运行。特殊情况下,现地 PLC 控制柜也可控制机组及相应设备自动运行。现场无人值班时,远程调度中心可进行远程控制。三种控制模式通过现地控制设备上的转换开关实现互锁。自动化监控系统实时、准确、有效地完成对水闸被控对象的运行监测和控制,具备数据采集和处理(包括模拟量、开关量)、安全监视及事件报警、水闸运行指导、监控系统异常监视、控制与运行调节、记录报表及生产管理、统计分析、系统通信、自诊断和冗余切换、软件开发和维护、数据库功能及远程诊断和维护功能。

3.1.3 水闸视频监控系统

本系统设摄像监视系统，进行图像监视和传送，可以实现系统直观安全的管理及运行。该系统是包括报警联动、电视监控和数码录像的一体化多媒体系统，并可以实现与水闸监控系统的综合集成。原摄像系统予以更换，新设全数字高清摄像系统。摄像系统包括8个摄像巡视点，分别设置在闸门搁门处(2套枪机)、左右泵房(各1套)泵闸内、外河侧(2套球机)、闸门启闭机室(1套)以及现场操作室(1套)。

控制室内设置视频监控主机，可实现多屏显示、定时录像、搜索回放等功能，可全方位、灵活地监控变配电设备及枢纽水闸等现场各设备的工作情况，及时调整，预防因各种可能引起的故障，保证枢纽水闸的安全运行。

3.1.4 水闸设备防雷系统

雷电是水利工程监测自动化系统中电气柜、传感器、电缆等遭受损坏的一个重要因素。实践证明，水利工程信息系统中各部雷害来源主要是以下三个途径：一是电源线引入，二是信号线引入，三是地线和零线引入。因此，本系统采取下列各项防雷措施。

3.1.4.1 均衡系统电位

各个设备建立良好的等电位接地体，即交流工作接地、保护接地、直流工作接地、防雷接地公共一组接地装置的联合接地方式。

3.1.4.2 逐级分别泄流

在雷电经过的线路上逐级安装避雷设备，将雷电流、感应过电压逐级泄放。主控级设备选用带雷电保护的UPS电源；通信线路选用雷电保护器，现场控制设备的电源输入端采用高性能的隔离变压器，PLC工作电源选用防雷电电源模块。

3.1.4.3 加强屏蔽

在线路通道上建立屏蔽层，屏蔽层与建筑物联合接地系统良好连接，预防感应雷干扰和破坏线路及设备。电缆敷设在金属桥架或金属管线内，金属桥架或金属管线与建筑物联合接地系统良好连接，充当导线的屏蔽层。强、弱电导线不能共用一组金属桥架或金属管线，强电金属桥架或金属管线与弱电金属桥架或金属管线并行敷设时，净距离不小于20 cm。

3.1.4.4 供电保护

系统中所有三相电源入口均安装三相防雷保护器。单相电源输出端安装单相防雷保护器。每个水闸控制设备均安装隔离变压器。监控系统电源采用由UPS统一提供的在线式不停电电源装置，满足系统供电，在电源入口设置过电压保护装置。

3.1.5 水闸电气保护系统

本系统主要保护主电动机及相关电气设备。电动机保护有如下保护配置：启动时间过长保护、两段式定时限过流保护、反时限过流保护、两段式负序过流保护及低电压、过电压、过负荷、过热保护。微机保护系统所包含的软件具有自检功能和故障记忆功能，可以对故障优先显示及报警，具有电流、电压、频率、功率、功率因数、电度脉冲量采集显示功能，能够不依赖于主机的手动操作跳、合闸及锁定，具有通信功能并能与上下位机联系；电源失电后恢复电时，自动化监控系统能够自启动。

3.2 水闸自动化监控系统的功能

3.2.1 数据的采集与处理

数据的采集与处理完成对监控对象各种模拟量、开关量和脉冲量的采集。将采集的电气量进行工程值变换和预处理，上送主控级并在现地上显示。将采集的电气量、温度量等非电量进行越限比较，及时将越限情况及数据送往主控级，并在现地显示和报警；将采集的过程控制状态量、电气保护报警量、机械保护报警量随时上送主控级，并在现地上显示和报警；事故和故障情况下能自动采集事故或故障发生时刻的有关数据，并按其发生的顺序记录事故或故障的性质，发生的时间等（见图2）。

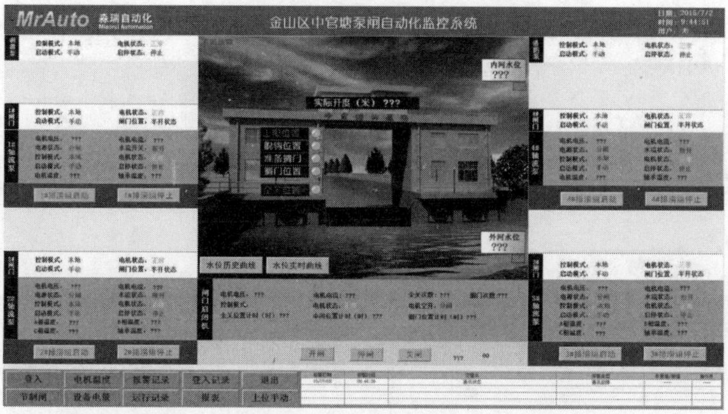

图2　金山区中官塘泵闸自动化监控系统

3.2.2 水闸各系统的控制

水闸自动化监控系统有远方控制和现地控制两种方式，远方控制与现地控制之间是互相闭锁的，实现现地切换需要操控设置现地的切换开关；在进行现地控制时，可以将运行状态信号、控制信号传输到监控中心站；在控制等级上，闸门的现地控制要比监控中心站的远方控制高，远方控制可以通过闸门监控中心站来实现对测压管、闸门、母线电压、荷重及电机电流、闸门位置，以及使用数字视频监测系统获得的现场图像信息等实现远程监控；它可以事先提示具体的操作过程，可以不间断地反映测压管水位以及闸门所处的位置，出现运行故障问题时可以及时的报警；在进行远方控制时，控制人员通过操作鼠标、键盘和显示器等来实现对闸门的下降或者上升控制，闸门可以自动完成关闭和开启的全过程。在进行现地控制时，可以在现地测控单元上实现对闸门的自动或者手动控制，并且可以将相应的控制信号显示在计算机上，比便能够对其进行监视；在监控中心站发生故障、设备投运初期以及闸门检修期间等情况下，可以使用现地控制；在现场进行控制操作时，操作人员可以根据闸门高度指示、信号显示以及手动按钮开关等对闸门进行中途停机、下降以及上升等操作。

3.2.3 水闸的运行监视

水闸自动化监控系统可以实现对水闸的安全运行监视，主要包括状态变化监视、过程监视、监控系统异常监视以及显示、数据报表和报警等。状态变化监视主要是对保护动作、运行接触器失电、电源断路器事故跳闸等状态发生变化进行监视，并可以将监视结果形成报表以及打印出来。过程监视是在控制台上模拟闸门下降和上升的全过程，并将具体的升降值标定，在视频服务器上可以对监测范围内的现象环境、测控屏柜、设备运行情况等信息实行全方位的监视。监控系统异常监视是通过对监控系统的软硬件进行监控，当出现故障时会自动报警，而且会在打印机上将故障情况进行显示记录，将出现问题的部位指出来；数字视频系统可以对监控范围内的图像信息进行监视，若出现异常情况就会将摄像头对准出现故障的地方，控制室内会同时显示出故障地区画面，同时系统会自动将录像进行保存，以便事后对故障原因进行分析（见图 3、图 4）。

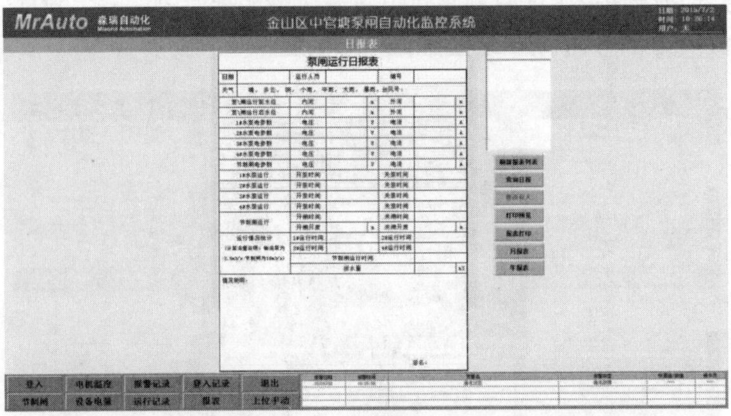

图 3　中官塘日报表

图 4　中官塘警报

3.2.4　监控系统的人机对话与数据通信

水闸自动化监控系统可以实现人机对话功能，首先在监控中心设置操作台，运行人员通过操作台上的标准键盘以及鼠标等进行各种数据以及控制命令的输入，实现文件的更新和修改，人工填入缺失的数据，进而达到控制和监视闸门运行的目的。水闸自动化监控系统的现地监控单元与监控中心之间的通信使用的是工业以太网结构，在建造时预留了网络接口。

4　结语

水闸自动化系统的合理配置对于水利设施的安全运行起着重要的作用，而且对于提高水利工程的管理质量有着特殊的意义。本文从水闸自动化监控系统的组成入手,系统地介绍了监控系统的监控中心站、现地测控单元以及自动化监测元件各自的工作原理,分析了自动化监控系统的数据处理和采集功能、系统控制功能、运行监视功能以及人机对话和数据通信功能,对于水利工程技术人员有一定的借鉴作用。

浅析生态护岸建设研究与实践

黄　成

（上海市青浦区水利管理所）

摘　要:生态护岸是现代河道治理发展趋势,是融现代水利工程学、生物科学、环境学、美学等学科于一体的水运工程。本文首先介绍了生态护岸的特点及功能,并分析了未来生态护岸的发展趋势,最后以上海青浦区练塘镇为实例说明生态护岸的建设。

关键词:生态护岸　景观　功能　特点

生态型护岸作为永久河岸防护工程在我国还处于探索阶段,生态护岸利用植物或者将植物与土木工程相结合,对河道坡面进行防护,有助于对河流水质的改善。随着生态环保理念的深入,我国也不断地提高对护岸工程生态环境效益的要求。党的十八大期间,农业部提出在全国开展“美丽乡村”创建活动,上海市青浦区委区政府启动了5个“美丽乡村”示范村建设的工作任务。本文以上海市青浦区2014年美丽乡村练塘镇工程中的大圣港、庄前江等重点河道及网田河、东泖江等规划河道为例来说明如何构建生态护岸。

1　生态护岸的特点

生态护岸为石堤与土堤相结合的一种二级护岸型式,石堤和土堤均充分发挥其优势,其特点主要是:①工程造价低,经济适用;②外型美观,与环境协调;③施工难度大,工期长;④管理费用高、难度大。

2　生态护岸的功能

生态护岸是恢复后的自然河岸或具有自然河岸“可渗透性”的人工护岸。其自然河床与河岸基底具有一定的渗透性,在河岸与河流水体之间,水的交换和调节功能可以得到充分保证。生态护岸具有以下多种功能。

2.1　防洪功能

生态护岸作为一种新型的护岸,它采用自然材料,形成一种“可渗透性”的界面,使水循环途径发生一定的变化。当洪水来临时,洪水通过坡面植被向堤中大量渗透储存,可缓解洪峰,生态护岸中大量根系发达的固土植物,可以很好地保持水土,使堤岸的抗冲性能大大加强。

2.2　生态功能

生态护岸把滨水区的植被与堤内的植被连成一体,构成一个完整的河流生态系统,是水陆之间的过渡区域。生态护岸坡面的植被可以减缓河水的流速,为一些水生动物提供觅食、栖息场所,对保持生物多样性起到一定的作用。因此,植被覆盖充分的护岸是河岸带生物多样性的保障[1]。

2.3 景观功能

生态护岸不仅可以与周围环境构成相协调的河道景观，而且可以通过保护和建立丰富的生态系统形成河水清澈见底、鱼虾洄游、水草茂盛的自然生态景观，成为人们休闲、娱乐的场所。

3 生态护岸的发展趋势

护岸的生态化建设正在逐渐兴起，我国对河流生态护岸技术的研究从“水利工程”开始逐渐发展到“生态水利学”、“生态水工学”等。

(1)研究多集中在植被的选择与搭配、护岸材料的选择、结构形式的优化等方面，对护岸机理的研究还不多。植被护坡、土工材料复合种植基护坡、植被型生态混凝土护坡等护岸形式都是从表观和现象来研究生态化护坡，而较少见到从物质流动、能量流动和食物链关系等角度来研究生态护岸[2]。

(2)生态护岸工程是一个“土壤生物工程”，是土壤保持技术、地表加固技术以及生物技术和工程技术的综合体。目前关于护岸功能的研究主要是针对护岸植物功能、廊道功能和缓冲带功能等的研究。由于护岸处于水陆交界地带，具有非常活跃的物质、能量和信息流动，以及比其他相邻生态系统更为明显的生物多样性特征，因此今后应该对护岸的综合功能进行广泛深入的研究。

(3)生态护岸是一门囊括了园林、生物、环境工程、土木工程等的多种交叉学科[3]。目前在理论上的研究滞后于工程应用上的需要，还没有形成统一的规范。不同构成和形式的生态护岸应当在满足水利要求的同时，有统一的规范来给予指导。

4 生态护岸实践——以练塘镇为例

根据《练塘镇水利规划》，练塘镇工程中大圣港、庄前江等重点河道及网田河、东泖江等规划河道位于太南片，我们应根据当地的水生态环境和美丽乡村建设要求进行护岸设计。护岸类型优先考虑生态性结构、适当兼顾景观性的要求，再结合工程的施工、地质、地形、两岸的功能要求，来选用护岸结构形式，以确保河道的安全稳定性、生态性、美观性和工程的经济性。

4.1 地形地貌

青浦区练塘镇，地形起伏不大。拟整治河道两岸为现状房屋、农田、道路和鱼塘，地面标高在 2.20 ~4.80 m，勘探孔孔口高程在 2.24 ~4.19 m。另外，练塘镇地基土勘察查明，在自然地面以下 25 m 内各土层均为第四系沉积物，由黏性土、粉性土等组成。

4.2 工程要求

拟建景石垒砌护岸设计基底标高为 1.60 m。受河塘边界变迁及护岸建筑历史影响，拟建场地局部位置填土厚度较大，设计护岸基底局部位于第①层填土中，应注意作换填处理。其余护岸基础底面处于第②层粉质黏土中，可选用该层为天然地基持力层。所建议持力层局部夹灰黑色有机质土，该夹层土质极其软弱且有遇水强度锐减的特性，施工中基底遇该层应彻底清除作换填处理。当基底下第②层土厚度较小且下有第③层时，应考虑软弱下卧层按双层地基考虑承载力,必要时应对软弱下卧层(第③层)进行地基加固处理,如注浆、水泥土搅拌桩等。

4.3 护岸方案设计

护岸结构的设计首先要满足安全性能的要求,同时考虑生态性及景观性要求。根据美丽乡村建设规划,在重点河道及规划河道远离建筑物及道路的河段,拟建设生态护岸,以满足美丽乡村的景观、生态需求。

(1)护岸方案一:采用钢筋混凝土 L 墙,钢筋底板宽为 1.12 m,底高程为 1.70 m,基础厚为 0.30 m。胸墙总高为 1.00 m,胸墙厚为 0.12 ~ 0.26 m 的钢筋混凝土整浇结构,胸墙顶高程为 3.00 m。墙后设 1∶2.5 的土坡,土坡上种植绿化植物。墙前槽内理砌块石体,外侧设水生植物种植区,如图 1 所示。

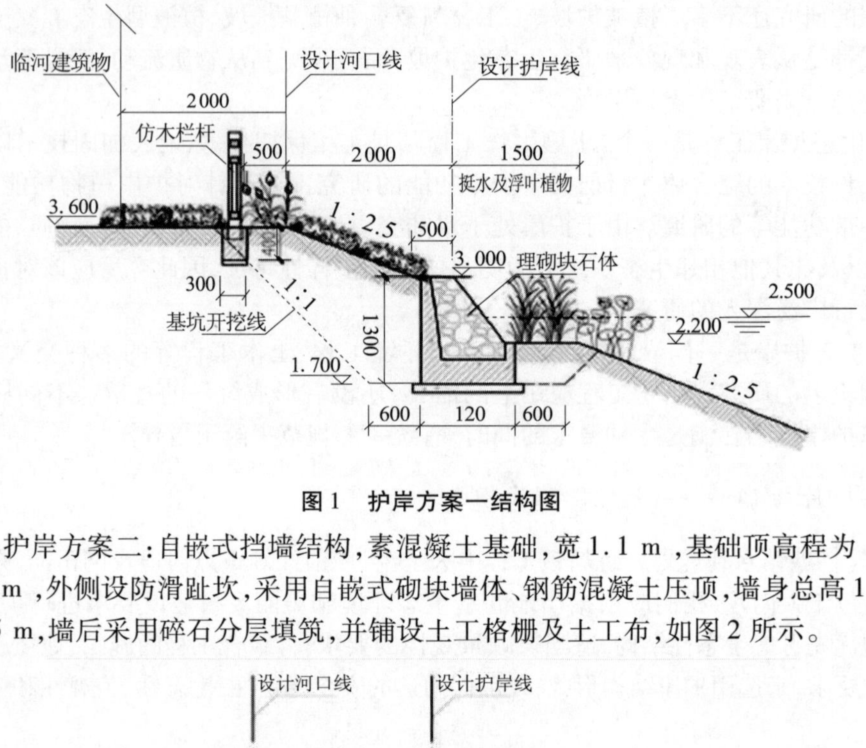

图 1　护岸方案一结构图

(2)护岸方案二:自嵌式挡墙结构,素混凝土基础,宽 1.1 m,基础顶高程为 1.90 m,厚 0.25 m,外侧设防滑趾坎,采用自嵌式砌块墙体、钢筋混凝土压顶,墙身总高 1.1 m,厚为 0.305 m,墙后采用碎石分层填筑,并铺设土工格栅及土工布,如图 2 所示。

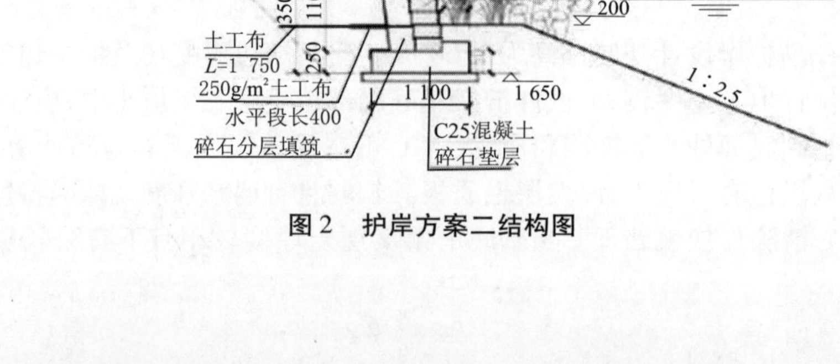

图 2　护岸方案二结构图

(3)护岸方案三:采用 100 mm 高土工格室,内填碎石和耕植土,并拌入草种,自然发芽成护坡植物。结构下端略低于 2.2 m 高程平台,上端至 3.6 m 高程的堤顶。土工格室护坡下端设 300 mm × 500 mm 钢筋混凝土镇脚,其上为 2.2 m 高程挺水植物平台,下方为 1.9 m高程浮叶及沉水植物种植平台,如图 3 所示。

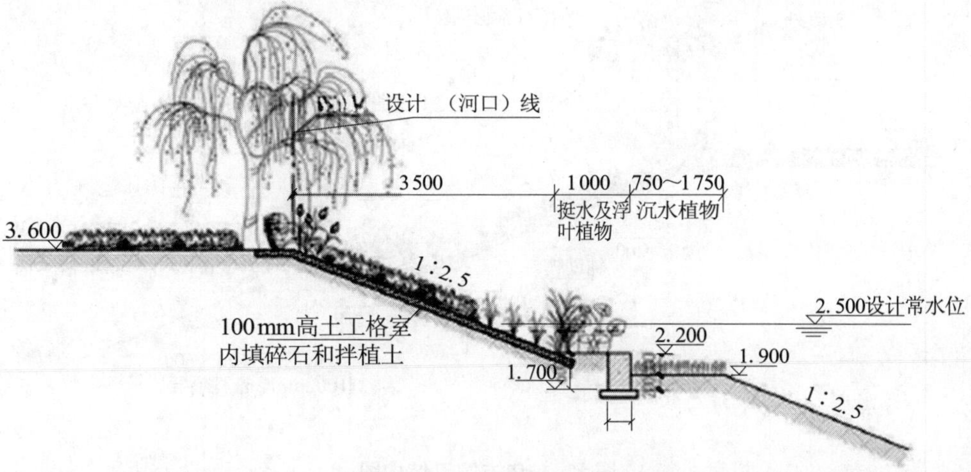

图 3 护岸方案三结构图

(4)护岸方案四:采用土工格室 + 密排木桩组合护岸,采用 100 mm 高土工格室,内填碎石和耕植土,并拌入草种,自然发芽成护坡植物。结构下端略低于,2.2 m 高程平台,上端至 3.2 m 高程的堤顶,2.2 m 高程挺水及浮叶植物平台与下方 1.7 m 高程平台间采用密排杉木木桩(ϕ80、L = 2 000 mm)分隔,如图 4 所示。

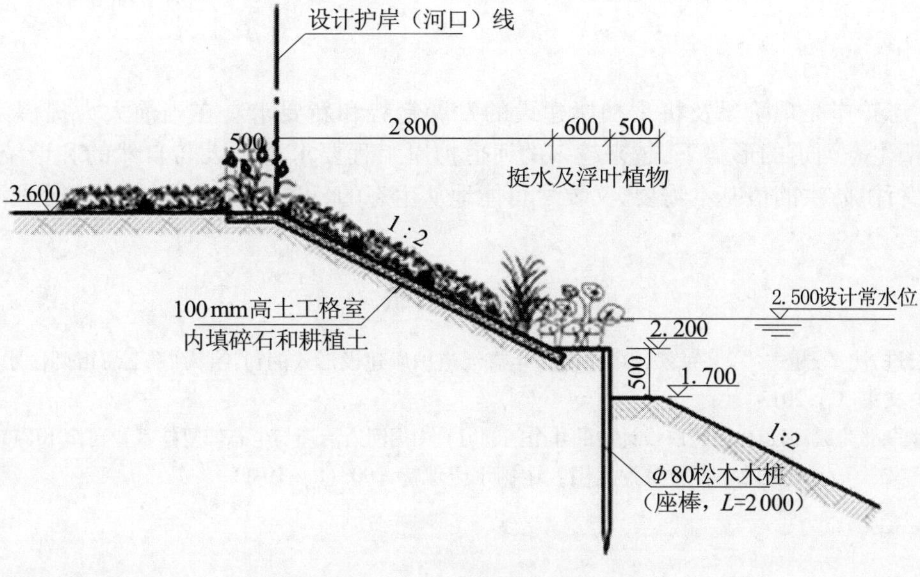

图 4 护岸方案四结构图

(5)护岸方案五:采用三立抗冲毯,通过铆钉、辅助铆钉、固定钉及合成纤维将植被毯定位在 1∶2.5 的斜坡上。2.20 m 高程挺水及浮叶植物平台与下方 1.9 m 高程沉水植物种植平台间采用石笼网箱分隔，如图 5 所示。

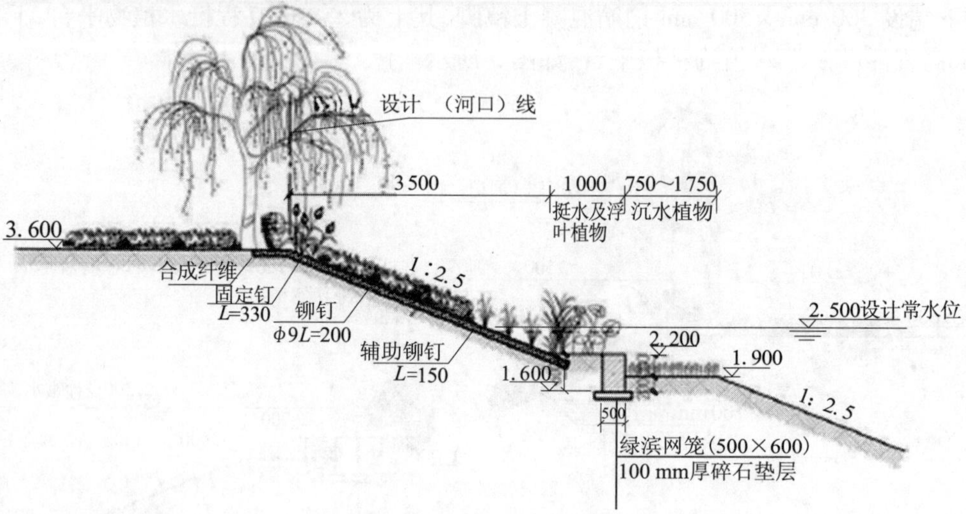

图 5　护岸方案五结构图

4.4　生态护岸方案对比

根据前述要求及五种不同设计方案的对比，方案一景观性、生态性均比较好，因而选用于重点河道有景观、生态要求的河段；方案二生态性、景观性均比较好，稳定性好，墙后可以承受较大荷载，同时施工方便；方案三生态性好且施工方便，因而选用于骨干河道及规划河道临河无建筑物的河段；方案四、方案五生态性较好，且施工方便、造价较低，能很好地解决河坡坍塌和水土流失问题，因而选用于野外的村级河道。

5　结论

生态护岸是现阶段及将来护岸建设的发展趋势和新要求。在当前大力提倡崇尚自然、重塑生态河道的形势下，越来越多的河道护岸工程要求达到人与自然的和谐统一，既要满足行洪防洪的最基本需要，又要尽可能地从生态的、可持续发展的角度来处理河道护岸工作。

参考文献

[1]朱宏进，沈军，胡志华. 上海郊区中小河道生态河道护岸建设形式的讨论[A]//上海市郊区水利新技术论文集[C]. 2013.

[2]熊治平，张生鹏. 河道生态护岸设计中的几个问题[J]. 中国河道治理与生态修复技术专刊，2010(4)：26-28.

[3]姜德文，等. 生态建设工程质量评定[J]. 中国水土保持，2003(8)：10-11.

物联网技术在大型泵站中的应用

章　青　倪国文　朱志伟

（上海城投原水有限公司黄浦江原水厂）

摘　要：本文介绍上海自来水大型输水泵站应用物联网技术所建立的PLC机泵远程控制系统、机泵设备健康状况监测评估系统和视频监视系统等三大系统，解决了泵站运行成本高、效率低等问题，提高了泵站的管理水平，确保了输水泵房向下游水厂安全地供水，同时运行结果表明，物联网技术能够在水利建设中推广应用。

关键词：物联网　PLC机泵远程控制系统　机泵设备健康状况监测评估系统　视频监视系统

1　概述

上海城投原水有限公司黄浦江原水厂临江泵站中的第二输水泵房日供水量可达60万 m^3，承担着将优质的自来水向下游临江水厂输送的重任，因供水规模较大，所选用的机泵每小时流量为4 300 m^3，配套了功率为250 kW的电动机共10台，其中4台机泵配备了变频调速系统，由于供水行业的特殊性，必须保证供水流量在昼夜时分和一年四季可连续不间断地供应。为了适应现代化泵站的管理要求，就需要应用物联网技术来建立PLC远程控制系统、机泵设备健康状况监测评估系统以及视频监视系统，继而实现泵站远程自动化控制的目标。

本文通过对我厂泵站内10台机泵以及辅机设备应用物联网技术所建立的PLC远程控制、机泵设备健康状况监测评估和生产场所全方位的视频监视三大系统，基本实现为泵站的管理提供远程控制、视频监视、实时在线监测、报警联动、调度指挥、预案管理、安全防范、远程维保、在线升级、统计报表、决策支持、领导桌面等个性化的管理和服务功能，达到了泵站现代化管理的目标，并确保了安全供水，从而说明物联网技术能够较好地应用在水厂大型泵站中。

2　物联网技术的实际应用

2.1　我厂泵站的原来管理模式

我厂泵站内有机泵10台，常开5台机泵向临江水厂供应优质的青草沙水库的原水，全部机泵采用软启动器来控制开停，其中1台机泵需变频调速，每小时的供水量在2.5万 m^3。每台机泵都具有独立的冷却水系统，配有电磁阀、流量开关和压力表，同时具有温度监测系统，主要监测电机温度、水泵油箱和轴承温度。此外泵房内设有2个变压器室，2台功率为2 000 kVA的6 kV变压器都具有温度监测系统，主要监测A B C三相的温度和风机的运行状态。

整个泵站通过从供水工艺的上游调节池取水,以开泵加压方式向临江水厂供应优质原水,泵房运行时需配备 2 名运行人员进行管理,通过电话形式接受上级调度的开停泵及机泵调速的指令,在机旁设备处操作完成后再以电话形式汇报公司调度中心,设备运行时工作人员需亲临现场采用看、听、嗅、摸的传统方式进行巡检,并每小时巡检一次,工作比较烦琐且效率低,发现和处理设备故障的时间较长,不利于泵房的安全运行。

2.2 物联网技术的理论及应用

从物联网技术的定义知道,物联网理论上就是利用局部网络或互联网等通信技术把传感器、控制器、机器、人员和物等通过新的方式联在一起,形成人与物、物与物相联,实现信息化、远程管理控制和智能化的网络。

我厂应用物联网技术来建立 PLC 远程控制系统、机泵设备健康状况监测评估系统和视频监视系统,三大系统既独立又互补,共同实现对我厂泵站的现代化管理,其中的 PLC 远程控制系统是应用物联网技术的核心,是实现泵站远程自动化控制的关键。

2.3 PLC 机泵远程控制系统

我厂建立的 PLC 远程控制系统结构图见图 1。泵站 PLC 远程控制系统实现了对主要生产数据的采集并通过上位机软件显示,通过对软启动器、冷却水电磁阀、变频器以及变频风机等设备的远程操作,实现了机泵的远程开停和调速,并根据系统预先设定的值(如液位、温度、水质、软启动器和变频器故障等)发出不同级别的语音报警,通知控制室的运行人员和设备维修人员及时赶赴现场进行故障排除。

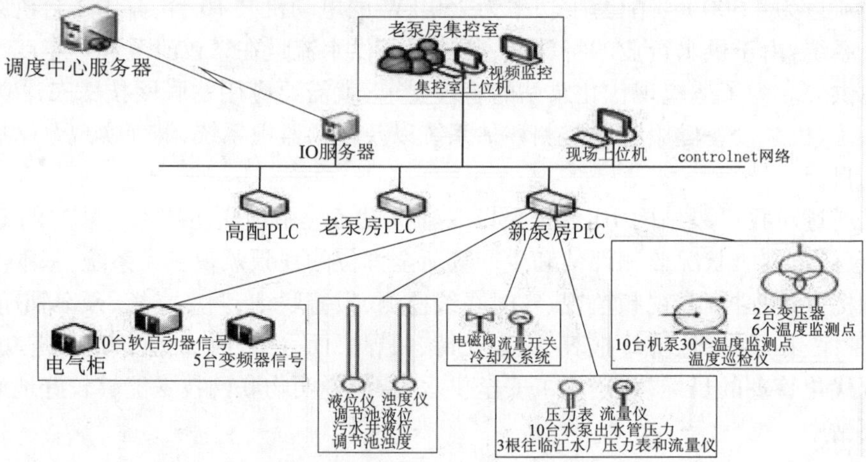

图 1 PLC 远程控制系统结构图

泵站 PLC 控制系统具备了远程控制、实时在线监测、报警联动、调度指挥、预案管理、安全防范、远程维保、统计报表等管理功能。下面主要从设备实时在线监测、机泵远程控制、报警功能和安全防范权限等四个方面进行介绍。

(1)设备实时在线监测。通过 PLC 采集所有生产设备的重要数据,集中显示在一张生产工艺流程图上,见图 2。运行管理人员就能够对整个泵站的生产情况一目了然,并对泵站内所有的生产设备进行远程监控。

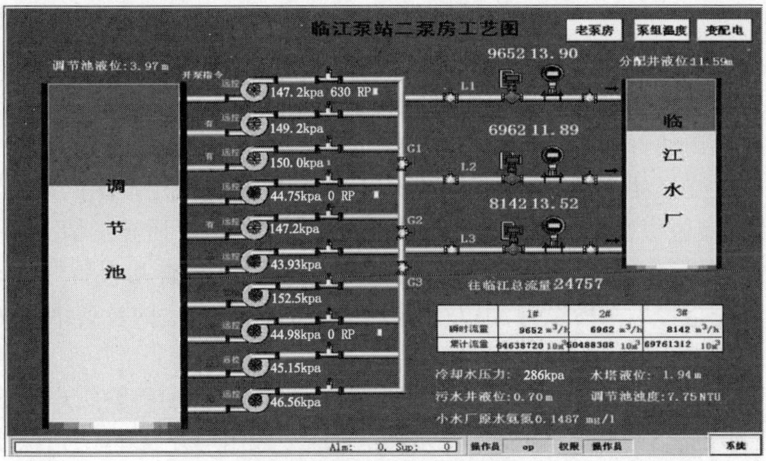

图2　泵站生产工艺流程图

根据我厂泵站的实际生产情况，PLC 控制系统需要监视的数据主要有：①调节池液位、临江水厂分配井液位和污水井液位；②每台机泵的出水压力；③临江水厂 3 路出水管的瞬时流量和压力；④在线式原水浊度仪和氨氮仪；⑤每台机泵的 3 个温度监测点；⑥机泵的振动监测数据。

通过 WebAccess 组态软件与以太网的结合，建立了 Web 生产信息系统，可以通过视频软件远程查看泵站内每个重要场所的视频情况，使我厂的主要领导在办公室就可监测到泵站内的各种生产情况，从而实现了实时在线监测、决策支持和桌面领导的管理功能。基于以太网的 Web 生产信息系统主要实现以下功能：①泵站内的生产工艺情况的实时监视；②可查看泵站内机泵的运行操作情况；③泵站低压配电情况的实时监视；④查看泵站内设备的报警及故障情况；⑤运用虚拟局域网功能，通过视频软件实现对泵站每个重要生产场所的全过程监视。

(2)机泵远程控制。PLC 远程控制系统的核心就是要实现远程开停机泵及机泵调速，机泵远程操作有一个严密的流程，机泵的软启动器开停流程见图 3。

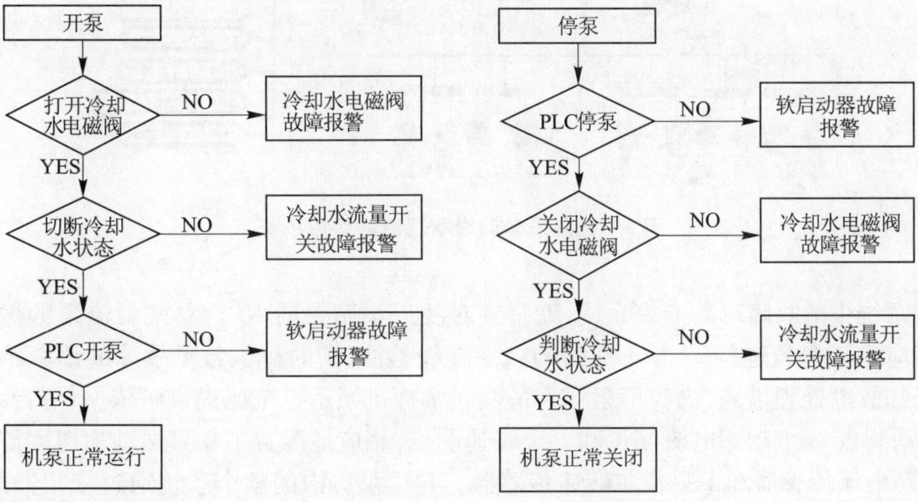

图3　机泵的软启动器开停流程

(3)报警功能。报警是 PLC 控制系统的重要组成部分，当 PLC 检测到某一设备故障或某一仪表值超出正常范围时，系统就会发出报警信号，及时地提醒运行人员。根据我厂的实际情况，将报警信号设置为重要报警和一般报警，并发出不同的报警声音。报警的内容主要有：①机泵无法开启、软启动器和变频器内部故障信号；②冷却水压力异常报警；③电机、机泵以及变压器室 6 kV 变压器的温度报警；④超过设定范围的调节池、临江水厂分配井和污水井液位报警；⑤超过设定范围的浊度和氨氮等水质异常情况报警；⑥机泵振动监测报警。一旦发生报警，运行人员可通过 PLC 控制系统查阅报警原因，及时地进行故障排除，处理完报警后系统会自动留存便于日后查阅，为今后的设备维修保养提供有效的依据。

(4)安全防范权限。划分用户权限分别为管理员、操作员和一般用户。管理员具有对用户账号管理和设备参数修改的权限，可为操作员或一般用户开设新账号；操作员具有对设备操作的权限；一般用户只具有查看数据的权限，不具备对设备操作的权限。为确保安全运行，系统以历史趋势图的形式自动记录数据的变化情况，还对生产运行中的每一个关键环节进行自动记录，如重要设备的操作、调度指令的接受、水质情况等，便于日后查阅。

2.4　机泵设备健康状况监测评估系统

我厂的机泵设备健康状况监测评估系统是以计算机物联网技术为核心，以支持远程诊断为特征，是由数据采集、信号分析处理和网络支持等模块组成的监测网，具有较强的数据管理能力、扩展方便和数据传输速率高等特点。我厂的机泵设备健康状况监测评估系统见图 4。

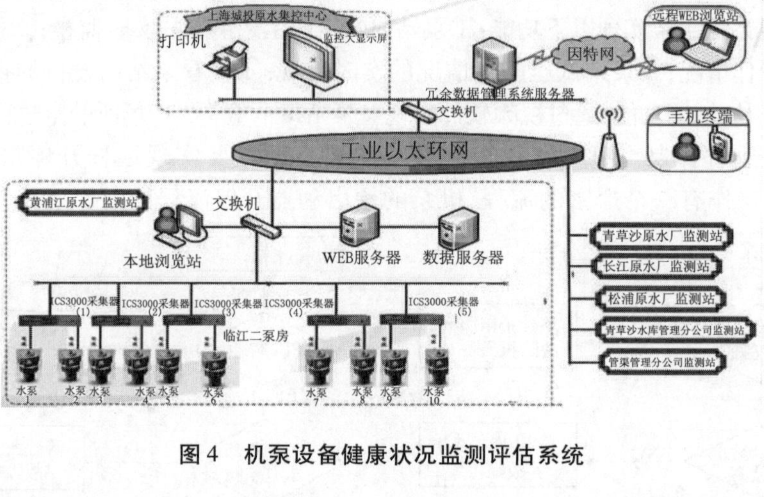

图 4　机泵设备健康状况监测评估系统

该系统中的故障诊断专家系统，就是针对我厂泵站内的 10 台立式斜流泵的振动、键相和感应电流参数进行 24 h 不间断的状态在线检测，同时提供常见故障的诊断结论、故障特征和故障处理措施，为我厂运行人员实时掌握机泵运行工况提供了依据，每台泵设计 8 个振动测点、3 个动态电流测点和 1 个转速测点，相应地配置了 8 只振动加速度传感器，3 只动态电流传感器和 1 只霍尔转速传感器。我厂泵房内的整个系统通过采集器采集的测点有 80 路加速度传感器信号、30 路动态电流传感器信号和 10 路键相霍尔传感器，另外,通过 OPC 方式读取的测点有机泵温度参数、压力参数和流量参数等。我厂立式斜流泵运行时的主要状态参数检测模拟图见图 5。

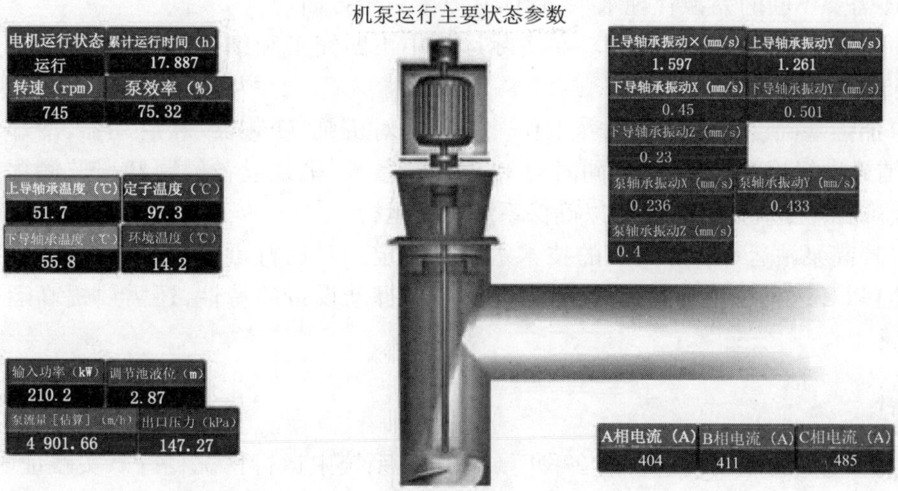

图 5　立式斜流泵状态检测模拟图

我厂的系统还具备与现场专家的人机交互接口,具有逐步提高系统故障诊断准确度的能力,分析方法除具备完善的稳态信号分析、瞬态信号分析外,并增加了动态电流的 PARK 矢量分析和高压电机的绝缘在线监测等功能,系统的分析功能实用,为我厂运行人员预判设备的故障和确定检修周期提供了重要的依据。

2.5　视频监视系统

视频监视系统主要是供运行管理人员远程监视泵站内的主要生产设备,关注生产工艺中的每一个环节,便于及时发现异常情况,能快速采取应急措施。视频监视系统主机选用 ST－DVRC316HS 系列 16 路实时硬盘录像机,并通过以太网口接入厂局域网。摄像头在我厂泵站内的安装地点及监视内容主要有:①调节池安装 2 个云台,主要观察调节池的水面情况;②控制室安装 5 个枪机,主要观察控制室内的电气设备和工作人员巡检情况;③两个变压器室各安装 1 个枪机,主要观察变压器的运行情况;④泵房间安装 5 个云台,主要观察每台机泵的运行情况和冷却水压力表;⑤每台机泵内部加装 1 个带 LED 灯光的小型枪机,对准机泵内橡胶轴承,观察出水情况;⑥蝶阀间安装 2 个枪机,主要观察井室内的蝶阀有无漏水现象发生。

3　运行后的分析

3.1　运行后取得的效果

我厂应用物联网技术所建立的 PLC 机泵远程控制系统、机泵设备健康状况监测评估系统和视频监视系统等三大系统,从投入运行至今已超过了 1 年时间,目前运行情况良好,基本解决了泵站运行成本高、效率低等问题,目前泵房运行时只需配备 1 名运行人员进行管理,提高了泵站的管理水平,同时确保了向下游临江水厂的安全供水。

3.2 运行中的需要完善的方面

虽然应用物联网技术从硬件方面大大提高了我厂泵站设备的自动化程度，但是从软件方面还需要不断的完善管理水平，具体有以下三个方面。

(1)建立新的运行管理制度。在实际运行中不断完善和细化管理制度，以适应新的生产运行模式。

(2)加强基础设备的维护保养工作。要定期对机泵、变频器、软启动器、冷却水系统及其他辅机进行检修保养工作，同时对 PLC 控制系统、机泵设备健康状况监测评估系统和视频监视系统进行维护工作，以确保系统稳定运行。

(3)提高泵站运行管理人员的技术水平。需定期对运行班组进行培训，使运行人员熟练掌握 PLC 远程控制等系统的操作，并及时掌握新设备的特性，还需要提高运行人员的责任感。

4 结语

本文介绍的物联网技术目前在我厂泵站管理系统中运行情况良好。实践证明，该技术的应用提高了我厂泵站的管理水平，同时为实现现代化企业打下了基础。

我们有理由相信，随着我国水利建设的快速发展，物联网技术在水利行业泵站管理中的应用将愈加普遍，成为一种发展的趋势。

线性规划方法在优化河道长效管理资金配置方面的探索

陈 健[1] 刘静森[2] 秦伟华[2] 蒋国强[2] 金鹏飞[2]

(1.江苏省太湖地区水利工程管理处;2.上海市水利管理处)

摘 要:随着水利建设事业的不断发展,在部分经济发达地区,大规模河道整治工作基本告一段落。为保持河道整治成果,落实长效管理工作刻不容缓。但客观存在的长效管理资金配套不足阻碍了相关工作成效的快速提升,为了让有限的资金充分发挥效率,本文引入线性规划方法应用于河道长效管理资金的优化配置。对线性规划的适用范围、通用模型及一般解法作简要说明,并用具体实例进行了简要验证,作为引例,也可为其他类似项目所涉及的资源优化配置提供参考。

关键词:线性规划 河道管理 资金配置

1 引言

随着经济社会水平的不断发展,与人们密切相关的河道水环境日益改善。以上海市为例,自2000年市水务局成立以来,历经三轮"三年环保行动计划"(第四轮已经启动)、"创模消除河道黑臭专项整治行动"、"万河整治行动"等河道整治行动,全市范围内大规模河道整治工作渐近尾声。随着河道环境的不断改善,人们对水务部门的要求也日益提升,如何加强整治河道的长效管理,确保整治成效日久长存是新时代背景下上海水务工作者亟须破解的难题。

自2004年起,市水务局以"万人就业"项目为契机,着手开展以河道保洁为切入点的河道长效管理的实践。经过数年的探索并在市财政局的有力支持下,于2008年下半年正式开展以水面、陆域保洁及栏杆、护岸、绿化、防汛通道等河道设施养护为主要内容的中小河道长效管理工作,受到社会的广泛好评。

2 中小河道长效管理的主要内容及影响管理水平提升的主要因素

除去人为排污等违法(违章)行为外,直接影响河道水环境观感的就是水域和陆域的保洁。一条没有落实保洁措施的河道,即便整治后景观再美,随着时间推移,也极有可能沦为沿河居民的天然垃圾场。护岸、绿化、防汛通道等设施的养护成效一方面直接关系到河道面貌,另一方面与沿河两岸的水土流失程度密切相关;沿河水土流失是河道自然淤积的重要因素,其养护水平直接关系到河道轮疏的间隔年限。此外,新整治河道的景观平台、铭牌等设施的养护水平直接关系到河道水景观面貌。根据上海市河道管理实践,确定以水面、陆域保洁及栏杆、护岸、绿化、防汛通道等为中小河道长效管理的主要内容,并由市财政根据相关内容,参照相关养护定额(主要是《上海市河道养护管理定额》(试行))

落实了一部分养护管理经费。

上海市中小河道长效管理养护经费测算方法是在估算全市河道设施量基础上,根据定额计算养护经费总额,由市财政按照区管河道补贴30%、镇管以下河道补贴20%的比例落实市级补贴资金。经测算,上海市市级财政每年用于中小河道养护资金达到1.32亿元。在市财政的强力支持下,经过数年的建设,目前上海市中小河道长效管理工作已经取得明显进步,与此同时,也暴露出一些问题,其中影响管理水平提升的重要因素是区、镇养护资金的配套不足。

河道养护不同于建设,由于面广量大、分布散且工作成效不明显,不少区县财政对养护资金的投入不积极,而如果没有区、镇财政的大力配合,仅凭市级财政投入,资金缺口太大,直接影响到河道设施的管养工作的组织开展。应该说,随着区、镇相关主管部门认识的不断发展,区、镇投入资金比例在逐年增加,但要做到足额到位还需假以时日。因此,如何将目前有限的资金科学分配好是现阶段快速提升中小河道长效管理水平的有效途径。为此,系统工程中相关优化理论和方法为我们提供了有力帮助。

3 主要方法和相关原理

3.1 线性规划

线性规划是运筹学规划论中的一个重要分支,它是在研究人力和物力资源一定的情况下,如何恰当地运用资源以达到最有效的目的。用数学语言表示,则为:研究在一组线性等式及不等式的约束条件下,寻求某线性函数极值问题的数学理论和方法。19世纪初,法国数学家Fourier提出线性规划问题,1947年美国数学家Dantzig提出了线性规划的单纯形通用求解方法,此后,线性规划被广泛应用于社会生产发展的各个领域并取得显著成效。

3.2 选用线性规划的原因

选用线性规划工具分配中小河道养护管理资金主要基于四方面原因:一是在相关设施养护定额确定的前提下,投入与成效呈线性比例;二是相同类别不同类型的设施及不同类别的设施间养护管理成效相互独立;三是各项实施养护成效叠加无消减效应;四是一定量资金投入总能换算成确定量的设施。假定某河道管理部门各项管理机制健全有效,辖区内居民对河道管理部门的工作普遍支持,在此前提下,分析可知,该区域内河道长效管理工作完全符合以上四项要求,也完全符合线性规划的应用条件。

3.3 线性规划的一般性解法

线性规划的一般性解法包括图解法、高斯解法和单纯形解法等。其中图解法主要适用于两个变量的线性规划求解,实用意义不大;高斯解法是一种迭代计算方法,原理比较直观,但求解过程相对烦琐,计算效率不高;而单纯形解法实质是把高斯解法概括成一种列表计算的方式,使迭代过程的工作量减少,迭代过程更加直观,是线性规划的通用解法。其求解原理简述如下:

设线性规划问题有如下形式:

目标函数:
$$\max Z = CX \tag{1}$$

约束条件:
$$AX \geqslant (\text{或} \leqslant) P_0$$
$$X \geqslant 0$$

化为标准型:

目标函数： $$\max Z = CX + O \cdot X_s \tag{2}$$

约束条件： $$(A \quad I)\begin{pmatrix} X \\ X_s \end{pmatrix} = P_0$$

$$X \geqslant 0, X_s \geqslant 0 \tag{3}$$

式中：

$$C = (c_1, \quad \cdots, \quad c_n)$$

$$X = (x_1, \quad \cdots, \quad x_n)^{\mathrm{T}}, X_s = (x_{n+1}, \quad \cdots, \quad x_{n+m})^{\mathrm{T}}$$

$$P_0 = (b_1, \quad \cdots, \quad b_m)^{\mathrm{T}}, O = (O_{n+1}, \quad \cdots, \quad O_{n+m})^{\mathrm{T}}$$

$$A = (P_1, \quad \cdots, \quad P_n) = (a_{1j}, \quad \cdots, \quad a_{i,j}, \quad \cdots, \quad a_{nj})(j = 1, \cdots, m)$$

一般情况下 $n > m$，根据线性代数理论，约束条件所构成的方程组有非唯一解，但我们关心的是从基本可行解中找出使目标函数取得最优的解。

先从 A 阵中选择 m 个线性无关的列向量 $P_j (j = 1,2,\cdots,m)$ 作为 A 的基阵 B，其余 $(n-m)$ 个列向量为非基阵 N，则 A 阵可表示为：$A = (B \quad N)$；同理，把变量也分成与之对应的基向量 X_B 和非基向量 X_N，即：$X = (X_B \quad X_N)$；同理：$C = (C_B \quad C_N)$。则式(2)、式(3)可写为：

目标函数： $$\max Z = C_B X_B + C_N X_N + O \cdot X_s \tag{4}$$

约束条件： $$\begin{aligned} & BX_B + NX_N + IX_s = P_0 \\ & X_B, X_N, X_s \geqslant 0 \end{aligned} \tag{5}$$

$$1 \cdot Z - C_B X_B - C_N X_N - O \cdot X_s = 0$$

移项得： $$0 \cdot Z + BX_B + NX_N + IX_s = P_0 \tag{6}$$

式(6)写成表格形式即为初始单纯形表(见表1)。

表1　初始单纯形表

Z	X_B	X_N	X_s	解值
1	$-C_B$	$-C_N$	0	0
0	B	N	I	P_0

若 B 为满秩阵，则 B^{-1} 存在，在式(5)两端同乘 B^{-1} 可得：

$$X_B = B^{-1}P_0 - B^{-1}NX_N - B^{-1}X_s \tag{7}$$

代入式(6)得：

$$Z = C_B B^{-1} P_0 - C_B B^{-1} N - C_N X_N - C_B B^{-1} X_s \tag{8}$$

由式(7)和式(8)可得：

$$\begin{aligned} 0 \cdot X_B + 1 \cdot Z + (C_B B^{-1} N - C_N) X_N + C_B B^{-1} X_s = C_B B^{-1} P_0 \\ 1 \cdot X_B + 0 \cdot Z + B^{-1} N X_N + B^{-1} X_s = B^{-1} P_0 \end{aligned} \tag{9}$$

写成表格形式即为迭代后的单纯形表(见表2)。

表2　迭代后的单纯形表

基变量	Z	X_N	X_s	解值
0	1	$C_B B^{-1} N - C_N$	$C_B B^{-1}$	$C_B B^{-1} P_0$
X_B	0	$B^{-1} N$	B^{-1}	$B^{-1} P_0$

从上述推导过程可以看出，采用单纯形法求解时，在每个迭代阶段中 B^{-1} 是求解的关

键,而实际迭代过程中非基变量系数的变化与最终结果无必然联系,也就是说,采用手工列单纯形表迭代计算过程中大量非基变量系数的计算工作实际对求解最优解并无帮助,而迭代过程中如果出现非基变量系数迭代错误反过来会导致计算的失败。因此,实际应用中,除变量数目比较少的情况可用单纯形表手工计算外,一般采用计算机编程计算每次迭代过程中的 B^{-1},以此来提高计算效率。

3.4　线性规划的改进算法

采用一般单纯形算法计算线性规划问题时,首先应确保约束条件中有一组能构成单位矩阵的变量,这样可构成一组基可行解开始迭代。因此,普通的单纯形算法主要解决约束条件均为小于(或小于等于)的线性规划问题(这类约束条件化成标准形后都要加上一个正的松驰变量,每个约束条件加一个松驰变量可确保形成一组初始基可行解)。但实际线性规划问题的约束条件往往是多种形式并存(包括大于等于、等于和小于等于等),为此,有人提出大 M 法、两步法等改进型单纯形法,其中心思想是对约束条件为等号或大于等于号的情况引入人工变量,让人工变量参与迭代,并最终确保所有人工变量都能离开迭代过程,最终到得最优解(前提是最优解存在)。由于大 M 法随迭代次数的增加会发生误差累积的现象,实际运用受到一定限制,本文推荐两步法。两步法的具体求解过程本文不赘述,此处仅给出两步法计算程序图(见图 1)供参考。

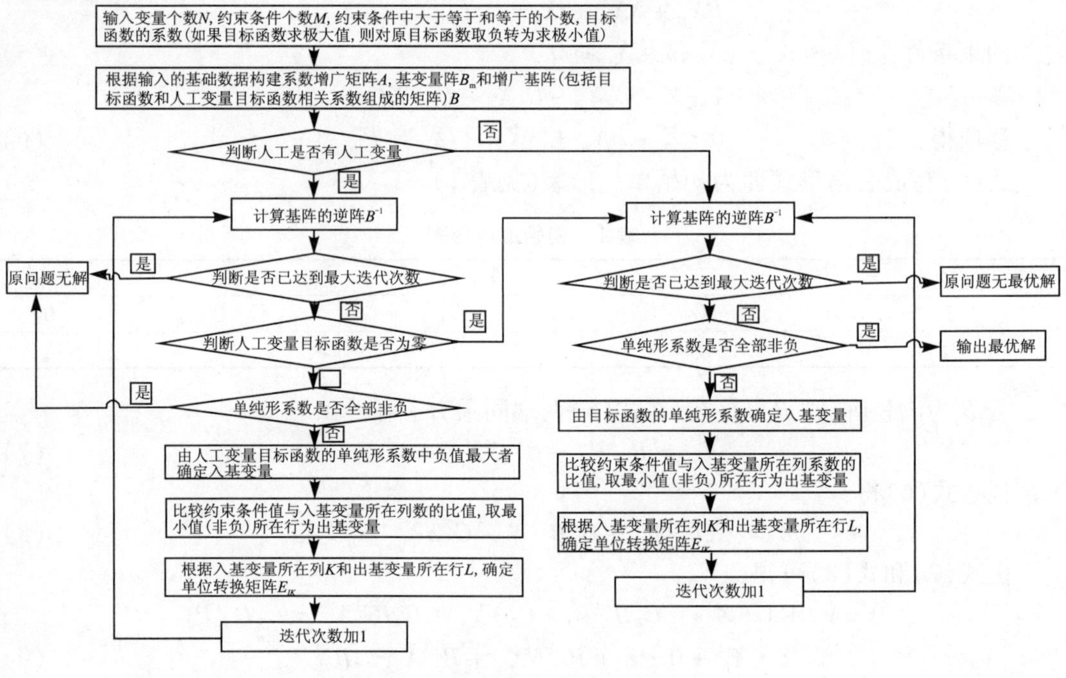

图 1　两步法计算程序结构图

4　应用举例

以某区域辖中小河道养护管理为例。根据现场设施量调查,该区相关设施量见表 3,对照定额标准,该区域中小河道养护经费应为 526 万元。市财政每年下拨河道设施养护经费约 158 万元,该区域地方财政共配套经费约 200 万元,配套经费总额与定额预算标准经额约有 168 万元的资金缺口，但总体配套经额已超过额定总量的一半，从理论上讲，如果将所有分类项的定额标准均降低一半，该区域的所有河道实施的养护将实现全覆盖，但效果不能达到最优。为实现在河道设施养护全覆盖的基础上尽可能提升河道养护成效，可考虑将该区域内的河道设施按重要性分为两类，一类是重点保障对象，对纳入重点保障对象的设施按照定额标准足额配套经费；另一类是一般保障对象，其养护经费按照定额标准折半配套。此时，在总养护经费一定的约束条件下，各项设施的重点保障对象的数量总和最大化即可视为养护成效最优，相应各项设施的重点保障对象的数量即为养护工作重点。

设每项设施的重点保障对象的最优化配置数量为 $x_1 \sim x_{14}$，根据表 3 可建立线性规划求解模型如下：

表 3　某区域相关河道设施量、养护标准、费用表

项目		数量	最优化数量	一般保障对象	定额标准（万元）	维养率	年费用（万元）
河道保洁（万 m^2）		173	x_1	$173-x_1$	0.75/（万 m^2·年）	1 次/天	$0.75x_1+(173-x_1)\times 0.5\times 0.75$
陆域保洁（万 m^2）		73	x_2	$73-x_2$	0.97/（万 m^2·年）	1 次/天	$0.97X_2+(73-X_2)\times 0.5\times 0.97$
防汛通道（万 m^2）	土路	21	—	21	3.54/（万 m^2·年）	1%/年	$21\times 0.01\times 3.54$
	砂石	0.50	—	0.50	58.07/（万 m^2·年）	1%/年	$0.5\times 0.01\times 58.07$
	混凝土	50.0	x_3	$50-x_3$	100/（万 m^2·年）	1%/年	$0.01\times x_3\times 100+0.01\times(50-x_3)\times 50$
	地砖	0.30	—	0	27.35/（万 m^2·年）	5%/年	$0.3\times 0.05\times 27.35$
	沥青	1.10	x_4	$1.1-x_4$	70/（万 m^2·年）	1%/年	$0.01\times 70x_4+0.01\times(1.1-x_4)\times 35$
绿化（万 m^2、万棵）	草皮	21.60	x_5	$21.6-x_5$	养护 4.8/（万 m^2·年）补损 3.18/（万 m^2·年）	除草一年两次、喷药一年四次、施肥一年一次、补损 5%/年	$4.8x_5+0.05x_5\times 3.18+2.4\times(21.6-x_5)+0.05\times(21.6-x_5)\times 3.18\times 0.5$
	乔木	0.92	x_6	$0.92-x_6$	养护 2.21/（万棵·年）补损 23.2/（万棵·年）	修枝一年一次、喷药一年两次、补损 3%/年	$2.21x_6+0.03x_6\times 23.2+1.1\times(0.92-x_6)+0.03\times(0.92-x_6)\times 23.2\times 0.5$
	灌木	2.67	x_7	$2.67-x_7$	养护 1.23/（万棵·年）补损 24.6/万（棵·年）	喷药一年两次、补损 3%/年	$1.23x_7+0.03x_7\times 24.6+0.6\times(2.67-x_7)+0.03\times(2.67-x_7)\times 24.6\times 0.5$
	花卉	0.12	x_8	$0.12-x_8$	养护 4.8/（万 m^2·年）补损 3.18/（万 m^2·年）	除草一年两次、喷药一年四次、施肥一年一次、补损 5%/年	$4.8x_8+0.05x_8\times 3.18+2.4\times(0.12-x_8)+0.05\times(0.12-x_8)\times 3.18\times 0.5$

续表 3

项目		数量	最优化数量	一般保障对象	定额标准（万元）	维养率	年费用（万元）
栏杆（km）	砖石	1.61	x_9	$1.61-x_9$	18/（万 m·年）	补损 2%/年	$0.002x_9\times18+0.002\times(1.61-x_9)\times9$
	混凝土	2.79	x_{10}	$2.79-x_{10}$	180/（万 m·年）	补损 2%/年	$0.002x_{10}\times180+0.002\times(2.79-x_{10})\times90$
	钢质	26.90	x_{11}	$26.9-x_{11}$	250/（万 m·年）	油漆一年一次、补损 2%/年	$0.002x_{11}\times250+0.002\times(26.9-x_{11})\times125$
护坡（km）	土坡	31.21	0	31.21	34.62/（万 m·年）	一年一次，每次 $0.5m^3$/延米	108.04902
	浆砌块石	36.91	x_{12}	$36.91-x_{12}$	202/（万 m·年）	4%/年	$0.004x_{12}\times202+0.004\times(36.91-x_{12})\times101$
	混凝土	44.68	x_{13}	$44.68-x_{13}$	247/（万 m·年）	0.4%/年	$0.0004x_{13}\times247+(44.68-x_{13})\times124$
	木桩	4.17	x_{14}	$4.17-x_{14}$	300/（万 m·年）	1%/年	$0.001x_{14}\times300+0.001\times(4.17-x_{14})\times150$

注：表中各项设施的维养率及定额标准依据为《上海市河道养护管理定额》（试行），个别项目套用类似项定额标准。

目标函数：
$$\text{Max}(X)=\sum_{i=1}^{14}x_i$$

约束条件：

$$0.375x_1+0.485x_2+0.5x_3+0.35x_4+2.479x_5+1.458x_6+0.999x_7+2.479x_8+0.018x_9+0.18x_{10}+0.25x_{11}+0.404x_{12}+0.049x_{13}+0.15x_{14}=40.071$$

$$x_1\leqslant166$$
$$x_2\leqslant71$$
$$x_3\leqslant50$$
$$x_4\leqslant1.1$$
$$x_5\leqslant21.6$$
$$x_6\leqslant0.92$$
$$x_7\leqslant2.67$$
$$x_8\leqslant0.12$$
$$x_9\leqslant1.61$$
$$x_{10}\leqslant2.79$$
$$x_{11}\leqslant26.9$$
$$x_{12}\leqslant36.91$$
$$x_{13}\leqslant44.68$$

$$x_{14} \leqslant 4.17$$

上式中 $x_i(i = 1 \sim 14) \geqslant 0$。

采用两步法编程计算得解为：

$$\text{Max}(X) = 160.23$$

$$x_1 = 78.9$$

$$x_2 = x_3 = x_4 = x_5 = x_6 = x_7 = x_8 = x_{12} = 0$$

$$x_9 = 1.61$$

$$x_{10} = 2.79$$

$$x_{11} = 26.9$$

$$x_{13} = 44.68$$

$$x_{14} = 4.17$$

从计算结果看，在当前资金保障不到位的情况下，可对 78.9 万 m^2 的水域、全部的栏杆设施及所有砼和木桩护岸实现重点养护（按照定额标准要求），其他设施可在降低养护标准（按定额要求降低 50% 标准）前提下，实现养护设施全覆盖。

在本例中，出现部分设施重点养护对象数量为零，主要原因是我们假设所有设施的养护成效对总体养护成效的贡献比例一样，因此计算程序在运算过程中根据约束条件选择了让目标函数取得最优的分项数量的最优组合。如果想取得更加贴近管理实际的结果，还可以从两方面着手优化计算模型：一是给部分必须确保的重点对象设立最低下限约束；二是给不同养护对象对总体养护成效的贡献率设定分值，具体可采用层次分析法确定。

5 结语

当前，在我国许多区域，经过数十年的水利建设，水利防洪保障体系已基本建成，大规模的水利工程建设基本告一段落。为了保持来之不易的建设成效，加强水利工程设施的长效管理刻不容缓，但现实情况是相关管理经费短期内很难足额到位，另外，对已经到位的资金也有一个合理规划使用的问题。本文用一个实例证明了线性规划工具在河道长效管理资金有效使用方面的积极作用，作为引例，也可用作其他类似项目所涉及的资源优化配置参考。

参 考 文 献

[1]《运筹学》教材编制组. 运筹学[M]. 北京：清华大学出版社，2006.

[2]姚汝祥，廖松，张超. 水资源系统分析及应用[M]. 北京：清华大学出版社，1987.

[3]刘肇伟，郭元裕. 灌排工程系统分析[M]. 北京：水利电力出版社，1988.

浅谈海洋工程环境影响报告书的审查要点

吴　旸

（上海市水务业务受理中心（上海市海洋业务受理中心））

摘　要：对海洋工程环境影响报告书的审查是“海洋工程建设项目环境影响报告书核准”的重要环节，在审查过程中，海洋行政主管部门主要依据相关法律法规、按照《海洋工程环境影响评价技术导则》的要求，审查报告书的科学性、可行性，从而控制海洋工程建设项目对海洋环境造成的影响。由于报告审查的重要性，所以审批经办人员必须掌握对报告的审查要点，方可保证行政审批的科学性、规范性。

关键词：海洋环评　行政审批　审查要点

“海洋工程建设项目环境影响报告书核准”这一行政审批事项是海洋行政主管部门控制及减小海洋工程建设项目对海洋环境造成影响的主要手段之一，而对《海洋工程环境影响报告书》的审查是审批过程中最重要的环节。在对海洋工程环评报告书的技术审查过程中，海洋行政主管部门主要依据《中华人民共和国海洋环境保护法》、《防治海洋工程建设项目污染损害海洋环境管理条例》等法律法规，按照《海洋工程环境影响评价技术导则》的要求，审查海洋工程的环境可行性，重点关注工程对海洋环境和资源的综合分析、预测和评估结果，以及相应生态保护措施和对策的有效性和针对性。

1　技术审查要点

目前，海洋工程环评报告书是按照《海洋工程环境影响评价技术导则》（GB/T 19485—2014）的要求进行编写的。环评单位通过分析海洋工程概况及调查评价工程周边自然、社会、海洋环境状态，预测评价海洋工程对周边环境的影响及分析评价环境事故风险，并提出污染物处理和排放浓度的控制指标和要求，给出污染防治对策。

海洋行政主管部门对《海洋工程环境影响报告书》的审查主要分两个方面：形式审查和内容审查。

1.1　形式审查

形式审查是从报告书的封面、评价单位资质、扉页、技术签署、篇章、附件、引用资料和名录等方面对报告书进行审查。

形式审查中，较为重要的是对评价单位资质的审查。根据《建设项目环境影响评价资质管理办法》的规定，承担国家发改委立项审批的国管海洋工程的评价机构需具备“海洋及海岸工程”的甲级《建设项目环境影响评价资格证书》，省级及以下部门立项审批的海洋工程环评工作需由具备“海洋及海岸工程”的乙级以上评价资质的机构承担。

1.2　内容审查

内容审查是审查工作的重中之重，是对海洋工程环评报告书主要篇章进行全面的评估。在审查内容上主要关注六个部分:总论、工程概况分析、周边环境调查及分析、环境事故风险分析及评价、根据调查及评价结果给出对策措施、环评结论。

1.2.1 总论

该部分对应海洋工程环评报告书的第一章,主要对评价任务的由来及目的、依据等进行概述,并简要说明评价内容、范围,确定评价等级。

对于上海市杭州湾海域海洋工程的评价范围界定,应重点关注其主潮流方向的评价范围是否满足要求。

杭州湾海域属大型河口,也是重要的海洋生态环境敏感区,因此在判定其评价等级时,对应的"工程所在海域和生态环境类型"属于"海湾、河口海域或生态环境敏感区",其各单项海洋环境影响(水文动力环境、水质环境、沉积物环境、生态环境)的评价等级应当采取相对最高的等级。

1.2.2 工程概况分析

该部分对应海洋工程环评报告书的第二、三章,主要对工程规模、用海范围及方式、工程施工方案及作业时间等工程概况进行说明,并分析施工、生产等环节的环境影响及途径和各种污染物的排放量、排放方式等。

在审查过程中,主要关注报告书对各环节产生的环境影响是否有遗漏,各种污染物的排放量、处理工艺、处理量、排放量、排放去向和排放方式等论述是否全面、准确。

1.2.3 周边环境调查及分析

该部分主要通过调查了解海洋工程所在区域的自然和社会环境现状,界定环境敏感目标,再根据调查情况设立监测站点,收集和分析监测调查资料。

在审查过程中,主要关注其调查结果是否真实、及时更新,界定的环境敏感目标和主要环境保护对象是否全面、准确,是否给出了各环境敏感区和主要环境保护对象的功能、方位、距建设项目的距离等详细内容。报告书给出的环境质量现状的调查内容、调查范围、调查项目(内容、要素或因子)等是否符合《海洋工程环境影响评价技术导则》要求。

对于杭州湾附近海域,主要的环境敏感点有金山三岛海洋生态自然保护区、金山城市沙滩滨海旅游度假区、上海奉贤碧海金沙滨海旅游度假区、杭州湾北岸海域的渔场、九段沙湿地自然保护区等。

1.2.4 环境事故风险分析及评价

该部分对环境事故的风险进行分析,并给出环境事故处置方案和必要的防范对策与措施。

在审查过程中,主要关注其是否阐明了各阶段可能产生的环境风险范围、内容及其可能产生的各类环境影响,是否预测或分析了污染物的迁移扩散路径与范围。

同时报告书应当给出环境事故处置方案和必要的防范对策和措施,包括应急设施、器材、配置地点、机动性、通信联络、应急组织、应急反应程序等。

1.2.5 根据调查及评价结果给出对策措施

该部分包括污染物排放、总量控制及给出清洁生产对策措施的评价。

在审查过程中,主要关注其是否明确海洋工程满足"三同时"要求的具体内容和具体指标,列出"三同时"验收一览表。评价其清洁生产对策措施是否具有科学性、先进性及技术经济可行性。

1.2.6 环评结论

审查该部分内容,主要关注报告书是否阐明了给出了建设项目在各个阶段能否满足环境质量要求的评价结论,是否给出了建设项目的规模和选址是否合理的评价结论;是否给出建设项目的环境可行性结论,给出的结论是否合理、可信;是否依据建设项目的特征、环境特点和环境影响评价结论,按照环境保护监督管理和生态保护与恢复等法律法规的要求提出了具体的、有针对性的环境保护对策、措施和建议。

2 不同工程类型的审查重点

同时在审查过程中还应当根据不同的工程类型,侧重相应的审查重点。针对上海市可能新建的主要典型海洋工程,包括海上风电工程、跨海桥梁工程、港口码头工程、滨海娱乐景观工程、海底管道电缆工程、围填海工程等,在上述技术审查要点的基础上,主要着重于施工期与营运期的环境问题甄别和影响分析评价以及环境风险评价等内容。

2.1 海上风电工程

审查报告书是否对施工期的电缆铺设和基础开挖阶段的产污环节及污染影响内容、非污染环境影响内容进行了详细分析,是否对风电场运营阶段的产污环节和非污染环境影响内容进行了详细分析。分析应当包括:风机桩基保护措施(如阳极保护的阴极金属离子析出、防腐蚀涂料等)对海洋水质和沉积物环境的影响;风机运行对鸟类及其栖息地的影响;海上风电场建设对工程海域水文动力、海洋地形地貌与冲淤环境的影响等;风电运行产生的电磁辐射对海洋生物的影响。

运营期的环境风险主要应包括:海底电缆及风机基础泥沙冲刷淘空风险分析;海底电缆突发事故风险分析;风机运行引起的周边通航环境的风险评价;台风等对风机、风叶设施影响风险分析。

2.2 跨海桥梁工程

审查报告书是否对工程施工期和运营期的主要环境风险进行分析与评价。施工期的环境风险主要应包括:施工船舶的溢油事故风险评价,桥墩建设引起的周边通航环境的风险评价;运营期的环境风险主要应包括桥墩基础泥沙冲刷淘空风险分析,跨海桥梁建设后引起的周边通航环境的风险评价。

2.3 港口码头工程

审查报告书是否对运营期的各产污环节及污染影响内容、非污染环境影响内容进行了详细分析。建议应包括:码头及后方陆域的生产污水、生活污水和固体废弃物的产生量、处理量、处理方式等内容;靠泊船舶的油污水、生活污水和固体废弃物的产生量、处理量、处理方式等内容;码头建设后引起的岸线变化对工程海域水文动力、海洋地形地貌与冲淤环境的影响等;运营期涉及港池、码头区域的疏浚工程废弃物的产生量、处理量、处理方式等内容;码头主要营运物料可能产生的主要污染物的产生量、处理量、处理方式等内容。

审查报告书是否对工程施工期和运营期的主要环境风险进行分析与评价。施工期的环境风险主要包括:施工船舶的溢油事故风险评价;运营期的环境风险主要包括靠泊船舶的溢油事故风险评价,危险化学品货物泄漏事故风险评价,风暴潮等灾害引起的后方陆域防波堤等溃堤风险。

2.4 海底管道电缆工程

审查报告书是否对施工期的电缆管道铺设和基础开挖阶段的产污环节及污染影响内容、非污染环境影响内容进行了详细分析。建议应包括:现场施工机具的污染物产生量、处理量、处理方式等内容;电缆管道铺设和基础开挖施工产生的悬浮泥沙对海洋水质环境和海洋生物的影响;电缆管道铺设和基础开挖造成的底栖生物资源损失评估;海底电缆工程的电磁场辐射对海洋生物资源的影响。

审查报告书是否对工程施工期和运营期的主要环境风险进行分析与评价。施工期的环境风险主要包括:电缆铺设引起的周边通航环境的风险评价,施工船舶的溢油事故风险评价;运营期的环境风险主要应包括海底电缆基础泥沙冲刷淘空风险分析,海底管道断裂引起输送物质泄漏的突发事故风险分析。

2.5 滨海娱乐景观工程

审查报告书是否对运营期的各产污环节及污染影响内容、非污染环境影响内容进行了详细分析。建议应包括:项目运营后旅游人员的生活污水和固体废弃物的产生量、处理量、处理方式等内容;项目运营后陆上设施的污水排放和固体废弃物的产生量、处理量、处理方式等内容;建设后引起的岸线变化对工程海域水文动力、海洋地形地貌与冲淤环境的影响等;填海造地引起海域和海岸带的底栖生物等资源损失评估。

审查报告书是否对工程施工期和运营期的主要环境风险进行分析与评价。施工期的环境风险主要包括:施工船舶的溢油事故风险评价;运营期的环境风险主要包括台风、风暴潮等灾害引起的填海形成陆域前沿防波堤等溃堤风险。

2.6 围填海工程

审查报告书是否对施工期的各产污环节及污染影响内容、非污染环境影响内容进行了详细分析。建议应包括:围堤抛石施工船舶产生油污水、生活污水和固体废弃物的产生量、处理量、处理方式等内容;围堤等基础处理(如爆破挤淤方式)对海洋渔业资源的影响;陆域施工人员产生的生活污水和固体废弃物的产生量、处理量、处理方式等内容;围堤抛石施工、溢流口的悬浮泥沙对海洋水质环境和海洋生物环境的影响。

审查报告书是否对运营期的各产污环节及污染影响内容、非污染环境影响内容进行了详细分析。建议应包括:填海陆域形成后建设项目的生产污水、生活污水和固体废弃物的产生量、处理量、处理方式等内容;建设后引起的岸线变化对工程海域水文动力、海洋地形地貌与冲淤环境的影响等;填海造地引起海域的底栖生物等资源损失评估。

3 结语

党的十八大报告提出了“提高海洋资源开发能力,发展海洋经济,保护海洋环境,坚决维护海洋权益,建设海洋强国”的宏伟目标。习近平总书记在主持中共中央第八次集体学习时强调,要着力推动海洋开发方式向循环利用型转变,全力遏制海洋生态环境不断恶化趋势。随着我国对海洋资源需求的不断上升,海洋环境保护工作也迎来了新的挑战。

目前,对行政审批工作的要求也越来越高,对行政审批人员提出了更高的要求。作为一名海洋行政审批工作人员,承担海洋环境保护这一项长远的工作,更需要熟悉工作内容,加强自身技术知识储备,确保行政审批的规范性、科学性,为海洋环保贡献一份力量。

水务(海洋)行政审批互联互通管理平台开发研究

梁　海　张晓东

(上海市水务业务受理中心(上海市海洋业务受理中心))

摘　要:基于上海市水务、海洋行政审批的特征,结合水务、海洋行政审批业务系统的数据多源化、功能多样化、格式差异化等现状,提出水务(海洋)行政审批互联互通管理平台的开发研究,为进一步提升水务(海洋)行政审批信息的高效共享、管理能力和信息化水平奠定基础。

关键词:行政审批　互联互通　管理平台

1　引言

大力推进电子政务,是各级政府提升履职能力和水平的重要途径,是深化行政管理体制改革和建设人民满意的服务型政府的重要手段。根据《国家电子政务"十二五"规划》及《上海市政府电子政务"十二五"发展规划》要求,结合上海市水务业务受理中心(上海市海洋业务受理中心)(以下简称"受理中心")信息化发展实际,为深入推进电子政务工作,切实提高行政管理和服务水平,开展水务行政审批互联互通管理平台开发研究工作。

2　上海市水务(海洋)行政审批特征

2.1　审批项目量多面广

上海市水务局(上海市海洋局)依法管理和指导全市的海塘、滩涂、河堤和海洋等各项工作。行政审批事项共56项,其中,水利审批事项20项,供水审批事项11项,排水审批事项5项,海洋审批事项20项。

2.2　审批项目分类审批

上海市水务局(上海市海洋局)行政许可工作流程分五类。第一类,重大行政许可事项审批;第二类,重要行政许可事项审批;第三类,一般行政许可事项审批;第四类,关于"用水计划指标的核定或批准"和"临时停止供水或降低水压的审批";第五类,关于"设立专用水文测站的审批"。五类审批事项有不同的审批主体及流程。

2.3　审批项目分级审批

水务(海洋)行政审批分两级管理:涉及区县管理设施范围内的行政审批事项,由区县审批;涉及市管设施范围内的行政审批事项,由市水务局审批,并由受理中心统一受理;部分事项需区县和市局两级审批。

2.4 审批项目下放委托实施

为了进一步转变政府职能,深化行政管理体制改革,上海市水务局(上海市海洋局)部分审批事项下放至浦东新区政府,部分建设项目的审批委托临港新城管委会代为实施。

2.5 审批流程环节较多

按照上海市网上政务大厅建设的统一要求,审批流程包括受理申请、收件、补正、受理、特别程序、审查与决定、发证等环节。

2.6 审批项目数量较大

2010～2014 年平均每年审批事项总数 39 797.4 项,其中水利事项 701.2 项,供水事项 362.6 项,排水事项 1 790.4 项,海洋事项 221.2 项,并联审批事项 209 项,用水计划指标 36 513 项。

2.7 审批项目多部门协办

审批项目的审批主体为上海市水务局、上海市海洋局,具体办理按照职能分工有局滩涂海塘处、局水资源处、局防汛和安全监督处、局综合规划处、受理中心、市堤防(泵闸)设施管理处、市水利管理处、市供水管理处、市排水管理处、市海洋事务管理中心、各区县水务局或建委。

3 水务行政审批互联互通管理平台需求

由于上海市水务(海洋)行政审批多种特征的存在,目前,水务(海洋)行政审批缺乏统一互联互通管理,水务(海洋)行业应用系统之间存在数据来源多源化、业务功能多样化、数据格式差异化等现象,影响和制约着行业单位之间已建及待建业务系统的数据共享。按照《上海市水务海洋行政许可信息化规划(2013～2020 年)》的设想,通过对审批数据的规范化和标准化管理,及时准确地获取防汛防台信息,实现实时预警;及时与行业管理业务系统对接,实现智能化管理;建立与批后监管部门监管信息的实时交互,实现远程监管和智能化监管,建立市区行政审批业务信息互联互通机制,实现审批信息在局机关、局属单位等相关单位及部门的高效共享与流转,为进一步提升水务行政审批信息共享水平,实现与市法人库、诚信库的互联互通,提高水务行政审批工作的效率奠定了基础。

当前,本市电子政务建设还存在着几个比较突出的问题。一是体制机制方面,电子政务建设全市性统筹协调与监管有待进一步加强,区县、部门之间电子政务发展水平存在差异;二是建设效益方面,本市电子政务建设起步早、投入力度大,但核心业务信息化程度偏低,部门间协同应用不够,社会管理和服务公众的效能有待进一步提升;三是信息资源共享和利用方面,信息的完整性、准确性和及时性不高,决策支持能力有限,部门之间、政民之间的信息共享和交互程度不够;四是安全保障方面,分散建设的安全措施无法适应新形势要求,电子政务整体的安全保障能力亟待进一步提高。因此,必须开展适应上海市水务行政审批特征的水务行政审批互联互通管理平台开发研究工作。

4 水务(海洋)行政审批互联互通管理平台总体框架

水务(海洋)行政审批互联互通管理平台建设主要包含网络平台、数据平台和应用平台建设三部分内容(见图1)。

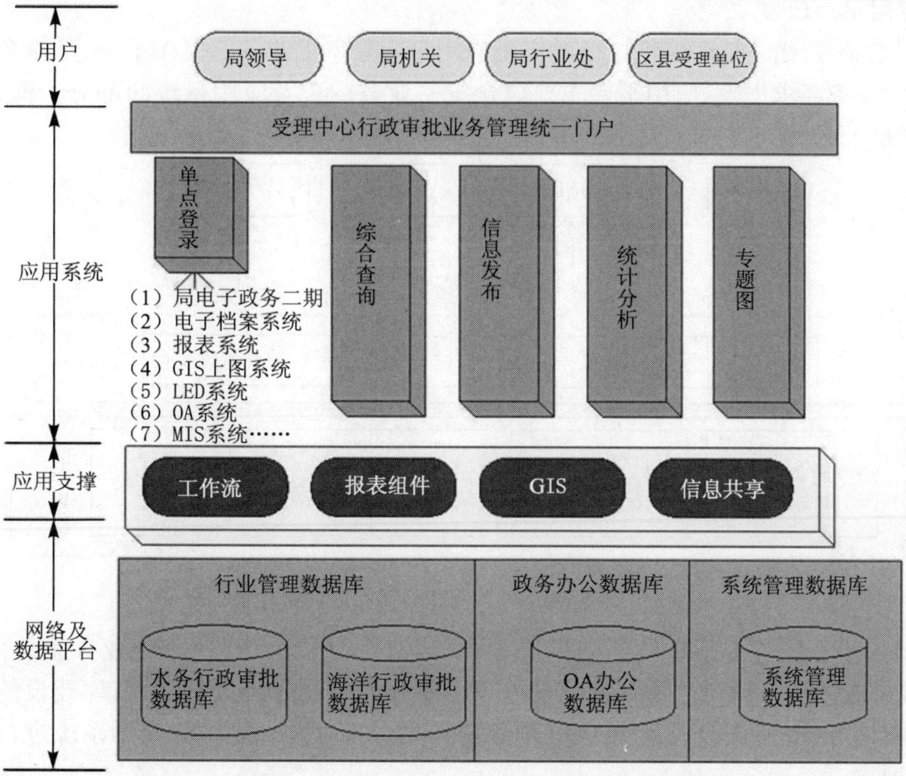

图 1　水务(海洋)行政审批互联互通管理平台框架图

4.1　数据平台建设

行业管理数据库包括水务行政审批与海洋行政审批两类数据库(见图 2),行政审批数据库用于存储和管理水务及海洋行政审批的相关数据。数据库内容分为基础数据、过程数据、档案数据、统计数据和元数据等内容。

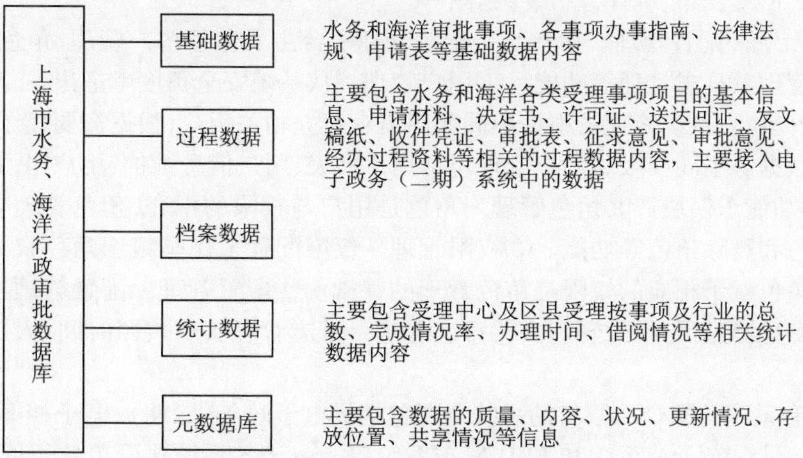

图 2　水务(海洋)行政审批数据分类图

4.2 应用平台建设

(1)总体框架。水务(海洋)行政审批应用平台是审批业务的工作平台,从水务、海洋行政审批业务需求出发,应用平台主要包含统一业务门户及应用系统两部分。框架及界面结构设计图见图3。

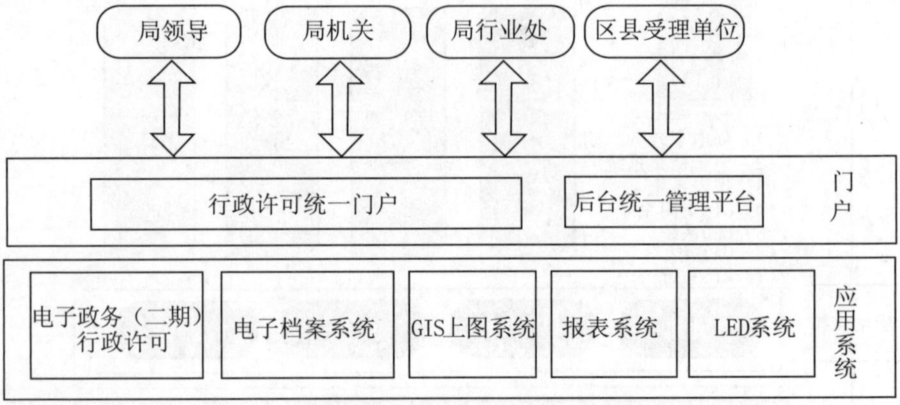

图3 水务(海洋)行政审批应用平台框架图

(2)应用系统。按照总体框架的设计,在现有水务、海洋行政审批业务系统的基础上,行政审批互联互通应用平台的建设内容主要分为两部分:①按照数据库建设的内容,建立行政许可统一门户及后台统一配置管理系统。②对原有建设的应用系统进行整合,统一管理。

(3)行政许可统一门户。行政许可统一门户作为受理中心信息化应用的统一入口,包括单点登录、应用系统的快速导航及发布平台三部分内容。①单点登录。提供平台中各系统统一的用户注册、登录和管理接口。②应用系统的快速导航。提供对各应用系统的链接索引,使中心所有用户可以通过统一的入口进入系统。③发布平台。通过图表等方式,主要面向领导、经办人员等用户展示受理中心行政审批相关的信息化成果,功能包括综合查询、信息发布、统计分析、专题图等。

(4)后台统一配置管理。后台统一配置管理平台主要包括用户管理、角色管理、权限管理、配置管理及日志管理等功能。①用户管理。从系统安全角度考虑出发,建立用户权限管理功能模块。系统管理员根据不同部门需求建立相关用户,根据需要赋予用户查看、检索、修改数据等不同权限。用户管理包括用户列表、用户信息维护、用户组设置、用户组信息维护等功能子模块。②角色管理。角色是用户与权限的中介,角色管理包含新建角色、编辑角色和删除角色等功能。③权限管理。权限配置工作是组织角色权限的工作步骤之一,为角色赋予相应的权限是角色管理的基础。④配置管理。配置管理实现对各类基础资源信息的配置与维护管理。⑤日志管理。日志管理实现按照时间、人员等条件查询操作日志。

(5)原有系统的整合。原有的系统主要包括局电子政务(二期)、电子档案系统、报表系统、GIS 上图系统、OA 系统和 LED 发布系统等。由于各系统建设单位不同,技术路线及标准不一致,因此从系统整合和便于使用的角度考虑,整合的一项重点内容为系统访问入口及权限的统一管理。

5 水务(海洋)行政审批互联互通管理平台开发技术路线

针对系统建设要求,结合本系统体系结构、各业务系统现状、系统开发架构、网络环境、技术成熟程度、实施难易程度、管理难易程度,水务行政审批互联互通管理平台采用了以下技术路线。

5.1 基于 J2EE 三层平台架构

为了满足后续系统开发的连续性以及集成的方便性,本系统采用基于 J2EE 平台开发各类 Web 应用服务。

5.2 基于面向服务的体系架构(SOA)

基于面向服务的体系架构的信息管理与传统的数据可以为在合适的时间、合适的地点并且有正当理由而需要它的任何用户提供服务。

5.3 基于元数据的内容管理技术

元数据是关于数据的数据,是以计算机系统能够使用与处理的格式存在的、与内容相关的数据,它是对内容的一种描述方式。通过这种方式,可以表示内容的属性与结构信息。

5.4 分布式数据管理

以通信网络技术为基础的分布式计算技术可以有效地使用本地和远程的计算资源,借助完善的系统资源,实现实时应用的构想。

5.5 多级权限管理

鉴于行政审批数据库的复杂性和用户的多样性,系统提供了专用的多级权限管理工具,对不同类型的使用者,按照角色分类原则和最小权限原则,使用目录式的管理模式进行功能权限划分。

5.6 基于数据触发服务管理

基于数据主动触发、消息被动触发的数据服务管理技术,使用户避开了后台复杂的运算规则,专注于业务相关的指令发布。

5.7 基于 XML 及 JSON 的信息共享与数据交换技术

通过 XML 技术,实现跨地域、跨部门、跨应用系统不同数据库之间的互联互通,提供包含提取、转换、传输和加载等操作的数据集成服务。

6 结语

水务(海洋)行政审批互联互通管理平台开发研究,在行政审批管理和应用中有着重要意义,也是规范行政审批、实现审批数据共享的必然要求。建设以水务(海洋)行政审批互联互通管理平台为核心的信息资源共享环境与服务体系,有利于提升水务(海洋)管理能力和信息化水平,推进水务行政管理工作从粗放管理向精细管理、从传统管理模式向现代管理模式转变,对转变政府职能、推动依法行政有深远意义。

参考文献

[1]上海市水务局(上海市海洋局).上海市水务、海洋行政许可“十二五”规划.2012.

[2]上海市水务局(上海市海洋局). 上海市水务海洋行政许可信息化规划(2013～2020年). 2015.
[3]水利部信息化工作领导小组办公室. 水利信息化顶层设计初探及进展[J]. 中国水利,2009(8): 8-10.
[4]胡传廉. 基于"智慧水网"新技术架构顶层设计探研[J]. 水利信息化,2013(4):1-5.
[5]葛召华. 以电子政务与水利工程管理贯穿水利信息化建设[J]. 水利信息化,2013(增刊): 30-32.

数据智能监控平台在上海水务海洋数据中心的探索与应用

李静芳　洪敏慎　李　佼　吕文斌
（上海市防汛信息中心）

摘　要：水务海洋数据中心是上海市水务局（上海市海洋局）数据存储及数据服务的核心区域，本文简单介绍了数据中心的逻辑及数据智能监控平台的系统设计、功能设计等。目前，数据智能监控平台已经为上海水务海洋数据中心管理提供了重要的技术保障。

关键词：数据监控　水务海洋　数据中心

1　概述

随着上海水务（海洋）业务不断深入发展，科学的决策需要海量多种类动态数据的支撑，对水务海洋数据的综合利用与决策支持也提出了更高的要求。上海市水务海洋系统各相关单位先后建成了水资源普查数据库、国家水文水质数据库、水利基础设施数据库、用水户数据库、排水泵站数据库、污水处理厂数据库等。这些数据库的建成从源头上提供了大量的信息支撑，也为实现数据的综合利用和信息资料的共享共用提供了必备的数据基础。

上海市水务局（上海市海洋局）经过多年信息化建设，取得了丰硕的成果。逐步建立了水务数据中心，涵盖供水、排水、水利、海洋四大行业及区县水务局、市气象局、水利部太湖局、国家防总、国家海洋局东海预报中心、气象局等涉及24家单位，接入了来自互联网、国际海洋机构（NOAA、ARGO、水色卫星等）、国家海洋局、国家海洋局东海分局、上海海事局等不同涉海单位、不同来源、不同系统和模型产生的各类数据。累积了从1998年以来的超过1 TB数据量的多比例尺、多时相的数字地形图和遥感影像资料，目前，该部分实时类数据目前已达到近600 GB，而每年数据增长量约为120 GB。

如何管理好这部分数据以及数据交换系统，让水务海洋数据中心切实合理的发挥最大的效能，为各大应用系统提供数据保证，已经成为目前亟待解决的问题。

2　水务海洋数据中心架构

上海水务海洋数据中心是市水务（海洋）局决策支持和跨行业管理的数据基础，是相关部门（单位）提供的防汛、水资源、行业管理、政务办公、元数据等各类数据整合后的合集。

2.1　数据库管理系统架构

目前采用2台X86服务器安装Oracle11gR2 RAC的方式，操作系统选用Oracle Linux6.5，系统部署示意图参见图1。

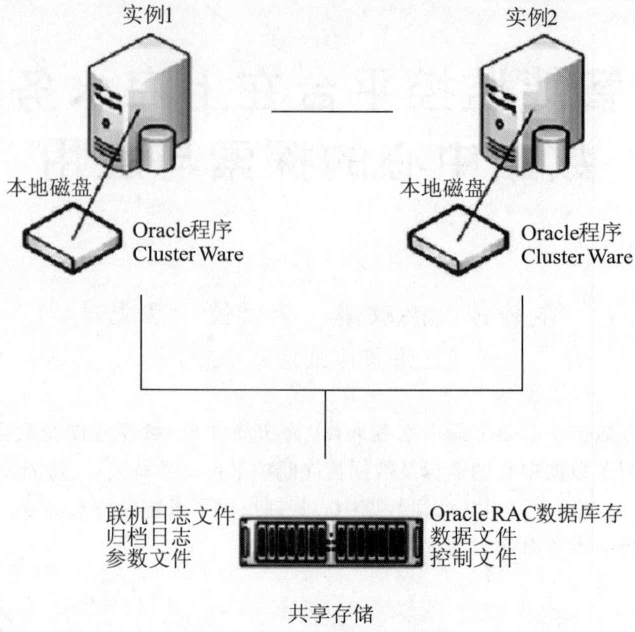

图 1　Oracle RAC 部署图

2.2　数据库架构

水务海洋数据中心数据库结构按照“三层多类”进行设计(见图 2)。“三层”指基础数据部分、核心数据部分及数据仓库部分。“多类”指实时类数据、基础类数据、政务类数据和元数据类数据等。

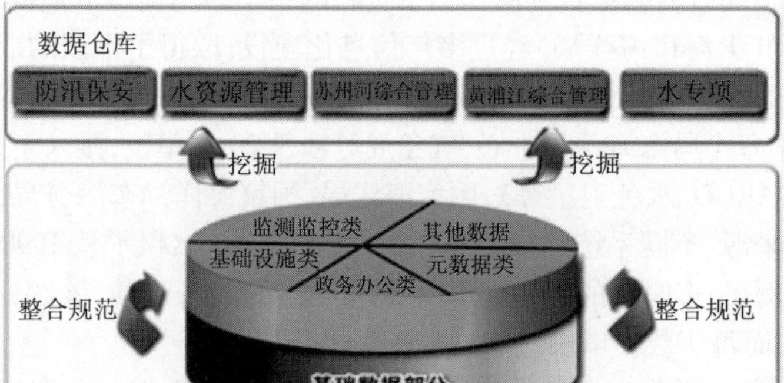

图 2　水务数据中心逻辑结构图

其中,基础数据部分位于水务数据中心最底层,用于存储来源于各单位的基础数据,该部分实现了与原始数据表结构保持一致的原始数据的快速存储,确保水务海洋数据中心对原始数据的需求。核心数据部分位于水务海洋数据中心中间层,按照水务业务逻辑,经过对基础数据进行规范、分类、归并和加工后形成核心数据。该部分实现了对原始数据进行分类、规范、整合、运算和逻辑等二次处理形成具有统一计量单位数据的集中存储,满足统一计量的数据准确性、一致性需求。

2.3 数据交换平台

数据交换平台介于水务数据中心与各行业基础数据库之间,以及水务数据中心与应用系统之间,主要提供访问数据库的连接和中间层服务,包括数据采集、数据发布、数据交换、数据路由、数据同步等环节。

(1)数据采集:各单位实时数据通过该平台经由数据抓取、甄别、汇聚、规范和整合等过程,以统一规范的格式汇集到水务数据中心。

(2)数据发布:各单位可以根据各自需要定制所需业务数据,该平台按照数据属性、目的地、归属单位等条件,进行相关组合,并根据这些定制信息进行数据发布。

(3)数据交换:通过统一消息中间件建立数据订阅单位和数据发布单位之间的信息隧道,支持同步交换和异步交换 2 种方式,实现各单位之间多源异构数据的业务逻辑、数值转换、数据统计和规范整合,使各信息系统之间的信息能够更方便地共享和交互。

3 数据智能监控平台系统设计

上海市水务信息中心数据智能监控平台采用 Java 语言,基于 B/S 架构,运用 spring、hibernate 框架,开发了针对数据中心进行监控管理的智能数据监控与管理平台。采用了 MVC 的系统开发模式,把业务逻辑代码从表现层中清晰地分离出来,避免了表现层与业务逻辑层的代码混叠,实现了数据监控与管理平台功能扩充的易扩展性和可持续性,简化了开发与后期维护的复杂度。

系统通过开发数据交换监控系统来实现对数据中心交换数据的实时性、完整性、准确性的判断以及向数据管理人员发送必要的短信提醒功能。另外,通过独立的数据交换守护进程的运行,实现了数据监控系统与数据交换应用监控系统之间的互为备份,更好地提高了系统的可靠性,保证一旦数据交换发生异常,管理人员能在第一时间发现问题。

3.1 集中数据监管

在交换平台模块中,实现了对进入水务数据中心数据库的海量数据全方面、多层次、动态的集中监控和管理。

为满足水务数据统一交换、集中数据监管的应用需要,基于 B/S 架构,设计了水务数据统一交换和共享管理平台,完成了交换平台、数据中心等功能模块。

在交换平台模块中,实现了对数据源端、数据交换端、数据目的端 3 个关键环节的数据采集、数据发布、交换效率、故障统计、数据交换情况统计、数据完整性、数据奇异性预警等功能。

数据中心模块中,实现了对数据中心涉及的数据库运行状态、数据库配置、用户权限管理、数据交换节点注册等集中管理功能。

3.2 数据交换轮询监控

轮询程序根据数据交换的频率需要每隔 1 ~ 5 min 自动启动,根据每个交换的情况,读取源端数据库表的更新信息和目标数据库的对应表的更新信息。监控程序分析源端与目的端的数据更新情况,并写入数据库日志汇总表中。通过监控数据中心表空间、日志和备份空间的使用情况实现对数据中心数据库运行状况的实时有效监控(见图 3)。

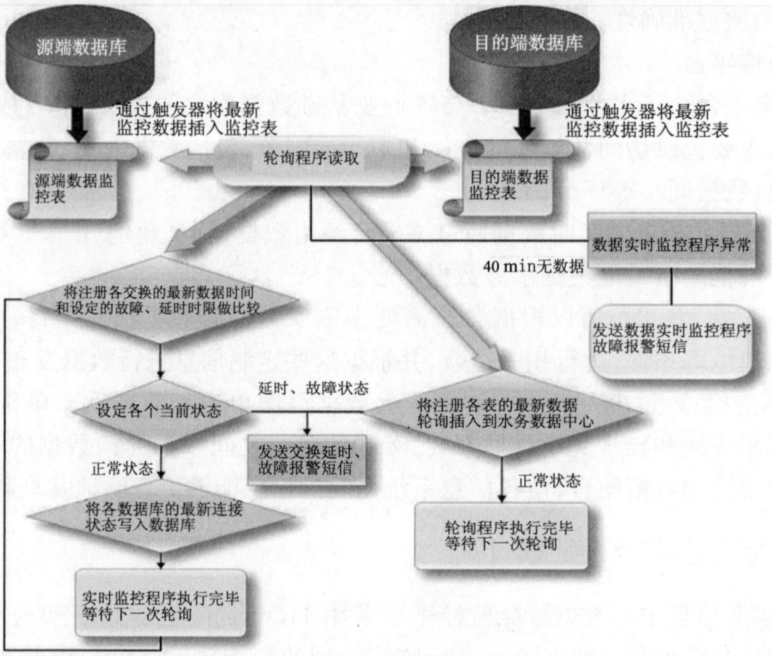

图 3　系统流程图

3.3　三层应用服务

监控平台应用根据用户角色不同，设计了面向决策层、管理层和应用层的三层监控数据服务架构，应用服务由概括到详细，用户可根据需要获得不同维度的信息统计。以数据及时性监控为例，及时性统计分为实时监测数据及时性统计、按数据来源单位统计单一监测数据及时性、按监测站点统计数据及时性(见图4)。

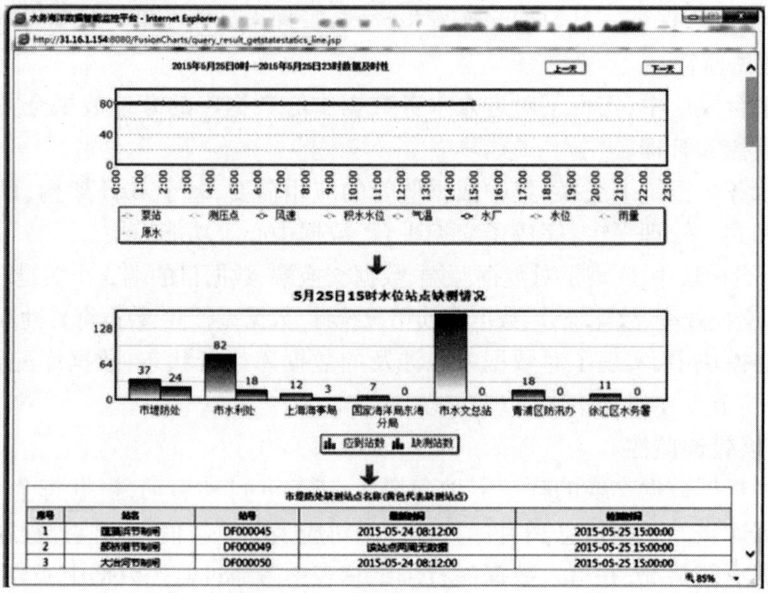

图 4　数据及时性监控页面

3.4 3×3 的监控及预警模式

实现了对源端数据库、数据交换、目的端数据库三个关键环节正常、延时和故障三种运行状态的九个状态监测。

获取最新的数据库连接状态、源端最新数据时间、目的端最新数据时间，并由此分析得出交换的当前状态，是交换故障，还是数据库连接故障等，再由设定的延时、故障时限来发送预警短信，通知各交换的相关负责人员，以便及时监控和修复故障，并将得到的每个交换的状态写入日志表，以便查询故障。

其中，延时时限一般为采集间隔的 3 倍，故障时限为延时时限的 4 倍，例如气象数据采集间隔为 5 min，则其延时时限为 15 min，故障时间为 60 min。

表 1 为监控及预警模式分级表。

表 1　监控及预警模式分级表

报警类型	源端数据库	数据交换	目的端数据库
正常	同时符合以下两种情况，则显示源端数据库正常： (1) 源端数据库正常：源端数据库连接正常，或者源端数据库连接中断，但中断持续时间小于延时时限。 (2) 源端数据正常：源端数据最新入库时间与数据中心当前系统时间差小于延时时限	源端数据库与目的端数据库数据表最新数据的时间差小于延时时限	符合以下情况之一，则显示目的端数据库正常： (1)目的端数据库连接正常。 (2)目的端数据库连接中断，但是中断持续时间小于延时时限
延时	符合以下情况之一，则显示源端数据库延时： (1) 源端数据库延时：源端数据库连接中断，并且中断持续时间大于延时时限，小于故障时限。 (2) 源端数据延时：源端数据库最新数据入库时间与数据中心当前系统时间差大于延时时限，小于故障时限	源端数据库最新数据与目的端数据库最新数据的时间差大于延时时限，小于故障时限	目的端数据库连接中断，并且中断持续时间大于延时时限，小于故障时限
故障	符合以下情况之一，则显示源端数据库故障： (1) 源端数据库故障：源端数据库连接中断，并且中断持续时间大于故障时限。 (2) 源端数据故障：源端数据库持续无数据入库时间大于故障时限	源端数据库最新数据与目的端数据库最新数据的时间差大于故障时限	目的端数据库连接中断，并且中断持续时间大于故障时限

3.5 交换守护服务

实现数据监控系统与数据交换应用监控系统之间的互为备份，更好地提高了系统的可靠性。为减轻数据中心管理人员的运行维护工作强度，具有智能监控系统交换进程的守护程序，用于在线智能判断数据交换平台的运行情况，发现数据交换平台中某一交换进程停止响应或出现其他问题，守护进程会采取相应措施，自动终止有问题的交换进程，并重新启动该交换进程程序，最大限度地确保相关数据交换的顺利进行。

3.6 短信预警

与短信平台相结合，实现站内预警及短信通知的功能，第一时间通知相关技术人员解决问题。

4 系统功能

数据智能监控平台汇总数据交换平台的信息汇总，包括数据发布采集的实况、数据交换的运行实况、数据库的连接状态、数据完整性、空间使用状况、系统架构图、异常预警信息、气象信息监控。通过监控数据交换的源端数据库及目的端数据库最新实时数据的入库时间和监控相同段时间内源端数据库及目的端数据库数据入库的站点个数，实现对数据交换运行状况的实时有效监控(见图5)。

图5 数据智能监控平台主界面

4.1 数据中心监控

实现对数据中心数据库状态进行监控和管理，包括数据库连接状态、数据库运行状态、用户权限管理、数据交换节点注册、表空间、日志空间、存储空间等集中管理功能。同时，可通过预制的管理界面，对数据库表和数据库内的各类站点信息，修正通过监控系统发现的异常数据。

4.2 实时数据监控

(1)实现自动切换查看最新数据交换情况、数据异常情况、数据及时性情况、气象情况、数据中心数据库状态，提高用户体验，从而实时关注各类数据问题。对数据交换运行状态、源端数据库的链接状态进行实时监控。

(2)实现了交换数据的完整性监控、数据异常预警、交换效率监控和交换情况统计分析等功能。

4.3 信息资源管理

(1)信息资源注册:实现对数据库、数据库表、信息科目、查询策略的管理。

(2)信息资源发布:实现对实时类、基础类、政务类和元数据类数据的管理。

4.4 系统管理

实现后台运维功能,包括用户管理、站点管理、系统设置、值班记录和即时通信。

4.5 守护进程(见图6)

(1)能对数据交换进程进行监控,实时显示交换状态。若发生交换故障,可方便地通过“一键重启”功能实现交换的重启。

(2)配置界面让用户可以制定每个服务器上适配器服务的重启周期。

(3)实现了数据监控系统与数据交换应用监控系统之间的互为备份,更好地提高了系统的可靠性。

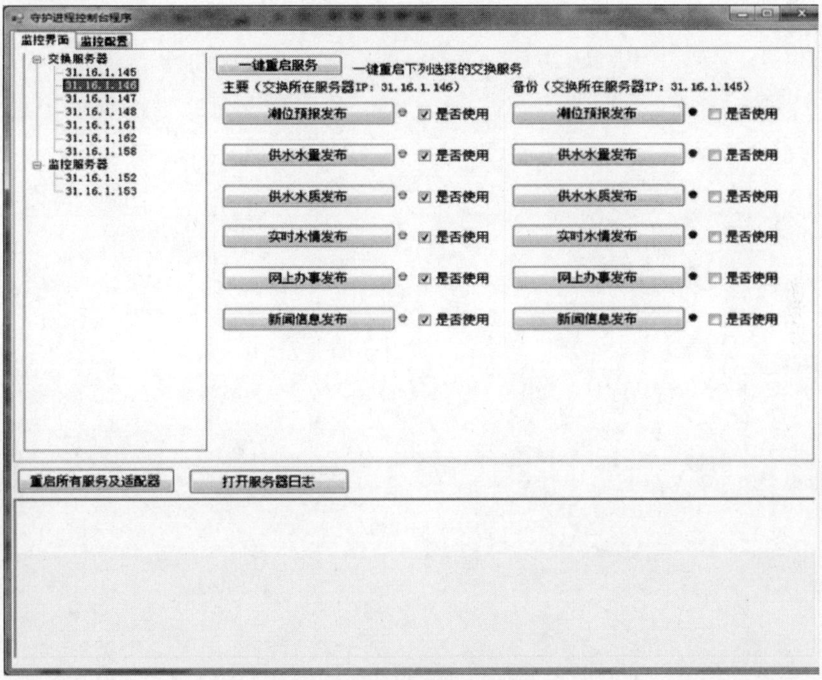

图6 守护进程监控功能

5 结语

水务海洋数据智能监控平台操作简单方便,显示直观形象,设计遵循模块化、可扩展、易维护的技术路线,以可视化方式多视角、大纵深的展现数据中心和交换平台的运行情况。它已实现对近40套实时信息采集系统、行业基础数据库与水务数据中心之间的双向数据监控,实时显示数据交换中源端数据库、数据交换和目的端数据库的问题。针对不同角色的用户设计开发了不同的预警级别及内容,推进了水务信息化发展,提高了水务管理水平。

参考文献

[1]马维忠,等. 水务海洋信息化技术架构顶层设计[J]. 上海:上海科学技术出版社,2015.
[2]柴晓路,等. Web Services 技术、架构和应用[M]. 北京:电子工业出版社,2003.
[3]周晓丹, 冯少荣, 薛永生. Oracle 10g RAC 核心技术研究与分析[J]. 计算机工程, 2007(7).
[4]黄苏雅. ORACLE 11G RAC OLTP 海量数据库的存储架构设计及性能分析[D]. 上海:上海交通大学, 2011.